“新工科建设”教学实践成果
大学计算机规划教材·数据工程师系列

Python 大学实用教程

齐 伟 编著

電子工業出版社
Publishing House of Electronics Industry
北京·BEIJING

内 容 简 介

本书面向零基础起点的学习者，以面向对象开发思想为核心，讲授Python语言的基本语法及其应用。全书共9章，包括：编程语言的基本知识、Python开发环境的配置、Python内置对象类型、基本运算和语句、函数、类、模块和包、异常处理、读写文件。通过这些内容的学习，读者能够掌握Python的基本知识，并在学习过程中通过实例学习如何运用基本知识。

本书每章都配有适量的习题，习题以编程实践为导向，学习者通过练习能够加深对基本知识的理解，并且初步体会到编程实践对大数据知识和能力的要求。

图书在版编目（CIP）数据

Python大学实用教程 / 齐伟编著. —北京：电子工业出版社，2019.3

ISBN 978-7-121-35542-4

Ⅰ. ① P…　Ⅱ. ① 齐…　Ⅲ. ① 软件工具－程序设计－高等学校－教材　Ⅳ. ① TP311.561

中国版本图书馆CIP数据核字（2018）第259547号

策划编辑：章海涛
责任编辑：章海涛
印　　刷：北京七彩京通数码快印有限公司
装　　订：北京七彩京通数码快印有限公司
出版发行：电子工业出版社
　　　　　北京市海淀区万寿路173信箱　　邮编：100036
开　　本：787×1 092　1/16　印张：16.25　字数：416千字
版　　次：2019年3月第1版
印　　次：2024年6月第5次印刷
定　　价：52.00元

凡所购买电子工业出版社图书有缺损问题，请向购买书店调换。若书店售缺，请与本社发行部联系，联系及邮购电话：（010）88254888，88258888。

质量投诉请发邮件至zlts@phei.com.cn，盗版侵权举报请发邮件至dbqq@phei.com.cn。

本书咨询联系方式：192910558（QQ群）。

前　　言

本书是一本面向计算机编程语言零基础（或者基本零基础）的大学生的教程。之所以选择 Python 作为大学生学习编程的入门语言，主要是因为它简单易学——很多中学生都在学习。Python 不仅用于编写游戏，也是开发中常用的语言之一。不论是做 Web 编程、数据分析、人工智能，还是做 GUI 方面的开发，都能看到 Python 的身影。所以，入门阶段选择一种简单易学，且未来用途广泛的语言，"性价比是很高的"。

至于 Python 语言的一些特点，通过各章节的学习，读者自然能体会到。这里重点介绍如何使用本书。

本书内容是按照通常学习 Python 语言的结构而展开的，基本涵盖 Python 各项基础知识。如果读者将本书学完，就已经有能力完成简单的程序开发，并且为后续发展奠定良好基础。

在使用本书过程中，请读者注意以下几点：

① 书中特别强调掌握学习 Python 的基本方法——阅读帮助文档。所以，在很多地方提示读者查阅。因为 Python 文档通常描述得比较细致，所以书中就不一一赘述，但如果读者感觉阅读英语内容有困难，请自行提升相关能力。

② 练习，大量的练习，是学习编程的必经之路。各章之后都有"练习和编程"，读者应该按照要求，认真完成各题目。有的题目是对本章所述知识的拓展，读者如果按照本书所要求的学习，应该有能力解决这类问题。

③ 学习编程，不仅要阅读一本书，还要随时查阅有关资料，特别是经常使用搜索引擎（推荐使用 Google），搜索自己学习过程中遇到的困难、问题、疑惑等。正所谓"把书读厚"。

④ 一定要跟随书中所述，把所有代码在计算机上调试通过——对于初学者，或许"拼写""标点符号""空格"等都是常见的且严重的错误。切记，不要复制代码。

本书代码都放在如下地址，调试时遵守上述第 4 点建议。

https://github.com/qiwsir/PythonCourse

在本书的编写过程中，我的妻子协助校对了书稿，非常感谢她。同时感谢本书编辑的辛勤工作。

最后，愿读者认真学习本书的所有内容，不是止步于第 5 章。

齐　伟

2019 年 1 月

目　录

第 1 章　编程语言 ……… 1
1.1　编程语言简史 ……… 1
1.2　编程语言分类 ……… 4
1.2.1　机器语言 ……… 4
1.2.2　汇编语言 ……… 5
1.2.3　高级语言 ……… 5
1.3　程序简介 ……… 7
1.3.1　程序“翻译”方式 ……… 7
1.3.2　算法 ……… 8
1.3.3　Hello World ……… 9
1.4　Python 概要 ……… 10
1.4.1　发展历程 ……… 10
1.4.2　从 Python 开始 ……… 11
练习和编程 1 ……… 12
第 2 章　开发环境 ……… 13
2.1　基础设施 ……… 13
2.2　配置开发环境 ……… 14
2.2.1　Python 的版本 ……… 14
2.2.2　Ubuntu 系统 ……… 15
2.2.3　Windows 系统 ……… 18
2.2.4　Python IDE ……… 22
2.2.5　hello world ……… 23
2.2.6　本书的 Python 版本 ……… 25
练习和编程 2 ……… 25
第 3 章　内置对象类型 ……… 26
3.1　初步了解对象 ……… 26
3.2　数字 ……… 27
3.2.1　整数 ……… 27
3.2.2　查看文档 ……… 28
3.2.3　浮点数 ……… 29
3.2.4　变量 ……… 30
3.2.5　简单的计算 ……… 32
3.2.6　math 标准库 ……… 34
3.2.7　解决“异常” ……… 35
3.2.8　溢出 ……… 36
3.2.9　运算优先级 ……… 37
3.2.10　一个简单的程序 ……… 38

3.3 字符和字符串……38
3.3.1 字符编码……39
3.3.2 认识字符串……40
3.3.3 字符串基本操作……43
3.3.4 索引和切片……45
3.3.5 键盘输入……49
3.3.6 字符串的方法……50
3.3.7 字符串格式化输出……53
3.4 列表……54
3.4.1 创建列表……55
3.4.2 索引和切片……56
3.4.3 列表的基本操作……57
3.4.4 列表的方法……58
3.5 元组……64
3.6 字典……66
3.6.1 创建字典……66
3.6.2 字典的基本操作……68
3.6.3 字典的方法……69
3.6.4 浅拷贝和深拷贝……73
3.7 集合……76
3.7.1 创建集合……77
3.7.2 集合的方法……79
3.7.3 不变的集合……81
3.7.4 集合的关系和运算……82
练习和编程 3……84
第 4 章 运算符和语句……89
4.1 运算符……89
4.1.1 算术运算符……89
4.1.2 比较运算符……90
4.1.3 逻辑运算符……92
4.2 简单语句……95
4.3 条件语句……97
4.4 for 循环语句……99
4.4.1 for 循环基础应用……99
4.4.2 优化循环的函数……102
4.4.3 列表解析……106
4.5 while 循环语句……108
练习和编程 4……111
第 5 章 函数……113
5.1 函数基础……113
5.1.1 自定义函数……113

5.1.2 调用函数 115
5.1.3 返回值 118
5.1.4 参数收集 121
5.2 函数是对象 123
5.2.1 属性 124
5.2.2 嵌套函数 125
5.2.3 装饰器 129
5.3 特殊函数 132
5.3.1 lambda 函数 132
5.3.2 map 函数 133
5.3.3 filter 函数 134
练习和编程 5 134
第 6 章 类 136
6.1 面向对象 136
6.1.1 对象和面向对象 136
6.1.2 类的概述 137
6.2 简单的类 138
6.2.1 创建类 138
6.2.2 实例 140
6.3 属性 144
6.3.1 类属性 145
6.3.2 实例属性 146
6.3.3 self 的作用 149
6.4 类的方法 151
6.4.1 方法和函数的异同 151
6.4.2 类方法 152
6.4.3 静态方法 154
6.5 继承 156
6.5.1 单继承 156
6.5.2 多继承 160
6.6 多态 163
6.7 封装和私有化 165
6.8 自定义对象类型 169
6.8.1 简单的对象类型 169
6.8.2 控制属性访问 174
6.8.3 可调用对象 178
6.8.4 对象的类索引操作 179
6.9 构造方法 183
6.9.1 基本应用 183
6.9.2 单例模式 187
6.10 迭代器 188

6.11　生成器……192
6.12　元类……198
练习和编程 6……202
第 7 章　模块和包……205
7.1　模块……205
7.2　包……208
7.3　标准库……211
7.3.1　sys……212
7.3.2　os……214
7.3.3　JSON……217
7.4　第三方包……218
7.5　发布包……220
练习和编程 7……224
第 8 章　异常处理……226
8.1　错误……226
8.2　异常……227
8.3　异常处理……228
8.4　自定义异常类型……235
练习和编程 8……236
第 9 章　读写文件……237
9.1　简单文件操作……237
9.1.1　新建文件……237
9.1.2　读文件……238
9.2　读写特定类型文件……241
9.2.1　Word 文档……241
9.2.2　Excel 文档……243
9.2.3　CSV 文档……246
9.3　将数据存入文件……247
9.3.1　pickle……247
9.3.2　shelve……248
9.3.3　SQLite 数据库……249
练习和编程 9……252

第 1 章　编程语言

使用计算机，离不开软件，软件都是用编程语言开发的。本书从现在开始，就要向读者讲述编程语言的那些事儿。现在本星球上的编程语言比较多，但它们并非杂乱无章。编程语言的发展遵循着一定规律，其结构也符合特定的规章。本章将在对编程语言一般地简要理解基础上，最终确定本书要学习的语言 Python。

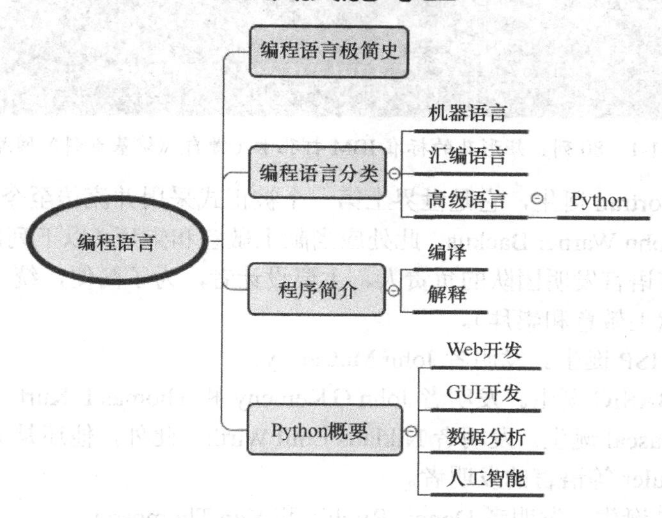

1.1　编程语言简史

Programming Language，即“编程语言”或者“程序设计语言”。这种语言不同于汉语、英语等语言。后者是随着人类文化发展而演化的语言，称为“自然语言”。而编程语言是“人造”的，属于“人工语言”（或“人造语言”），是用来定义计算机程序的形式语言。

世界上第一台电子数字计算设备是 1937 年设计的“阿塔纳索夫-贝瑞计算机”（Atanasoff–Berry Computer，通常简称 ABC 计算机）。当然，ABC 计算机并不能进行编程，它能做的就是求解线性方程组，也不是冯·诺伊曼结构的。20 世纪 40 年代以后，逐渐发展出来的电子计算机都是冯·诺伊曼结构的，并延续至今。

相对于计算机的发展，编程语言出现得更早。从 19 世纪初起，“程序”就被用在提花织机、音乐盒和钢琴等机器上。只是到后来，随着电子计算机的飞速发展，“软件”已经成为不可或缺的组成部分，“编程语言”才与电子计算机密切绑定在一起。

现在，人类所使用的编程语言有多少种？

难以统计！

在《维基百科》上列出了目前已知的编程语言（https://en.wikipedia.org/wiki/List_of_

programming_languages）。为什么需要这么多编程语言呢？比较有说服力的回答可能是“不同的语言解决不同的问题”，以及“开发者有自己的喜好”。不管什么理由，现实就是人类创造了多种多样的编程语言。

所以，在下述“编程语言极简史”中只能选择所谓的“主流语言”了。

- ❖ 1950 年以前是编程语言的“史前”年代。虽然已经有了用“打孔卡”方式编程（见图 1-1-1）的记载，但并没有被广泛采用。

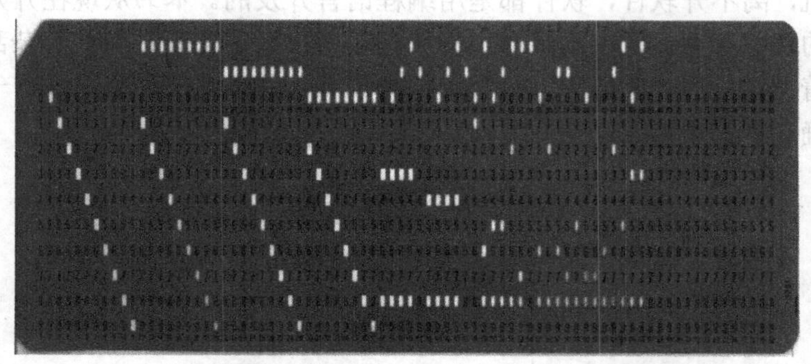

图 1-1-1　80 列、矩形孔的标准 IBM 打孔卡（源自《维基百科》网站）

- ❖ 1957 年，Fortran 诞生，它是世界上第一个被正式采用并流传至今的高级编程语言。发明者是 John Warner Backus，此处应当献上敬意和崇拜（以下列出的各项语言发明者，亦或该语言发明团队的负责人、主要设计者，为了简便，统一称为“发明者”，并且都要献上敬意和崇拜）。
- ❖ 1958 年，LISP 诞生。发明者 John McCarthy。
- ❖ 1964 年，BASIC 诞生。发明者 John G.Kemeny 和 Thomas E.Kurtz。
- ❖ 1970 年，Pascal 诞生。发明者 Niklaus Emil Wirth。此外，他还是 Algol W、Modula、Oberon、Euler 等语言的发明者。
- ❖ 1972 年，C 诞生。发明者 Dennis Ritchie 和 Ken Thompson。
- ❖ 1983 年，C++诞生。发明者 Bjarne Stroustrup。
- ❖ 1986 年，Objective-C 诞生。发明者 Tom Love 和 Brad Cox。
- ❖ 1987 年，Perl 诞生。发明者 Larry Wall。
- ❖ 1991 年，本书的主角 Python 诞生。发明者 Guido van Rossum。有打油诗赞到：Python 诞生，天降大任，开源开放，简洁优雅，独步天下，人工智能，“唯我不败”。请牢记这个值得纪念的年份和“仁慈的独裁者”（BDFL）。
- ❖ 1993 年，Ruby 诞生。发明者松本行弘。
- ❖ 1995 年，Java 诞生。发明者 James Gosling。
- ❖ 1995 年，JavaScript 诞生。发明者 Brendan Eich。注意，JavaScript 与 Java 在名字上和语法上虽然相似，但它们是两种完全不同的编程语言。
- ❖ 1995 年，PHP 诞生。发明者 Rasmus Lerdorf。
- ❖ 2001 年，C#诞生。发明者 Microsoft 公司。
- ❖ 2009 年，Go 诞生。发明者 Robert Griesemer、Rob Pike、Ken Thompson。
- ❖ 2011 年，Rust 诞生。发明者 Graydon Hoare。
- ❖ 2014 年，Swift 诞生。发明者 Chris Lattner。

图 1-1-2 是一些编程语言的拟人化。

图 1-1-2　如果编程语言是人

（源自 http://kokizzu.blogspot.com/2017/01/if-programming-language-were-humans.html
以一种娱乐的心态看看编程语言，让枯燥的编程工作也变得愉悦）

本“编程语言极简史”就停止在了 2014 年，但是这并不意味着以后没有新的语言出现。还有很多语言没有被写在上述列表中，并不是它不重要或者没用途，而是使用了很“世俗”的观点选择了所谓的“主流语言”罢了。事实上，每种编程语言都有其存在的合理性，也有其应用的领域。

有些机构还会给出“编程语言排行榜”。或许每个人对这种排行榜有不同的解读，并不意味着排名靠后的是“劣等”语言。学习者不能将排行榜作为选择学习某种语言的依据。

那么，根据什么来选择学习某种编程语言呢？

本书作者提供如下参考：依据一，项目需要；依据二，时代发展需要。

依据一就不需要阐述了。依据二貌似有点“空泛”，事实上静心思考，就能理解。如今是什么时代？可能有各种回答方式，从靠近编程的角度来看，可以用“人工智能”时代来概括。

问：在“人工智能”时代，程序开发工作是否重要？

答：当然重要，虽然有媒体热炒“机器人替代程序员”，但“机器人”的程序是谁写的？追根溯源都是要人来做，“机器人”的智能还要靠“人工”。

问：学什么语言能参与这项工作？

答：Python。因为目前它是人工智能领域应用最多的语言。

决定了，学 Python。

“历史是过去的现实，现实是未来的历史”。编程语言的发展史也紧扣社会的发展。如果读者把“编程语言极简史”与相应的社会经济发展状况对应，更能理解如何选择学习某种语言了。

编程语言除了跟时代相关，其实还有“高低”之分，但无“贵贱”之别。

1.2 编程语言分类

在 1.1 节的“编程语言极简史”中列出的语言都是所谓的“高级语言”。这仅仅是编程语言的一类，并且不是“历史悠久”的那一族，也不是计算机能够直接识别和运行的。面向计算机的语言是“史前时代”就已经产生的“机器语言”和“汇编语言”。

1.2.1 机器语言

机器语言（Machine Language）是用二进制代码表示的计算机能够直接识别和执行的机器指令集合。

如果读者学习过有关计算机硬件知识，就知道计算机内部是由集成电路（Integrated Circuit，简称 IC）组成的，包括 CPU 和内存等。IC 有很多引脚（见图 1-2-1），只有直流电压 0V 或 5V 两个状态。也就是说，IC 的一个引脚只能表示两个状态。

IC 的这种特性正好与二进制相对应。计算机就将一系列的二进制数字转变为对应电压，从而使计算机的电子器件受到驱动，完成指定运算（见图 1-2-2）。

图 1-2-1 CPU 的引脚

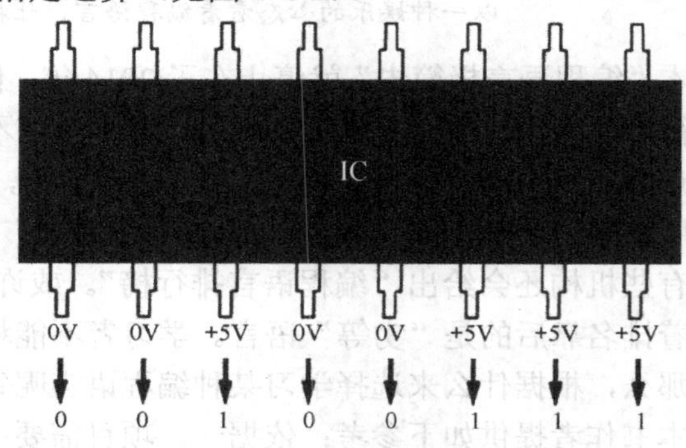

图 1-2-2 IC 的引脚和二进制

“史前时代”的程序员不得不使用机器语言来工作。他们将用 0、1 编写的程序打在纸带或卡片上，1 打孔，0 不打孔，再将程序通过纸带机或卡片机输入到计算机中进行运算。

这是一件多么富有挑战性的事情。

比如，“Hello World”，如果用机器语言表示，即二进制代码，应该是这样的：

```
01001000 01100101 01101100 01101100 01101111 00100000 01010111 01101111 01110010
01101100 01100100
```

如果写成了下面这样，打印的就不是“Hello World”了。

```
01001000 01100101 01101100 01101100 01101111 00110000 01010111 01101111 01110010
01101100 01100100
```

读者是否可以找出错误来？

显然，机器语言对于人“不友好”。用机器语言写程序，或许可以献上敬意，但不值得效仿。

另外，因为机器语言是计算机的设计生产者通过硬件结构赋予计算机的操作功能，所以不同型号计算机的机器语言会有所差别。除了少数专业人员，绝大多数编程者不需要学习机器语言。

所以，对人“友好”的语言应运而生。

1.2.2 汇编语言

汇编语言（Assembly Language）是二进制代码的文本形式，即使用便于记忆的书写格式表达机器语言的指令。

图 1-2-3 所示的汇编语言示例就是在 64 位 Linux 操作系统上运行的。

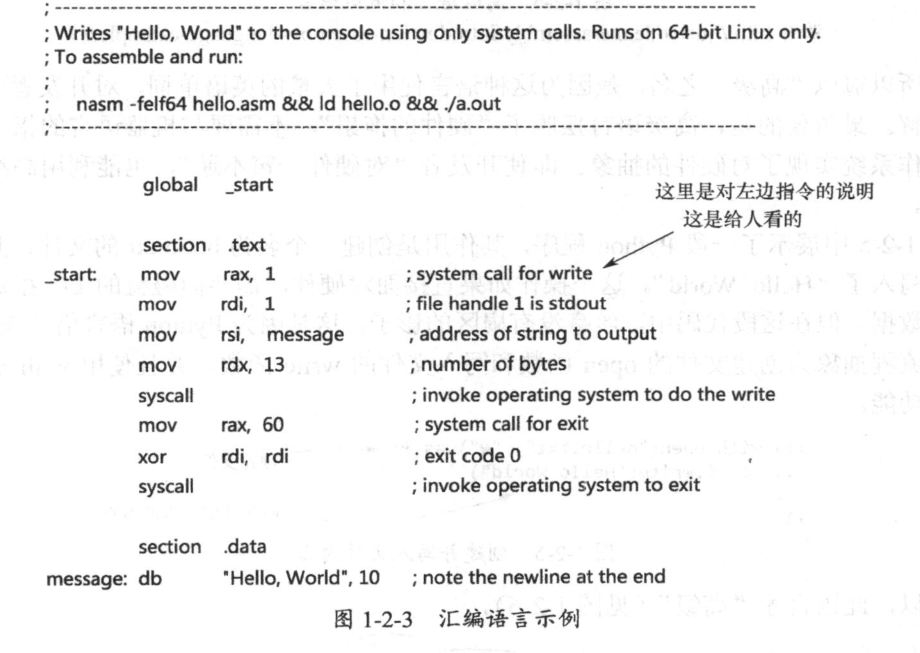

```
; ----------------------------------------------------------------------------------------
; Writes "Hello, World" to the console using only system calls. Runs on 64-bit Linux only.
; To assemble and run:
;
;     nasm -felf64 hello.asm && ld hello.o && ./a.out
; ----------------------------------------------------------------------------------------

          global    _start

          section   .text
_start:   mov       rax, 1                  ; system call for write
          mov       rdi, 1                  ; file handle 1 is stdout
          mov       rsi, message            ; address of string to output
          mov       rdx, 13                 ; number of bytes
          syscall                           ; invoke operating system to do the write
          mov       rax, 60                 ; system call for exit
          xor       rdi, rdi                ; exit code 0
          syscall                           ; invoke operating system to exit

          section   .data
message:  db        "Hello, World", 10      ; note the newline at the end
```


图 1-2-3　汇编语言示例

看不懂图 1-2-3 中的代码也没有关系。在此只是请读者看一看汇编语言的基本“模样”，并非要求理解它。

每种汇编语言专用于某种计算机系统，不能在不同系统之间移植。

汇编语言相对于机器语言而言，已经是人可读、可编写的一种编程语言了。但它还非常靠近机器语言，用汇编语言“告诉”计算机干什么和计算机所干的之间（几乎）是一一对应的，即汇编语言的一条指令对应着一条机器指令。所以，汇编语言依然属于“低级语言”。

尽管如此，汇编语言现在依然有用武之地，因为它有自身的特点，比如目标程序占用内存少、运行效率高等——当然，这些优点的代价就是开发效率低。在某些特定任务中，还是少不了汇编语言的。

但，本书不以此为内容，而是介绍“高级语言”。

1.2.3 高级语言

“高级语言”（High-level Programming Language）是面向人的语言——It is for Humans（见

图 1-2-4）。

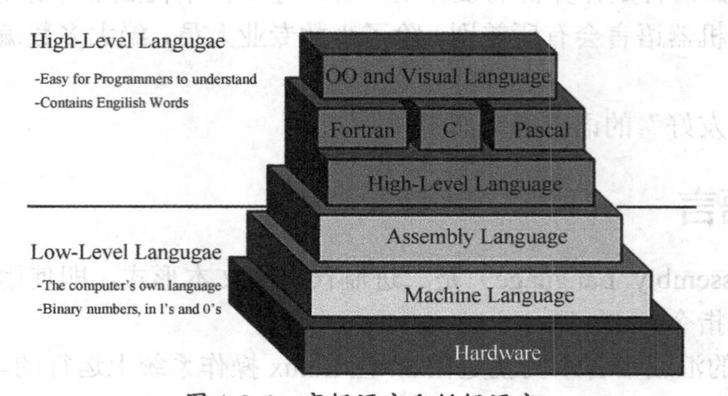

图 1-2-4　高级语言和低级语言

（源自 http://justcode.me/assembly/introduction-assembly-language-examples/）

之所以冠以"高级"之名，是因为这种语言使用了大量的英语单词，对开发者而言，更容易理解。最重要的是，高级语言摆脱了"硬件的拖累"，不需要与机器语言的指令对应，借助操作系统实现了对硬件的抽象。即使开发者"对硬件一窍不通"，也能利用高级语言开发程序。

图 1-2-5 中展示了一段 Python 程序，其作用是创建一个名为 hello.txt 的文件，并向这个文件中写入了"Hello World"。这个操作如果直接面对硬件，需要向磁盘的 I/O 指定扇区位置写入数据。但在这段代码中，丝毫没有扇区的影子。这是因为 Python 语言借助操作系统，将这个流程抽象为创建文件的 open 函数和写入文件的 write 函数，并且使用 with 实现自动关闭的功能。

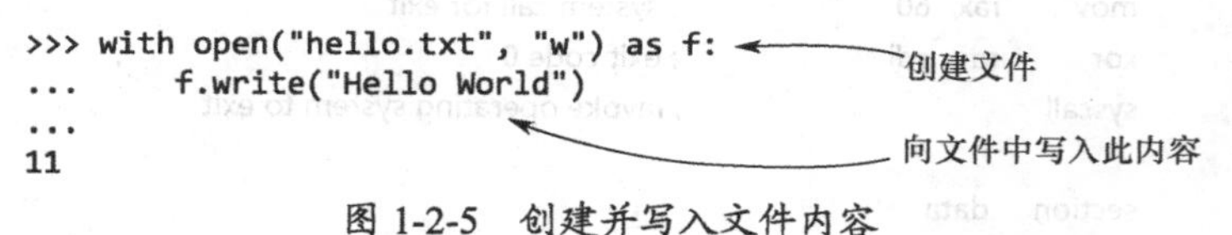

图 1-2-5　创建并写入文件内容

所以，此语言才"高级"（见图 1-2-6）。

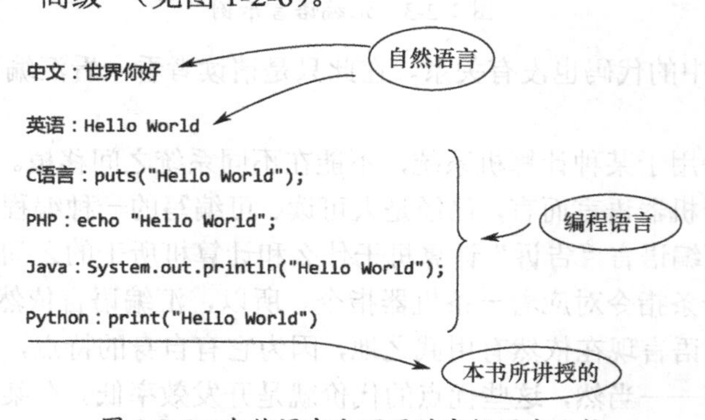

图 1-2-6　自然语言和不同的高级语言比较

自 20 世纪 50 年代的 Fortran 语言开始，人类已经发明了好多种高级语言，它们各有千秋，就如同人类自然语言五花八门那样。每种高级语言都是针对某种"编程"行为，兼顾开发者的知识结构，以及程序的应用场景，制订了特有的语法规则。

虽然高级语言的语法规则各异，但它们都必须使用"语句"进行表达。高级语言中的"语句”是对计算机指令的抽象（见图 1-2-5），不与机器语言一一对应，“是给人看的”，计算机不能直接识别和执行。比如“a = b + 1”，要让计算机能够执行，必须“翻译”为机器语言的三条指令（见图 1-2-7）。

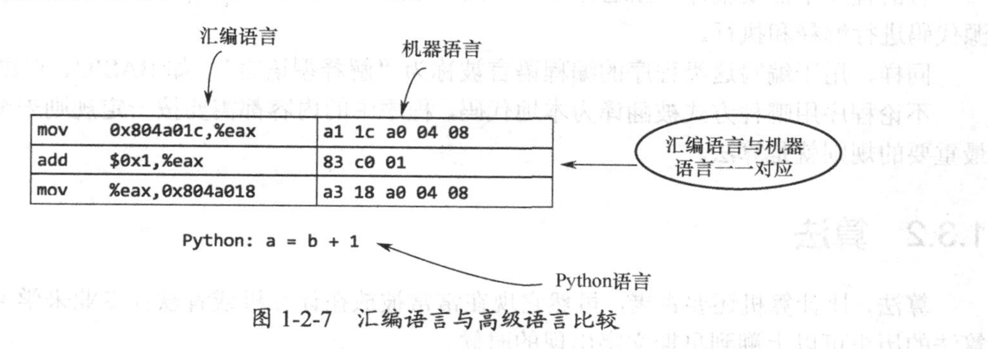

图 1-2-7　汇编语言与高级语言比较

计算机是如何“翻译”的？

1.3　程序简介

计算机程序（Computer Program），或称为程序（Program），是一组指示计算机或其他具有信息处理能力的设备的每一步操作的指令集合。通常，程序由某种编程语言编写而成。

如前所述，如果使用机器语言编写程序，那么计算机就能直接“认识”了。但是，编程者就痛苦了。

用汇编语言，对编程者而言，痛苦程度下降了，但是计算机“不认识”汇编语言，还需要将汇编语言所编写的程序翻译为机器语言程序，这个过程被称为“汇编”，用于执行此过程的程序被称为“汇编器”。

用汇编语言编写程序也不是快乐的事情，因为它与机器语言一样，同属低级语言。

现在，更多的程序是用高级语言开发的。

计算机更“不认识”高级语言了。所以，用高级语言所编写的程序同样要被“翻译”为机器语言程序，才能被计算机识别和执行。

1.3.1　程序“翻译”方式

程序的“翻译”方式有两种：编译和解释。

在说明这两种“翻译”方式之前，先定义如下专有术语。

源代码：用某种高级语言写的程序就称为“源代码”。

源文件：保存源代码的文件称为源文件。

本地代码：计算机（具体就是 CPU）能直接执行的机器语言的程序。用任何编程语言编写的源代码，最后都要被翻译为本地代码，否则 CPU 不能理解。

（1）编译

用编译器（complier，也是一种程序）将源代码全部翻译为本地代码的过程，就是“编译”。所谓编译器，则是执行这一过程的程序。

某些编程语言写的程序需要编译之后才能被执行，这类语言常被称为“编译型语言”，如 C、C++、Pascal、Object-C、Swift、Rust 等。

（2）解释

有的程序不需要编译，在运行它的时候，直接用解释器（interpreter，也是一种程序）对源代码进行解释和执行。

同样，用于编写这类程序的编程语言被称为“解释型语言”，如 BASIC、PHP 等。

不论程序用哪种方式被翻译为本地代码，程序中的内容都需要按一定规则来编写，其中最重要的规则就是算法。

1.3.2 算法

算法，比计算机还要古老，虽然它现在常常被放在计算机或者软件专业来学习，事实上算法的历史可以上溯到早期文字出现的时候。

其实，读者应该对算法不陌生。比如，小学数学中的竖式加法（见图 1-3-1）就是一种算法。

编程序如同写文章，语句相当于文章中的句子，算法则与篇章结构类似。

算法是编写程序不可或缺的，而且普遍存在于编程过程中。或许因为它广泛存在，才使得定义它越发困难，所以迄今还没有一个严格的、大家公认的定义，但对它的基本含义还是有一些共识的。

算法（algorithm）是一系列解决问题的清晰指令。也就是说，对于符合一定规范的输入，程序能够在有限时间内获得所要求的输出（见图 1-3-2）。

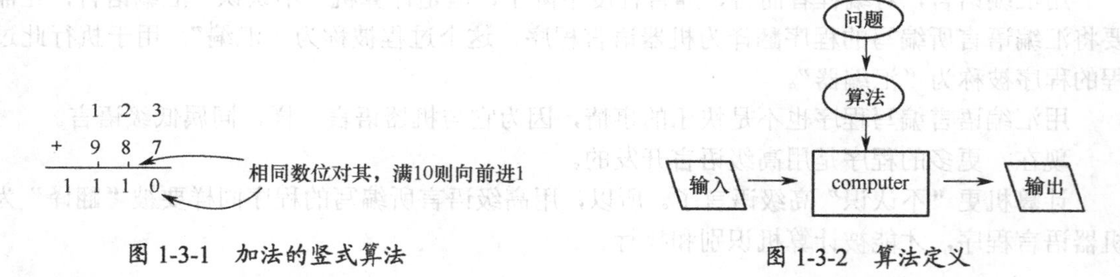

图 1-3-1 加法的竖式算法

图 1-3-2 算法定义

作为“指令”集合的算法传给 computer，computer 必须理解此指令，并能按照指令要求进行操作。而 computer 在很早的时候并不是现在所说的计算机（从构词法就可以推断，可能是从事 compute 工作的人）。或者说，算法不是必须与编程绑定的。

在著名的《几何原本》（公元前 3 世纪欧几里得著）中记载了最大公约数的算法。其现代方式的表述如下。

假设两个不全为 0 的非负整数 m 和 n（$m>n$）的最大公约数记为 gcd(m, n)，其计算方法如下。

第一步：如果 n=0，返回 m 的值作为结果，同时结束计算；否则进入第二步。

第二步：m 除以 n，将余数赋给 r，即 $r = m \% n$（%是 Python 中计算余数的符号）。

第三步：令 $m = n$，$n = r$；然后返回第一步。

对于算法的特征，业界基本认同高德纳在他的著作《计算机程序设计艺术》一书中的归纳。

① 输入：一个算法必须有两个或以上输入量。

② 输出：一个算法应有一个或以上输出量，输出量是算法计算的结果。

③ 明确性：算法的描述必须无歧义，以保证算法的实际执行结果是精确地符合要求或期望，通常要求实际执行结果是确定的。

④ 有限性：依据图灵的定义，一个算法是能够被任何图灵完备系统模拟的一串运算，而图灵机只有有限个状态、有限个输入符号和有限个转移函数（指令）。一些定义更规定，算法必须在有限个步骤内完成任务。

⑤ 有效性：一个算法的任何计算步骤都可以被分解为基本可执行的操作，每个操作都能够在有限的时间内完成。

算法对于程序开发而言，其重要性是不言而喻的。但因为本书的定位不是算法专门教程，所以，建议读者可以通过阅读算法类的专门书籍来学习有关算法知识。

本书的重点还是讲述如何用 Python 语言编写程序，其间会自然而然地用到算法，不过读者不必为此担心。

1.3.3 Hello World

解决同一个问题的程序，通常可以用不同编程语言实现，但是受限于客观条件，最终会选择某种语言。在某些项目中也会使用多种语言，不同语言所编写的程序之间通过“接口”实现数据和业务互通。

因为每种语言都有自己的语法规则，所以程序样式各异。图 1-3-3 展示了利用几种高级语言打印“Hello World”的程序。

```
#include <stdio.h>
int main(void) {
    printf("Hello World!\n");
    return 0;
}
```

这是C语言

```
public class HelloWorld {
    public static void main(String[] args){
        System.out.println("Hello World!");
    }
}
```

Java

```
using System;
class Program
    {
        static void Main(string[] args)
        {
            Console.WriteLine("Hello World!");
        }
    }
```

C#，是不是跟Java有点类似
C#是站在Java肩膀上

```
print("Hello World")
```

这是Python
就这么简洁，简洁到了令人惊讶的程度

图 1-3-3　不同高级语言输出“Hello World”

不要根据代码行数评价语言的“好坏”，尽管 Python 的“Hello World”最简短，也不意味着它就具有某种“可炫耀的优越”。因为不同类别的语言有不同的用武之地。

然而，Python 的简洁还是吸引人的。

1.4 Python 概要

作为高级语言之一的 Python，日益受开发者瞩目。特别是随着大数据、人工智能等相关技术的发展，Python 几乎成为了这种“高科技”领域的必学语言。

这颗新星是如何升起的？它有什么特征？

1.4.1 发展历程

Python 语言是“人工语言”，就有一个创造它的人——Python 之父，此人名为吉多·范罗苏姆（Guido van Rossum）（见图 1-4-1）。

图 1-4-1 Guido van Rossum
（源自 https://zh.wikipedia.org/wiki/Python）

向此人献上崇拜和敬意，非常感谢他创造了 Python，世界上又多了一个可用的高级语言——并且那么好用。

关于 Python 的诞生，流传着这样一个故事（来自《维基百科》中文的“Python”词条，如图 1-4-2 所示）。

如果读者阅读《维基百科》中的英文词条（https://en.wikipedia.org/wiki/Python_(programming_language)），则没有这种春秋笔法了。

无论如何，Python 诞生了。

1989年的圣诞节期间，吉多·范罗苏姆为了在阿姆斯特丹打发时间，决心开发一个新的语言。
……
就这样，Python诞生了。

之所以使用Python这个名称，是因为他是Monty Python's Flying Circus的big fan。

很符合史书的写法。牛人总是不同凡响。
“是时雷电晦冥，……，则见蛟龙于其上。已而有身，遂产高祖”（《史记·高祖本纪》）

不是因为喜爱小动物

图 1-4-2 Python 诞生的故事节选

Python 自诞生以来，遵循着“开源、开放”的原则，得到了快速的发展和广泛的应用，包括一些大型公司或者大型项目（见图 1-4-3）。

目前，用 Python 语言可以做的事情已经很多了，包括但不限于以下所列：

❖ Web 开发。通常使用一些 Web 框架，如 Django、Flask 等。
❖ 网络爬虫。Python 对于各种网络协议的支持很完善，用之做网络爬虫非常便捷。
❖ GUI 开发。Python 中有非常好的支持桌面软件开发的工具，如 Tkinter、wxPtyhon 等。
❖ 数据分析和机器学习。NumPy、Pandas、SciPy、Scikit Learn 等工具让 Python 在数据分析和机器学习领域成为翘楚。
❖ 神经网络。TensorFlow 是 Google 公司推出的神经网络库，从开始就支持 Python API。此外，类似的库还有 PyTorch 等。

故，Python 值得拥有。

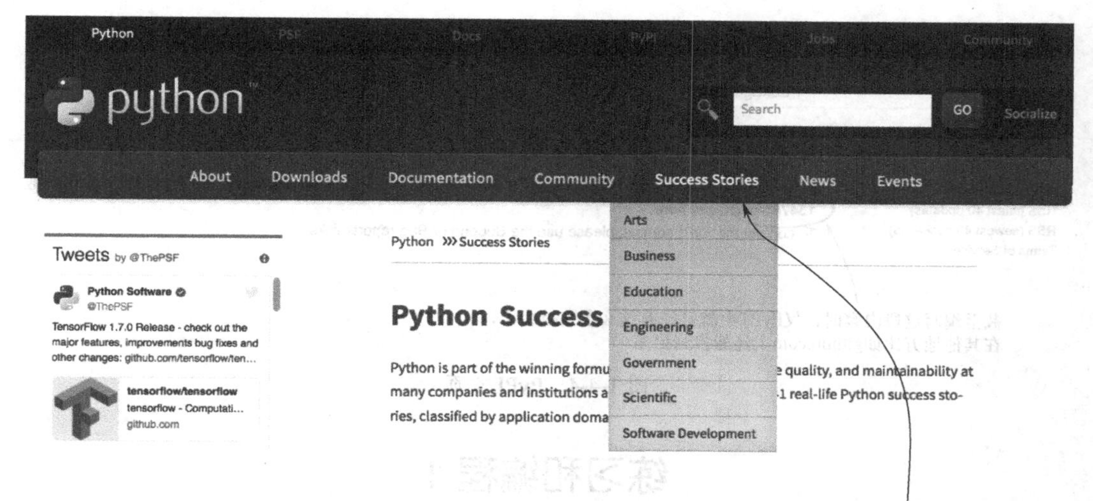

图 1-4-3　Python 官方网站上的案例

还因为，它简单易学。

1.4.2　从 Python 开始

本书是专门讲授 Python 的教程，当然要“从 Python 开始”了。但，这还不是充足的理由。

如果选择一个可以适应更多行业的人学习的编程语言，那么非 Python 莫属。因为它“简单易学”——初步感受请见图 1-3-3。据悉，国内外都有很多中小学生开始学习 Python 了。

可能有人担心，“简单”的 Python 会不会“简陋”呢？

绝不会！

Google 等国际大公司的大项目已经做出了回答。请参照图 1-4-3 所示的 Python 官方网站的诸多案例介绍。

所以，读者不论是否有计算机软件开发基础，都可以“从 Python 开始”学习编程。

另外，Python 语言因为“开源、开放”而得到了众多支持，形成了完善的“生态环境”。在这个环境中有众多“轮子”——这是一种比喻说法，意思是有很多开发支持工具，提高软件开发效率。例如，PyPI（Python Package Index）就是开发者发布各种工具模块的地方（见图 1-4-4）。

Python 还有一个绰号：“胶水语言”，因为它能轻松地实现与其他高级语言对接。例如在 Google 内部，据说就有很多项目使用 Python 调用 C++的程序。

Python 除了具有上述特征，以下各项也是它的特征，同样可以作为“从 Python 开始”学编程的重要理由。

- ❖ Python 是多范式编程语言，全面支持面向对象编程和结构化编程，也能实现函数式编程。
- ❖ Python 以“优雅、明确、简单”为设计哲学，倡导“最好只有一种方法做一件事”的编程思想，拒绝花哨的语法，使用明确且没有歧义的语法。

最后的结论是：马上准备开始学 Python。

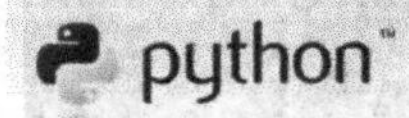

Check out the all new PyPI! (More information here)

» Package Index

PACKAGE INDEX »
Browse packages
List trove classifiers
RSS (latest 40 updates)
RSS (newest 40 packages)
Terms of Service

PyPI - the Python Package Index

The Python Package Index is a repository of software for the Python programming language. There are currently **134780** packages here.
To contact the PyPI admins, please use the Support or Bug reports links.

截至编写这段内容时，仅PyPT中就已经有这么多支持库了，
在其他地方比如github.com上还能找到更多

图 1-4-4　PyPI 首页

练习和编程 1

1．计算机能够识别和执行的语言是什么？

2．说明“编译”和“解释”的含义。

3．浏览 Python 官方网站，根据网站提供的信息，并运用搜索引擎，写一篇关于 Python 特点和应用领域的综述短文。

4．浏览网站 stackoverflow.com，了解网站的功能，并且在网站注册账号。

5．浏览网站 github.com，借助搜索引擎，完成如下操作：

（1）通过搜索引擎了解“源码管理”和 git。

（2）在本地计算机上安装 git。

（3）在 github.com 上注册个人账号，并建立个人代码仓库。

（4）在 github.com 上创建个人博客，并将第 3 题中的短文发布到个人博客（提示：运用搜索引擎，查找能够在 github.com 上应用的开源代码以及代码的部署方法）。

第2章　开发环境

用高级语言编写程序以及在某种操作系统中运行此程序，都需要某些设备和程序支持，而且每种语言所需要的支持还存在差别。所以，要开始学习编程语言，先要做好准备工作，这就是要配置“开发环境”。

知识技能导图

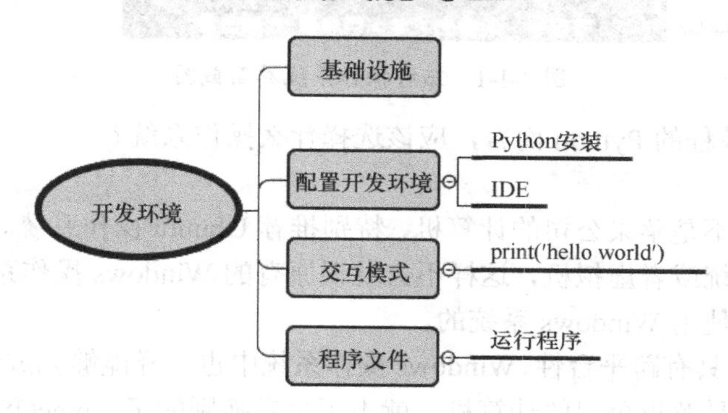

2.1　基础设施

进行程序开发的基础设施包括两部分：一是硬件设备，必须有一台计算机；二是操作系统。读者可能从小学就开始使用计算机，对这两个基础设施都不陌生。

1．计算机

利用 Python 进行程序开发所需的计算机没有什么特殊之处。在近几年购买的任何品牌的计算机或者兼容机都可以使用，甚至在平板电脑或者手机上都可以。从这个角度也看出 Python 的跨平台性了。

2．操作系统

就个人计算机而言，通常的操作系统包括（见图 2-1-1）如下。

❖ Windows：装机量最多的操作系统。

❖ macOS：苹果公司的计算机专属操作系统。

❖ Linux：可以安装在个人计算机和服务器上的一种操作系统。在通常情况下使用的是 Linux 的某种发行版。例如，在服务器上广泛使用的 CentOS、Red Hat，在个人计算机上广泛使用的 Ubuntu、Linux Mint 等。

那么，编写程序用哪个操作系统？每个操作系统都有各自的特点，如 Windows 面向大众、易用性强；而 Linux 因为是开源社区的产物，所以有很多功能是为程序员服务的；至于很多人羡慕的 macOS，则需要有点经济实力了。

图 2-1-1　三种操作系统界面截图

那么，针对本教程的 Python 而言，应该选择什么操作系统？

建议如下：

❖ 如果使用的不是苹果公司的计算机，特别推荐 Ubuntu 操作系统。比如可以在计算机上安装双系统或者虚拟机，这样不会耽误原有的 Windows 操作系统使用——难免在某些时候要使用 Windows 系统的。

❖ 因为 Python 具有跨平台性，Windows 操作系统中也一样能够完成学习和开发的工作。

❖ 如果使用的是苹果公司的计算机，就不用思考换别的了，macOS 挺好。

确定好基础设施后，下面开始配置 Python 的开发环境。

2.2 配置开发环境

开发环境由一系列软件程序组成，能够让开发者完成源代码编写、程序编译和调试、程序分发或部署、源代码版本管理等。

2.2.1 Python 的版本

访问 Python 官方网站。在浏览器地址栏中输入“python.org”，打开如图 2-2-1 所示的页面，并将鼠标移动到“Downloads”栏，会自动呈现下拉菜单，并提示下载与当前计算机操作系统配套的 Python 安装程序。

在本书作者截图的时候，Python 官方网站提供了 Python 3.6.5 和 Python 2.7.14 两个版本的安装程序。下载哪一个呢？

以前 Python 就一个版本，即 Python 2.x（x 表示后面的小版本号，是指做了小幅度修改之后发布的版本）。后来由于发展的需要，出现了 Python 3.x，而且两个版本互不兼容，在某些方面有所区别。当然，相同之处还是比区别多的。对于学习者而言，从道理上讲，学哪一个都可以，以后在开发过程中，如果用到了另一个，只需要注意到区别即可。

但，事实上，Python 2.x 正在消退。既然 Python 3.x 是在原有基础上发展而来，它必然相对 Python 2.x 做了很多优化和改进。所以本教程使用 Python 3.x 版本。

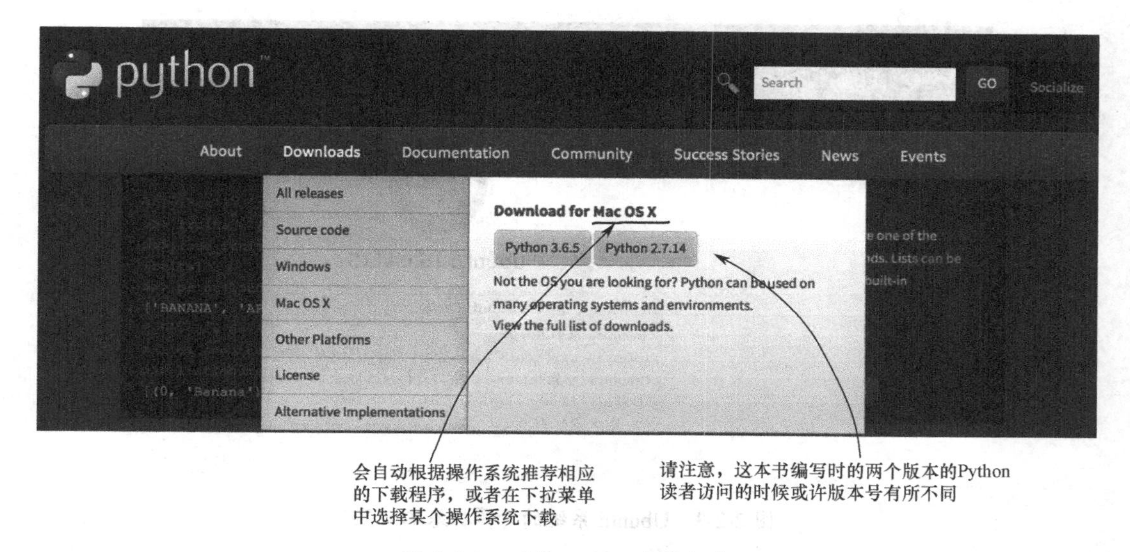

图 2-2-1　下载 Python 安装程序

读者根据自己的操作系统，下载相应的 Python 3.x 程序，然后安装。如果安装过程中遇到问题，首选的解决方法是通过搜索引擎进行搜索（见图 2-2-2），参照有关资料独立解决问题。

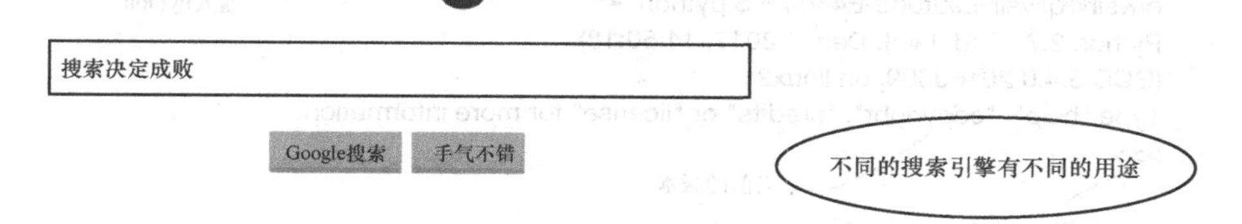

图 2-2-2　善于用搜索引擎进行搜索

下面分别演示在 Ubuntu 系统和 Windows 系统上如何安装 Python，仅供参考。

2.2.2　Ubuntu 系统

Ubuntu（国际音标：/ʊ'bʊntuː/）是以桌面应用为主的 Linux 发行版，官方网站是 ubuntu.com。Ubuntu 系统历来自带 Python 环境，也就是如果使用此系统，不需要安装 Python 程序。自 Ubuntu 16.04 以来，系统自带了 Python 2.x 和 Python 3.x 两个版本。

图 2-2-3 所示的是安装了 Ubuntu16.04 操作系统的计算机。认真看一看此计算机的硬件参数，可见运行 Ubuntu 操作系统以及应用 Python 进行程序开发对硬件要求不高。

确认已经进入了 Ubuntu 操作系统之后，打开终端窗口（按组合键 Ctrl+Alt+T），进行如下操作：

```
qiwsir@qiwsir-Latitude-E4300 ~ $ python
Python 2.7.12 (default, Dec  4 2017, 14:50:18)
[GCC 5.4.0 20160609] on linux2
Type "help", "copyright", "credits" or "license" for more information.
>>>
```

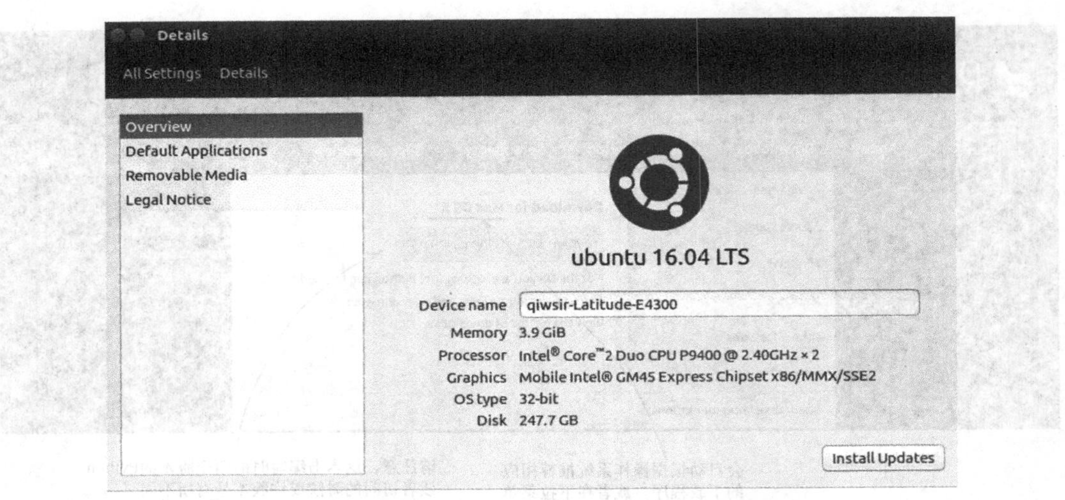

图 2-2-3 Ubuntu 系统的计算机基本配置

如此操作之后，即进入了 Python 2.x 的交互模式中，通过上述内容可以看出，当前所使用的是 Python 2.7.12。如果读者做如此操作，显示的不是这个版本号也无妨，只要是 Python 2 即可，后面的小版本号影响不大。

图 2-2-4 显示的是操作的结果。看到“>>>”标记符，就说明当前窗口进入到了 Python 2 的交互模式中。通过组合键 Ctrl+D 可以退出当前的交互模式，回到 Ubuntu 的命令界面。

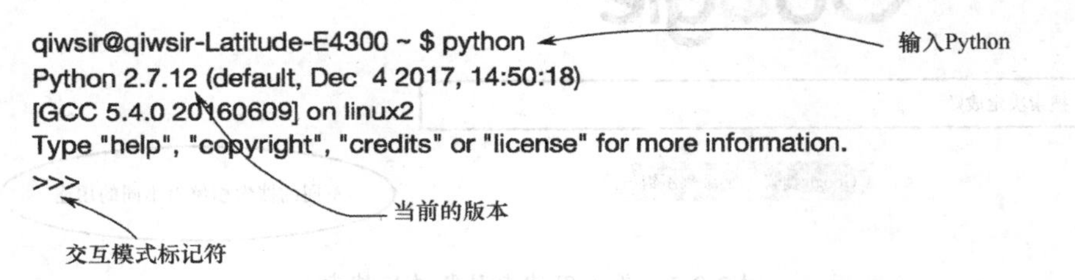

图 2-2-4 Ubuntu 系统中进入 Python 2.x 交互模式界面

如果要进入 Python 3.x 的交互模式中，只需要输入“python 3”即可，操作如下：

```
qiwsir@qiwsir-Latitude-E4300 ~ $ python3
Python 3.5.2 (default, Nov 23 2017, 16:37:01)
[GCC 5.4.0 20160609] on linux
Type "help", "copyright", "credits" or "license" for more information.
>>>
```

这样就进入到了 Python 3 的交互环境中。

当然，读者可以通过修改软链接，实现执行“python”进入到 Python 3 交互模式中。对此操作的具体流程，请自行在搜索引擎中搜索，关键词就是“Ubuntu 修改软链接”。

如果读者需要安装 Python（本书在没有特别说明的情况下，Python 都是指 Python 3.x），可以到官方网站下载安装包。在图 2-2-1 所示的页面中选择“Downloads”的下拉菜单中的“Source code”，出现图 2-2-5 所示的界面。在这里选择适合的版本和安装包，下载到本地（即自己的计算机中）。

以下演示下载 Python 3.6.5 的安装包。读者在阅读本书的时候，Python 一定会有更新版本发布，可以选择下载，不一定与演示所用版本一致。

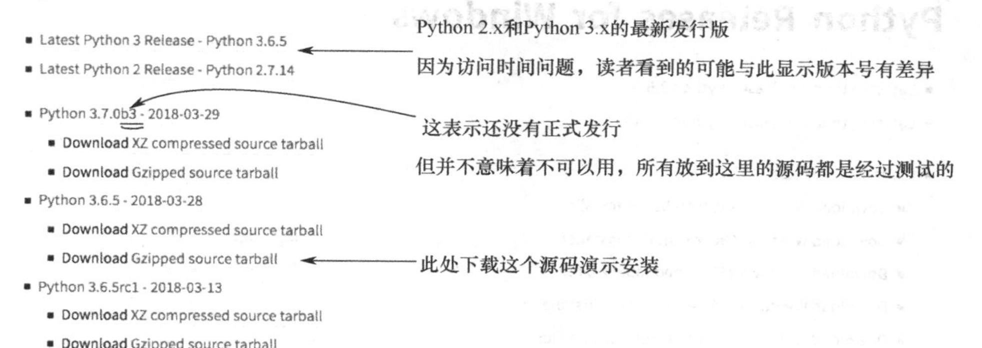

图 2-2-5 下载 Python 安装包

（1）确认源码是否已经下载，如果已下载，则解压缩。

```
qiwsir@qiwsir-Latitude-E4300:~/Downloads$ ls Python-3.6.5.tgz
Python-3.6.5.tgz
qiwsir@qiwsir-Latitude-E4300:~/Downloads$ tar -xvzf Python-3.6.5.tgz
```

（2）进入到 Python-3.6.5 目录中。

```
qiwsir@qiwsir-Latitude-E4300:~/Downloads$ cd Python-3.6.5/
```

（3）依次执行如下操作，完成安装。注意，每一步指令执行完毕，都要耐心等待一会儿。

```
qiwsir@qiwsir-Latitude-E4300:~/Downloads/Python-3.6.5$ ./configure
qiwsir@qiwsir-Latitude-E4300:~/Downloads/Python-3.6.5$ make
qiwsir@qiwsir-Latitude-E4300:~/Downloads/Python-3.6.5$ make test
qiwsir@qiwsir-Latitude-E4300:~/Downloads/Python-3.6.5$ sudo make install
[sudo] password for qiwsir:
```

（4）安装之后，使用前文讲述过的方法，进入到 Python 交互模式，如果成功进入，则可确认安装成功。

```
qiwsir@qiwsir-Latitude-E4300:~/Downloads/Python-3.6.5$ python3.6
Python 3.6.5 (default, Apr 11 2018, 11:26:24)
[GCC 5.4.0 20160609] on linux
Type "help", "copyright", "credits" or "license" for more information.
>>>
```

注意，这里之所以输入的是“python 3.6”，是因为在当前演示用的这台计算机上已经存在了 Python 3.5，即 Python 3 的软链接指向的是 Python 3.5。如果读者的计算机上没有这么多版本，直接使用“python 3”或者“python”即可。还要强调，如果——也应该——熟悉 Linux 系统的操作，可以按照自己的需要修改软链接。

经过以上操作，就在 Ubuntu 系统中安装好了 Python 3.6.5。

读者不要看到用命令安装就误以为操作复杂。非也！如果使用 Ubuntu 系统，其实什么都不需要做，Python 就已经安装好了，如 2.2.2 节开头部分所述。

2.2.3 Windows 系统

Windows 系统中没有默认安装 Python，需要从 Python 官方网站下载安装程序，然后进行安装。操作步骤如下。

（1）到 Python 官方网站下载适合个人所用计算机的安装程序（见图 2-2-6）。

Python Releases for Windows

- Latest Python 3 Release - Python 3.6.5
- Latest Python 2 Release - Python 2.7.14
- Python 3.7.0b3 - 2018-03-29
  - Download Windows x86 web-based installer
  - Download Windows x86 executable installer
  - Download Windows x86 embeddable zip file
  - Download Windows x86-64 web-based installer
  - Download Windows x86-64 executable installer
  - Download Windows x86-64 embeddable zip file
  - Download Windows help file
- Python 3.6.5 - 2018-03-28
  - Download Windows x86 web-based installer
  - Download Windows x86 executable installer
  - Download Windows x86 embeddable zip file
  - Download Windows x86-64 web-based installer
  - Download Windows x86-64 executable installer
  - Download Windows x86-64 embeddable zip file
  - Download Windows help file

特别注意，个人计算机是32位还是64位
在演示中下载的是64位安装程序

图 2-2-6　下载针对 Windows 系统的安装程序

下载完成后，在本地计算机能够看到一个名为 python-3.6.5-amd64.exe 的文件（如果读者下载其他版本的安装程序，同样会显示带有相应版本号的文件）。

（2）双击已经下载的安装文件，开始安装。

（3）为了演示更多的安装项目，这里没有使用“默认安装”选项，而是选择了图 2-2-7 中所示的“Customize installation”项目，进行自定义安装设置，如图 2-2-8 所示。

（4）在下面的界面中，可以进一步自定义安装项目，并指定安装目录。在图 2-2-9 的界面中没有选择“Add Python to environment variables”，在后续的操作中要对此单独演示。

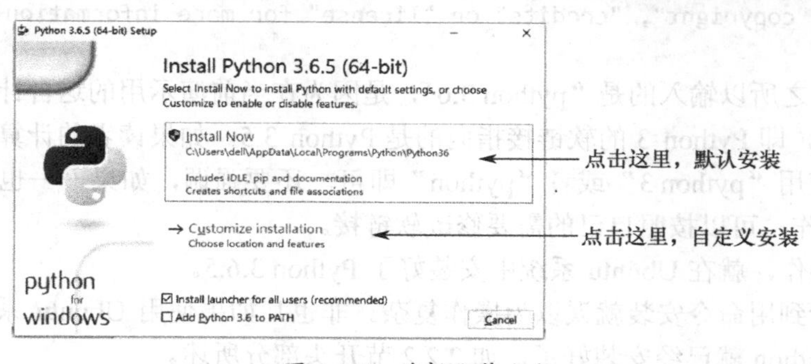

图 2-2-7　选择安装方式

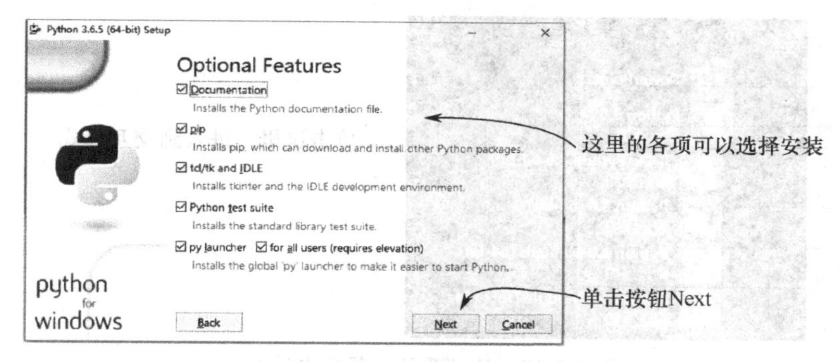

图 2-2-8　自定义安装项目

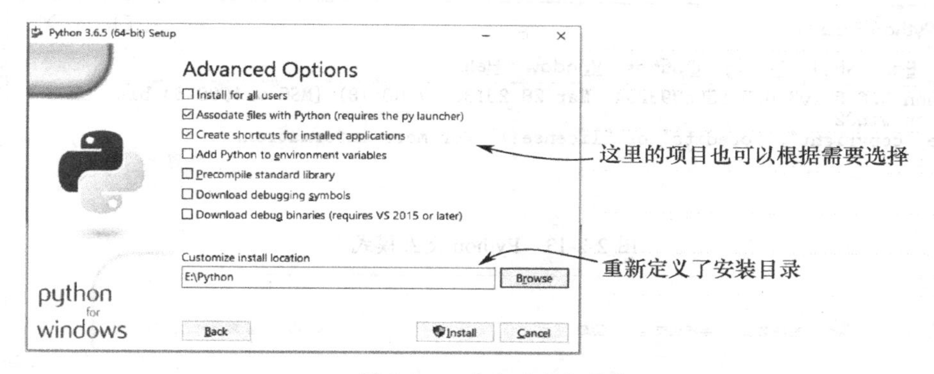

图 2-2-9　自定义高级操作

单击“Install”按钮，便开始安装，同样需要耐心等待一会儿，如图 2-2-10 所示。

显示如图 2-2-11 所示的界面，即表示安装成功。

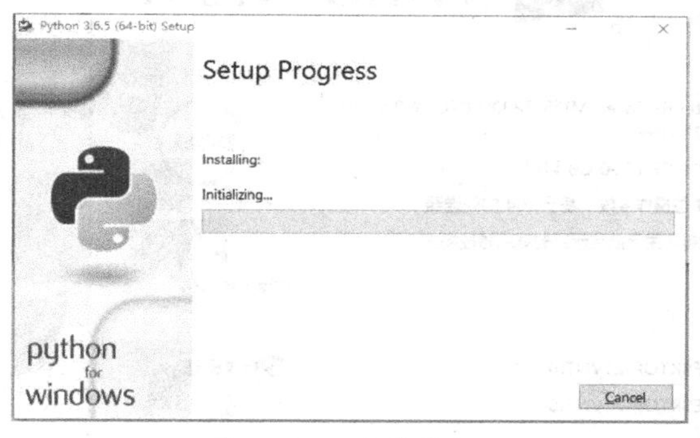

图 2-2-10　安装界面

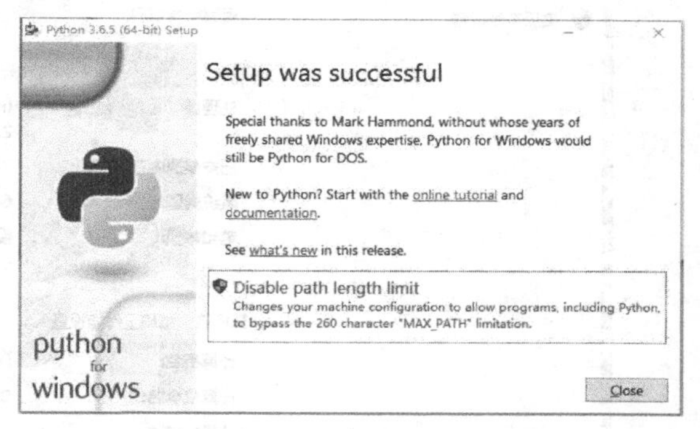

图 2-2-11　安装成功界面

（5）安装成功之后，在“开始”菜单中会发现 Python 3.6 项目（见图 2-2-12），单击其中的 IDLE，会打开 Python 的交互解释器界面，进入到交互模式（见图 2-2-13）。

（6）虽然 Python 已经安装好并且能够运行了，但是需要再做一个工作，就是在系统的环境变量中增加 Python。在桌面的“我的电脑”上单击右键，然后选择“属性”。

单击图 2-2-14 中所示的“高级系统设置”，显示图 2-2-15 所示的结果。

单击图 2-2-15 中的“环境变量”，显示图 2-2-16 所示的环境变量设置界面。

单击图 2-2-16 中的“编辑”，显示如图 2-2-17 所示的界面，根据其中所示方法添加 python 的环境变量。

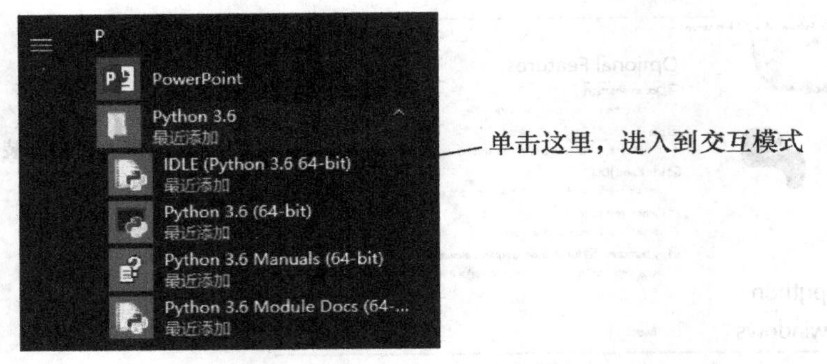

图 2-2-12　从“开始”菜单中进入

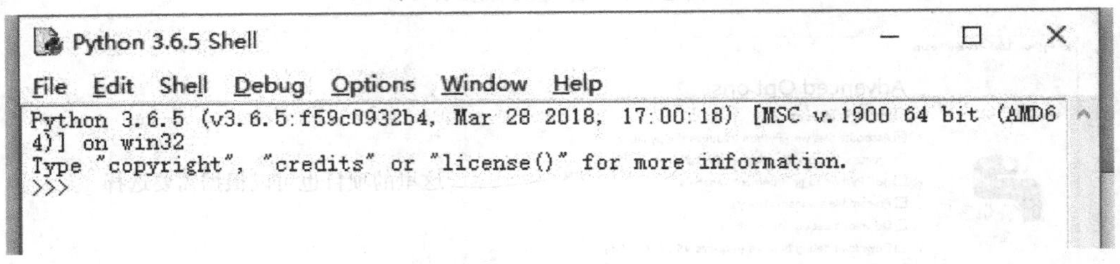

图 2-2-13　Python 交互模式

图 2-2-14　进入到“系统”设置

以上诸项完成之后，就实现了环境变量中增加了 Python 的目的（见图 2-2-17），之后在这台计算机任何地方都可以通过执行 Python 指令启动 Python 程序。

（7）通过“开始”菜单打开 Windows 的命令行窗口（见图 2-2-18）。

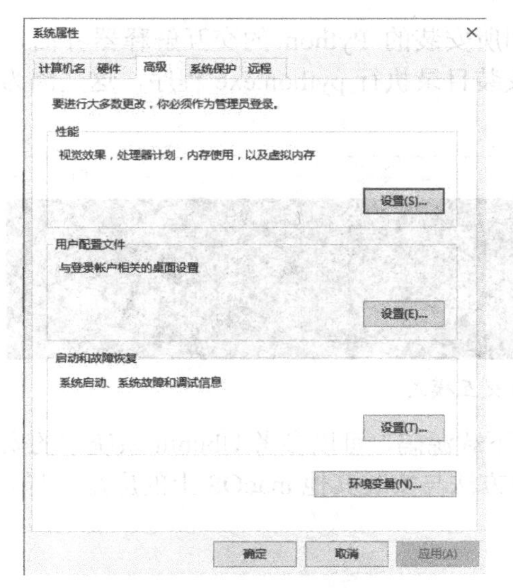

图 2-2-15 系统属性设置

图 2-2-16 环境变量设置

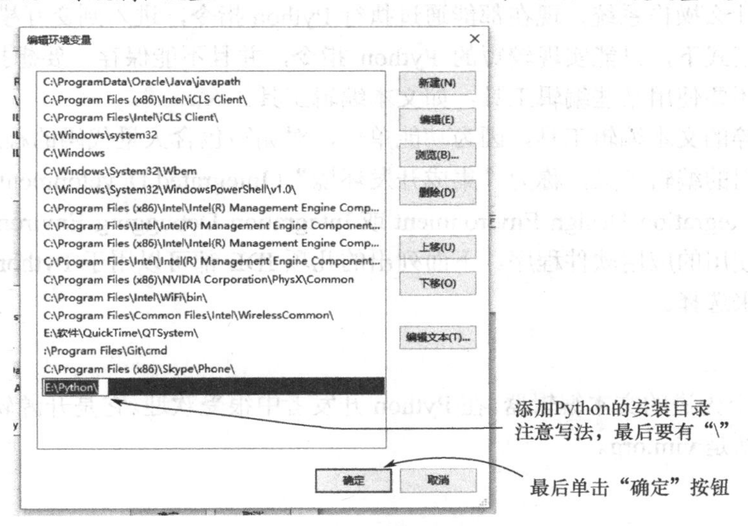

图 2-2-17 增加环境变量

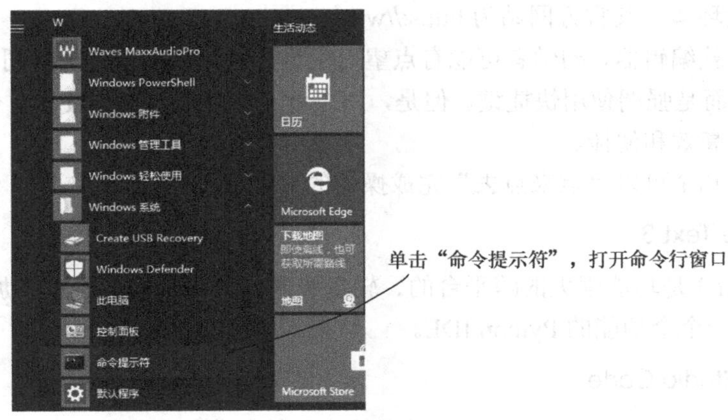

图 2-2-18 打开命令行窗口

在命令行窗口中输入“python”，即可进入到所安装的 Python 的交互解释器界面，如图 2-2-19 所示。注意，并没有进入到 Python 的安装目录执行 python.exe 程序，这是因为我们设置了环境变量的缘故。

图 2-2-19　Python 交互模式

对于 macOS 系统，本书不再详细演示，如果下载源码，可以参考 Ubuntu 系统中的安装方法；还可以在官方网站中下载 PKG 文件，安装方法与安装其他 macOS 上的应用一样。

2.2.4　Python IDE

不论使用什么操作系统，现在都能通过执行 Python 指令，进入到交互模式的 Python 解释器中。这种模式下，只能实现较短的 Python 指令，并且不能保存。要想把编写的程序保存为源文件，还要使用某些编辑工具，如文本编辑工具。

但是，纯粹的文本编辑工具，因为功能单一，对编写包含大量代码的程序不是很方便，于是就有了专门的编辑工具，称为“集成开发环境”（Integrated Development Environment，IDE，也称为 Integration Design Environment 或 Integration Debugging Environment）。IDE 是专门供开发者使用的应用软件程序。下面列出的几项 IDE 都可以用于 Python 程序开发，读者可根据喜好来选择。

1．VIM

VIM 是一个先进的文本编辑器，在 Python 开发者中很受欢迎。它是开源软件并遵循 GPL 协议。官方网站是 vim.org。

2．Emacs

Emacs 是一个可扩展的并能高度定制的 GNU 文本编辑器，可以配置为全功能的免费的 Python 集成开发环境。其官方网站为 https://www.gnu.org/software/emacs/。

对于以上两款编辑器，初学者可能有点望而生畏，因为它们不完全等同于用鼠标“点来点去”的操作，而是强调使用快捷键。但是，如果读者一旦能够坚持使用，会越来越体会到这种操作带来的高效和便捷。

下面再列出几个可以“点来点去”完成操作的 IDE。

3．Sublime Text 3

Sublime Text 3 是功能强大的跨平台的、轻量级的代码编辑器。通过添加插件，Sublime Text 3 可以成为一个全功能的 Python IDE。

4．Visual Studio Code

Visual Studio Code（俗称 VS Code）是微软出品的免费代码编辑器，囊括了多数 IDE 具有的功能。欲知更详细内容，可以通过官方文档了解 https://code.visualstudio.com/。

如果到网上搜索，还能找到很多 IDE，也有人争辩到底哪个 IDE 好。其实，IDE 是工具，只要适合、趁手就好。所以，建议读者选择一种 IDE 后，要尽快熟悉它的有关功能，能在后续编写程序时用上它。而不是三天两头换 IDE，看到一个就迫不及待地试试。切记，IDE 是写代码的工具，用熟练了就趁手了。

2.2.5 hello world

学习每种编程语言的标准起式是在计算机屏幕上输出"hello world"。这是编程语言学习的传统，起源于 1972 年由贝尔实验室的布莱恩·柯林汉撰写的内部技术文件《A Tutorial Introduction to the Language B》。后来他和丹尼斯·里奇在《C 程序设计语言》中也使用了这种方式。此后，"hello world"就被广泛作为编程语言学习的传统了。所以，现在也要输出"hello world"。

进入到 Python 交互模式中，即显示有">>>"标识符的界面。

```
>>> print("hello world")
hello world
```

从此刻开始，就要考验读者的认真程度和耐心了。你会遇到诸如拼写错误、中文和英文符号混用等貌似简单但很难检查出来的错误。以上面的操作为例，如图 2-2-20 中提示的那样，都是现在或将来可能出现的错误，请务必认真对待。

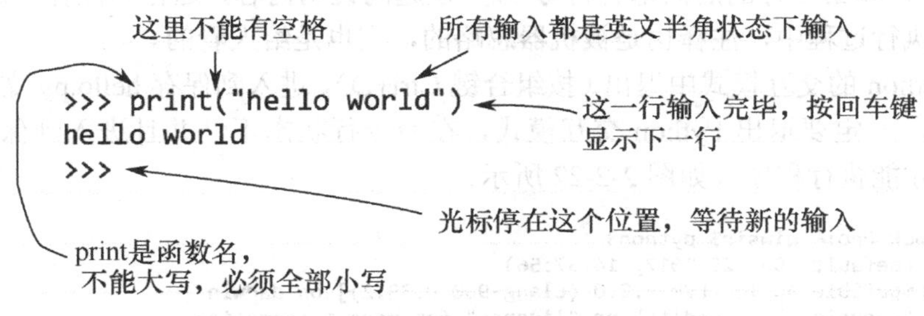

图 2-2-20 注意事项

除了在交互模式中实现了"hello world"，还可以把这个语句写入到程序文件中，通过执行该程序在屏幕上打印出来。

打开你的 IDE，新建一个文件，并输入如下内容：

```
#coding:utf-8
'''
   This is my first program.
   I will be a great programmer.
'''
print("hello world")          #print English word.
print("世界，你好")            #print Chinese word.
```

然后将此文件保存并命名为 hello.py。请记住文件的路径，Python 程序文件的后缀都是".py"。

这是读者在本教程中所写的第一段程序，应该加以纪念。

结合图 2-2-21 所示，对这段程序加以解释。

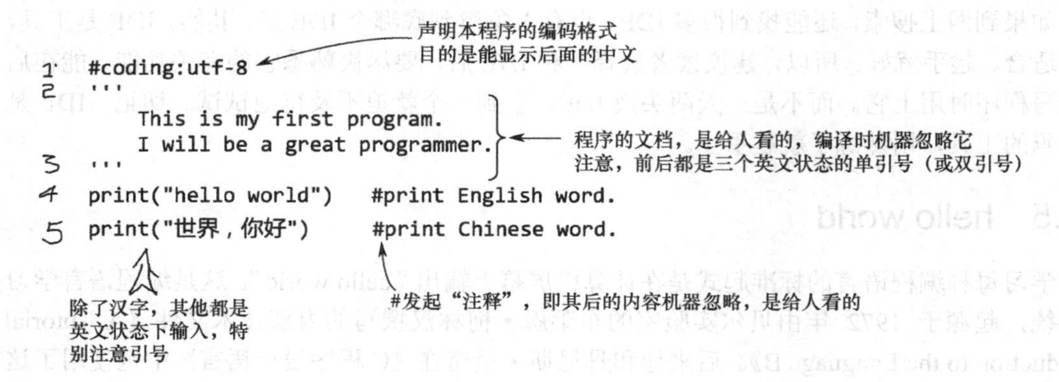

图 2-2-21　代码分析

① 第 1 行声明本程序所使用的编码格式。关于编码格式问题，后续内容会详细讲述。

② 第 2 行到第 3 行之间用三个单引号（也可以是三个双引号，但必须是英文状态下的）包裹着一些文字说明。在程序中，这块内容被称为文档，通常说明本程序的主要用途，有的带有编写者的个人有关信息或者编写时间等。在执行程序的时候，机器把文档部分忽略，文档是给人看的。

③ 第 4 行和第 5 行就是使用 print 函数，在屏幕上输出“hello world”和“世界，你好”。注意图 2-2-21 中所强调的，除了汉字，其他任何字符输入都必须是英文状态下的。

④ 在第 4 行和第 5 行的后面都有符号“#”发起的说明内容，这称为注释，是对本行的说明。在程序执行过程中，注释也是被机器忽略的，它也是给人看的。

然后从 Python 的交互模式中退出（按组合键 Ctrl+D），进入到保存 hello.py 文件的目录。

再次强调，一定要退出 Python 交互模式，在命令行状态下，并且进入到保存 hello.py 文件的目录，才能执行程序（如图 2-2-22 所示）。

```
qiwsirs-MacBook-Pro:~ qiwsir$ python3
Python 3.6.4 (default, Dec 25 2017, 14:57:56)
[GCC 4.2.1 Compatible Apple LLVM 9.0.0 (clang-900.0.39.2)] on darwin
Type "help", "copyright", "credits" or "license" for more information.
>>> print("hello world")
hello world
>>>
qiwsirs-MacBook-Pro:~ qiwsir$ cd Documents/PythonCourse/first/chapter02/
qiwsirs-MacBook-Pro:chapter02 qiwsir$ ls
hello.py
qiwsirs-MacBook-Pro:chapter02 qiwsir$
qiwsirs-MacBook-Pro:chapter02 qiwsir$ python3 hello.py
hello world
世界，你好
```

这种状态说明在Python交互模式中

从交互模式中退出，回到命令行

进入到保存hello.py文件的目录

程序执行结果

如果只安装了Python 3或者修改了软链接，可以是：python hello.py

图 2-2-22　执行程序

```
qiwsirs-MacBook-Pro:~ qiwsir$ cd Documents/PythonCourse/first/chapter02/
qiwsirs-MacBook-Pro:chapter02 qiwsir$ ls
hello.py
qiwsirs-MacBook-Pro:chapter02 qiwsir$ python3 hello.py
```

```
hello world
世界，你好
```

如果不进入到hello.py所在目录，就必须在执行程序的时候，把文件的路径写清楚，能够让Python解释器从当前位置开始，根据所写的路径找到hello.py文件。

当看到打印的结果时，就说明第一个程序——虽然简单，已经“跑起来”了。

也许，你的第一个程序并不顺利，可能报错。面对错误，不要惊慌，要认真阅读报错信息，根据报错信息排查程序中的问题。还可以把报错信息放到搜索引擎中，看看别人是如何解决这类错误的，找一些可以参考的做法，自己再尝试。经过几次反复，解决了错误，就是最大收获。

2.2.6 本书的Python版本

本书使用的是Python 3.x，读者根据前述方法配置开发环境的时候，或许Python官方网站上提供的版本与本书所示的版本的小版本号有所不同，但只要保证是Python 3系列的即可。

本书作者使用的开发环境，因为安装了两个版本的Python，所以在调试的时候，读者会看到类似“python3 hello.py”的样式，这意味着使用Python 3.x执行程序。读者可以根据自己配置的开发环境来确定所执行的程序的命令格式。

练习和编程 2

1．如果本地计算机上没有Python开发环境，请配置Python开发环境，并安装一个IDE工具，熟悉编辑工具的基本使用方法。

2．如果你使用的计算机是Windows操作系统，请安装虚拟机软件，并在虚拟机上安装Ubuntu操作系统，然后在此操作系统中完成第1题的要求。在完成本题的时候，要使用搜索引擎解决所遇到的问题。

3．在Ubuntu操作系统或者macOS操作系统中使用命令，实现对目录、文件的管理，并将常用的命令记录到第1章“练习和编程1”中第5题创建的个人博客。

4．进入到Python交互环境中，使用print函数打印如下内容：

- Life is short, You need Python.
- What's your name?
- "I once was lost, but now am found."

5．仿照2.2.5节中编写的hello.py文件，编写一个Python程序文件（扩展名为“.py”），并打印如下内容：

床前明月光
疑是地上霜
举头望明月
低头思故乡

6．将第5题的程序上传到github.com的个人代码仓库。

第 3 章　内置对象类型

“hello world”之后，就要认真并耐心地学习 Python 语言的具体知识了，包括基本对象、各种语法等。从本章开始，我们要由浅入深、由简单到复杂、由单一到综合，逐步学会用 Python 进行编程。

知识技能导图

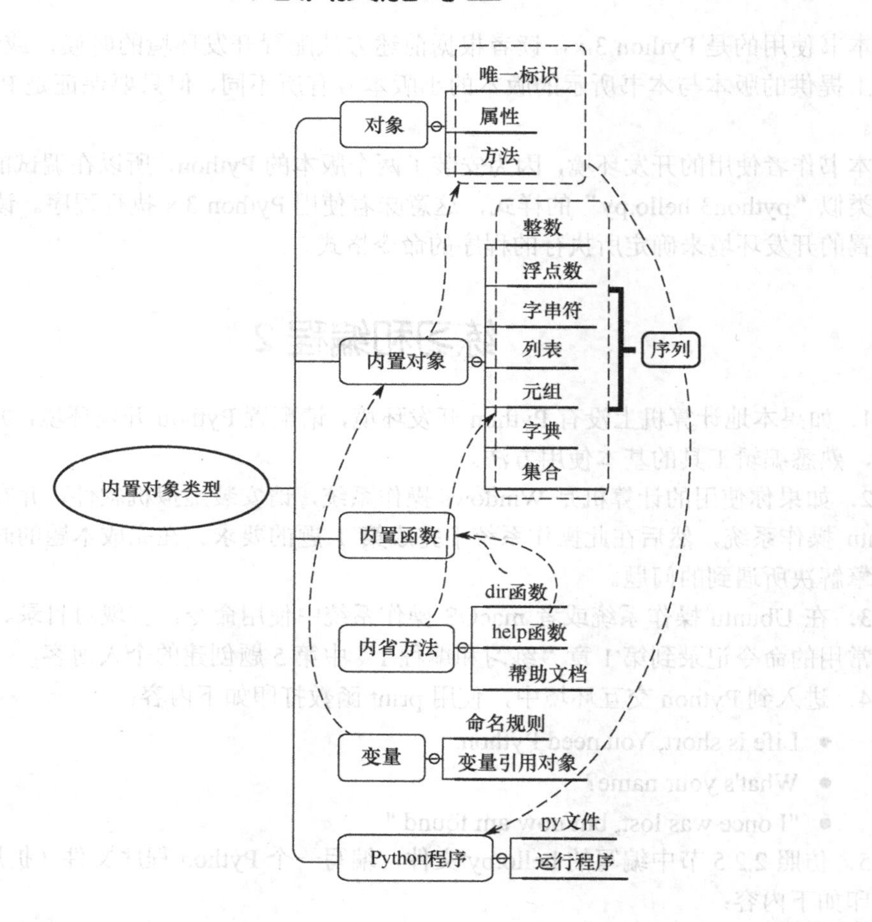

3.1　初步了解对象

物理学中一直在探索着世界是由什么组成的，从直观看到的一些物体追究到了分子、原子、原子核以及电子、中子和质子，乃至夸克等微小粒子。虽然迄今为止，物理学家还没有确定组成物质的最小单元是什么——是否无限可分，是科学问题，也是哲学问题。但是，物理学家们已经知道已知的那些粒子，因为它们具有某种特性而遵循了某种规律，最终组成了这大千世界。

Python 没有背负寻找微观粒子的重任，虽然它通常解决的是各类现实问题，但同样要研究“物质组成”。比如，要写一个用于学生上学报到缴费的程序，这个现实问题涉及哪些“组成”？不可缺少的“组成”包括学生、学校、教师，每个“组成”有自己的特征。例如：

❖ 学生：有钱（至少有学费和零花钱）、有姓名、会支付、会乘车、会说话……
❖ 学校：有名称、有地址、有收费标准、有教师名录、有学生名录……
❖ 教师：有姓名、会说话、会收钱……

如果把上述三个“组成”的特征描述清楚了，就如同制造了三个模型，那么剩下的事情只需要把三个“模型”组合起来，就能够完成“上学报到缴费”的业务流程。

因此，Python 也研究世界的“组成”，并且把这些组成统一命名为“对象”，即在 Python 的语境中，“世界是由对象组成的”。

还是以刚才的问题为例。如果考察“学生”“学校”“教师”这三个对象，发现可以按照一定的规则划分为不同的“类型”。比如把“学生”和“教师”归为同一个类型，并且可以把此类型取名为“人类”。这样，要做的“模型”个数也就是有限的了——不是有多少个对象做多少个“模型”。可以先制作“类型”，根据类型再得到具体的某种“对象”。

为了使用方便，Python 中预先制作了一些对象的类型，称为“内置对象类型”。由这些对象类型直接产生的对象就称为“内置对象”。

虽然现在还没有给“对象”下一个严格的定义——此定义会在后续内容中阐明。但是读者通过上述例子也能总结出，任何对象都有：①属性，是什么；②方法，能干什么。如果理解到这个程度，就算是初步认识了“对象”。

下面按部就班地对 Python 中不同类型的内置对象进行讲述。

3.2 数字

数字，是任何高级语言都不可缺少的东西，而且任何高级语言都支持数字的计算。Python 中的数字也是最基本的对象之一，所以它是本教程中研究的第一个对象。

3.2.1 整数

数学中的整数我们都熟悉了，那么，在 Python 中如何表示整数（integer）呢？

进入到 Python 交互模式中，输入以下内容。

```
>>> 3
3
>>> type(3)
<class 'int'>
```

在数学中，3 是属于“整数”类型中的一个数字。那么，在 Python 中，3 是什么类型中的数字呢？可以用 type(3)这种方式来查看（见图 3-2-1）。<class 'int'>是 type(3)的返回值，表明数字 3 的类型是 int，即 integer（整数）。也就是说，在 Python 中有一种对象类型称为整数（或者“整数型”），用符号 int 表示。数学中学过的整数 3 就是这种类型中的一个对象。

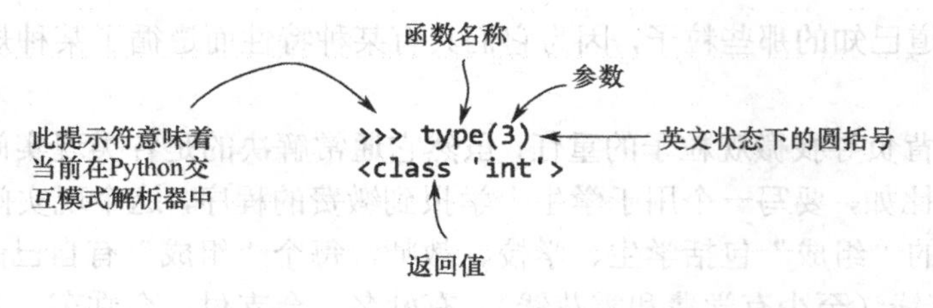

图 3-2-1　分解 type(3)的使用方式

```
>>> type(300)
<class 'int'>
>>> type(3333333333333333333333333333333)
<class 'int'>
```

使用不完全归纳方法，得到这样的结论：数学中的所有整数值在 Python 中都是整数类型（int）。

注意，读者在阅读其他文献的时候，或许会遇到“长整数型”的说法，即较大的整数。在现在 Python 版本中已经取消了这种类型，统一命名为“整数型”。

刚才使用的 type 函数在 Python 中被称为“内置函数”，本章讨论的是“内置对象”。所谓“内置”，就是当 Python 环境配置好后，相应的东西本地计算机已经有了。所有“内置”的在 Python 中都可以直接使用，不需要开发者来定义。比如“内置函数”，开发者只需了解函数的使用方法即可，不需要定义这类函数。

那么，如何了解“内置函数”的使用方法呢？

3.2.2　查看文档

“内置函数”（built-in functions）的所有使用方法都在 Python 帮助文档中——帮助文档中不仅包含“内置函数”，还包含其他帮助内容。

阅读 Python 帮助文档的方法有两种。一种是访问官方网站，通过网站查看官方文档（见图 3-2-2），进入到 https://docs.python.org/3/library/functions.html 页面，可以看到 Python 所有内置函数以及该函数的使用文档（见图 3-2-3）。

除了看在线文档，还可以看本地的帮助文档。实现这个操作要用另一个内置函数 help。

```
>>> help(type)
```

在 Python 交互模式下这样输入，然后按 Enter 键，显示图 3-2-4 所示的内容（屏幕上显示的部分内容）。

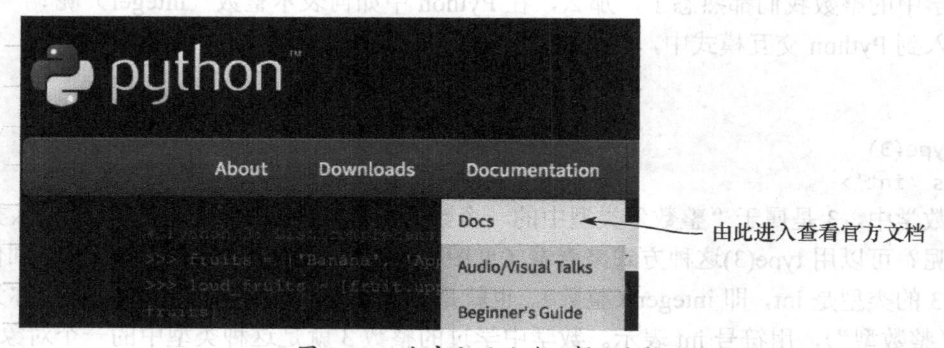

图 3-2-2　由官方网站进入帮助文档

Python Software Foundation (US) https://docs.python.org/3/library/functions.html

Documentation » The Python Standard Library »

Quick search Go | previous | next | modules | index

2. Built-in Functions

The Python interpreter has a number of functions and types built into it that are always available. They are listed here in alphabetical order.

Built-in Functions

abs()	dict()	help()	min()	setattr()
all()	dir()	hex()	next()	slice()
any()	divmod()	id()	object()	sorted()
ascii()	enumerate()	input()	oct()	staticmethod()
bin()	eval()	int()	open()	str()
bool()	exec()	isinstance()	ord()	sum()
bytearray()	filter()	issubclass()	pow()	super()
bytes()	float()	iter()	print()	tuple()
callable()	format()	len()	property()	type()
chr()	frozenset()	list()	range()	vars()
classmethod()	getattr()	locals()	repr()	zip()
compile()	globals()	map()	reversed()	__import__()
complex()	hasattr()	max()	round()	
delattr()	hash()	memoryview()	set()	

abs(*x*)

Return the absolute value of a number. The argument may be an integer or a floating point number. If the argument is a complex number, its magnitude is returned.

图 3-2-3 Python 内置函数帮助文档界面

```
Help on class type in module builtins:

class type(object)
 |  type(object_or_name, bases, dict)
 |  type(object) -> the object's type
 |  type(name, bases, dict) -> a new type
 |
 |  Methods defined here:
 |
 |  __call__(self, /, *args, **kwargs)
 |      Call self as a function.
```

这里显示的是部分帮助文档内容

重点看这种使用方法

这之后暂不深究，点击空格键可以显示下一屏

图 3-2-4 type 函数的部分帮助文档内容

显然，这是一种简单的方法，特别推荐使用。

本节只研究 type(object) -> the object's type，其他使用方法暂存。

❖ type：函数名，后面紧跟“( )”。

❖ object：表示参数是一个对象。

❖ -> the object's type：表示这个函数的返回值是对象的类型。

当阅读完文档内容，按键盘上的 q 键，就可以退回到交互模式中。

help 函数是研习 Python 经常用到的一种方式，用来查看联机文档非常方便。请读者习惯使用，并能够耐心阅读文档。

3.2.3 浮点数

对于数字，除了“整数”，还有“小数”，在 Python 中怎么表示呢？

进入到 Python 的交互模式中，按照下面的方式操作。

```
>>> 3.14
3.14
>>> type(3.14)
<class 'float'>
```

在 Python 中写“小数”与在数学中的表现形式一样，如果查看它的类型，返回值不是“decimal”（小数），而是“float”（翻译为“浮点数”）。其实不仅是 Python，很多高级语言都是如此。但是不能把小数都称为“浮点数”，因为还有“定点数”。显然，“浮（动）”和“（固）定”是相反的。关于“定点数”和“浮点数”的详细内容，建议读者自行查阅有关资料进行学习，此处不详述。

至此，我们已经学习了两种内置对象类型：整数和浮点数。注意，在用 type 函数查看数字所属类型的时候，返回值的完整形式是“<class 'int'>”或“<class 'float'>”，其中 class 也有其他含义，第 6 章将对此阐述。读者姑且知道“int 和 float 既是对象又是对象类型”。

```
>>> int(3.14)
3
>>> int(3.56)
3
>>> float(3)
3.0
```

观察上面的操作，能得到什么结论？

❖ 观察 1：int 函数实现了把浮点数转化为整数的作用，并且是截取整数，而不是四舍五入。

❖ 观察 2：float 函数实现了把整数转化为浮点数的作用。

浮点数类型的对象 3.0 和整数类型的对象 3 是同一个数吗？此问题，在数学中或许容易回答，但是在 Python 中就没那么简单了。两个分属于不同类型的对象能一样吗？比如，属于“动物”类型的“张三”（此姓名纯属虚构，如有雷同实属巧合）和属于“植物”类型的“香樟树”肯定不一样。以此类推，“3”和“3.0”应该不是同一个数了。

Python 中，两个对象是否为“同一个”有严格的判断标准，就是看它们的内存地址是否相同——每个对象，在计算机内存中都会有相应的地址编号。查看对象内存地址的方式是使用内置函数 id。请读者在交互模式中使用 help(id)查看此函数帮助文档。

```
>>> id(3)
4517259952
>>> id(3.0)
4754441128
```

id 函数的返回值是参数对象的内存地址。如上面操作所示，两个对象的内存地址不同，则说明它们是不同的对象。

综上所述：int 和 float 除了表示类型和类别，还能够实现对象的类型转化。

当然，对象的类型转化是有条件的，不是任何类型的对象都能够进行转化。

3.2.4 变量

数学中已经熟悉了“变量”这个名词，在 Python 中同样需要“变量”。Python 中的变量（variable）不是孤立存在的，而是依附在对象上的。例如：

```
>>> x = 5
>>> x
5
```

在“x = 5”中，x 是变量，5 是整数类型的对象，通过“=”把 x 和 5 建立了一种关系。

```
>>> x = 6.3
>>> x
6.3
```

这里依然是变量 x，它又与浮点数类型的对象“6.3”建立了关系。

以上操作过程中，并没有规定变量 x 必须跟什么类型的对象建立关系，也没有规定变量 x 是什么类型，而是想要让变量与某个对象建立关系，就使用“=”实现关系的建立。这样的关系被称为“引用”，即可以表述为变量 x 与对象 5（或者对象 6.3）建立了“引用关系”。

发挥个人的想象力，形象地理解这种引用关系。把“对象”想象成某个实在的物体，而变量就是一枚标签，这枚标签可以贴到这个对象（物体）上（如 x = 5），也可以随时取下来贴到另一个对象（物体）上（如同换成了 x = 6.3）。

这样来看，标签就不需要有什么类型之分了，只要有不同的名字即可。如同上面所完成的操作那样，没有给变量 x 规定为某种对象类型。这就应了 Python 中一个重要的观点：对象有类型，变量无类型。

变量没有类型，它也不能被称为对象，所以无法独立存在。

```
>>> a
Traceback (most recent call last):
  File "<stdin>", line 1, in <module>
NameError: name 'a' is not defined
```

变量必须引用一个对象，才有存在的意义。不然它不被 Python 认可，就会显示一种名为 NameError 的错误类型。

当变量引用了对象之后，变量就代表了那个对象。

```
>>> x = 6.3
>>> type(x)
<class 'float'>
>>> type(6.3)
<class 'float'>
```

变量 x 虽然是对象“6.3”的代表，但是这个代表也有不牢靠的时候。当它代表了其他对象（与其他对象建立了引用关系）时，这里的“6.3”就成为“没有代表”的对象了，会被 Python 认为是垃圾，并自动回收。

在数学中，通常习惯用 x、y 之类的单个字符表示变量。但是在高级语言编程中，这样的变量不受欢迎。Python 中对变量（严格说是普通变量）命名的基本规则如下：

❖ 变量名称由小写字母、数字和下划线组成，且不以数字开头。
❖ 不使用保留字（关键字）。
❖ 单词之间用单个下划线连接。
❖ 使用有意义的单词。

命名规则中提到了“保留字（关键字）”，怎么知道 Python 有哪些保留字呢？

在交互模式中执行下面的操作：

```
>>> import keyword
```

```
>>> keyword.kwlist
['False', 'None', 'True', 'and', 'as', 'assert', 'break', 'class', 'continue', \
'def', 'del', 'elif', 'else', 'except', 'finally', 'for', 'from', 'global', \
'if', 'import', 'in', 'is', 'lambda', 'nonlocal', 'not', 'or', 'pass', \
'raise', 'return', 'try', 'while', 'with', 'yield']
```

可以先不用理解操作的意义，重点看得到的返回值，里面所有的单词都是 Python 的保留字，请在命名变量时，不要使用这些保留字。

【例题 3-2-1】 通过操作，确认哪些变量命名合法。

代码示例：

```
>>> 1book = 123
  File "<stdin>", line 1
    1book = 123
        ^
SyntaxError: invalid syntax
>>> *book = 123
  File "<stdin>", line 1
SyntaxError: starred assignment target must be in a list or tuple
>>> _book = 123
>>> book1 = 123
```

不合法的变量命名会被显示 SyntaxError 错误。

3.2.5 简单的计算

有了数字，就可以利用这些数字做简单的运算了，如数学中常见的加、减、乘、除四则运算。

```
>>> a = 10; b = 2.5
```

注意观察这种写法，在“a = 10”与“b = 2.5”之间用英文状态下的“;”分割，其效果等价于下面的写法。

```
>>> a = 10
>>> b = 2.5
```

下面让变量 a 和 b 代表它们各自引用的对象参与运算。

```
>>> a + b
12.5
>>> a - b
7.5
>>> a * b
25.0
```

注意，所有的运算符号都是英文状态下输入的，特别是乘号不要写成“×”。

Python 中的除法比上面三种运算稍复杂，表示相除的符号是英文状态的“/”。进入 Python 交互模式后，练习下面的运算：

```
>>> 5 / 2
2.5
>>> 4 / 2
2.0
>>> 2 / 5
```

```
0.4
```

除了可以使用“/”符号进行除法运算，还可以使用“//”符号得到两个数相除的商。

```
>>> 5 // 2
2
```

“商”肯定是一个整数，并且这个整数不是“/”操作之后得到的结果进行四舍五入（2.5 四舍五入后结果是 3），通俗地说是“取整”。两个数字相除，除了“商”，还有“余数”，在 Python 中也提供了计算余数的符号。

```
>>> 5 % 2
1
```

除了运算符号，内置函数 divmod 能够同时获得商和余数。

```
>>> divmod(5, 2)
(2, 1)
```

在 Python 中，数字之间的加、减、乘、除运算与数学中的四则运算的规则是一样的。

```
>>> 3.14 + 3.14 * 2 / 5 - 7
-2.604
```

除了四则运算，Python 也提供了其他简单运算的方式。比如：

```
>>> 2 ** 3      #计算 2 的 3 次方
8
>>> abs(-1)     #计算-1 的绝对值
1
```

虽然 Python（也可以说是计算机）擅长计算，但是有时候会遇到看似难以理解的现象。

```
>>> 0.1 + 0.2
0.30000000000000004
>>> 0.1 + 0.1 - 0.2
0.0
>>> 0.1 + 0.1 + 0.1 - 0.3
5.551115123125783e-17
>>> 0.1 + 0.1 + 0.1 - 0.2
0.10000000000000003
```

这几个简单的运算为什么不能得到精确的结果呢？原因在于十进制数和二进制数的转换。计算机用二进制数进行计算，但在上面的例子中输入的是十进制数，所以计算机需要把十进制的数转化为二进制数，再进行计算。但是，在将类似 0.1 这样的浮点数转化为二进制数时，有时候就出现问题了。

0.1 转化为二进制是：0.0001100110011001100110011001100110011001100110011…

0.1 转化为二进制数后，不会精确等于十进制数的 0.1。同时，计算机存储的位数是有限制的，所以出现了上述现象。

这种问题不仅在 Python 中会遇到，在所有支持浮点数运算的编程语言中都会遇到，这不是 Python 的 Bug。

明白了这种问题产生的原因后，该怎么解决呢？就 Python 的浮点数运算而言，大多数计算机每次计算误差不超过 $1/2^{53}$。对于大多数任务来说，这已经足够了，但是要谨记，这不是十进制算法，每个浮点数计算可能带来一个新的舍入错误。

一般情况下，只要简单地将最终显示的结果“四舍五入”到所期望的十进制位数，就会得到满意的最终结果。

实现“四舍五入”可以使用内置函数 round，如图 3-2-5 所示。在 Python 交互模式下，可以通过 help(round)来获取完整的函数帮助文档内容。

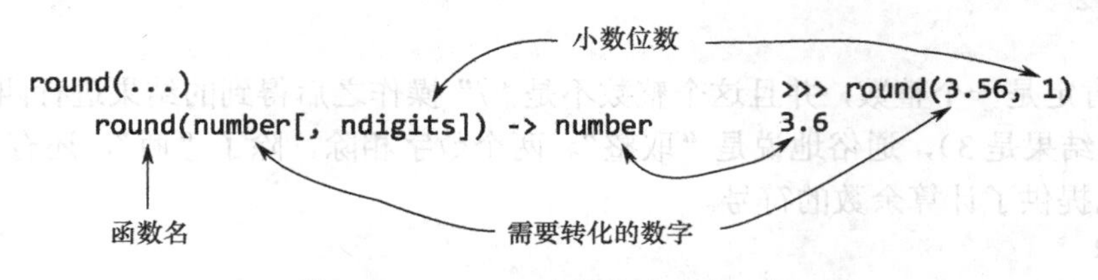

图 3-2-5　round()函数使用方法示意

但是，round()函数也不能幸免于十进制和二进制转化的问题。

```
>>> round(1.2345, 3)
1.234               #应该是：1.235
>>> round(2.235, 2)
2.23                #应该是：2.24
```

这类问题的彻底解决还有赖于其他工具。请见 3.2.7 节的相关内容。

在数学上，经常用科学计数法表示一些比较大的数字，如 12000 写作 1.2×10^4。在 Python 中也可以使用科学计数法，只不过写法有区别。

```
>>> a = 1.2e4
>>> a
12000.0
```

1.2e4 即表示 1.2×10^4。

【例题 3-2-2】 鸡兔同笼，头 35 个，脚 94 只，问鸡、兔各多少？

代码示例

```
>>> rabbit_feet = 35 * 4                    #假设都是兔子，脚一共有多少
>>> extra_feet = rabbit_feet - 94
>>> chickens = extra_feet / (4 - 2)
>>> rabbits = 35 - chickens
>>> chickens
23.0
>>> rabbits
12.0
```

3.2.6 math 标准库

在数值运算中，除了前面的简单运算，还有如计算对数、正弦、余弦等初等函数的各种运算。但是在 Python 的内置函数中没有这些函数。

因为这些初等函数也是常用的，所以 Python 提供了标准库来满足需要。Python 标准库是随 Python 附带安装的，包含很多常用的模块（关于“模块”，请见第 7 章），此处要使用的 math 就是标准库中的一个模块。

```
>>> import math
>>> dir(math)
['__doc__', '__file__', '__loader__', '__name__', '__package__', '__spec__', \
'acos', 'acosh', 'asin', 'asinh', 'atan', 'atan2', 'atanh', 'ceil', 'copysign', \
```

```
'cos', 'cosh', 'degrees', 'e', 'erf', 'erfc', 'exp', 'expm1', 'fabs', \
'factorial', 'floor', 'fmod', 'frexp', 'fsum', 'gamma', 'gcd', 'hypot', 'inf', \
'isclose', 'isfinite', 'isinf', 'isnan', 'ldexp', 'lgamma', 'log', 'log10', \
'log1p', 'log2', 'modf', 'nan', 'pi', 'pow', 'radians', 'sin', 'sinh', 'sqrt', \
'tan', 'tanh', 'tau', 'trunc']
```

这里显示出了 math 模块提供的所有函数。可以使用 help 函数查看联机帮助文档。

```
>>> help(math.pow)
Help on built-in function pow in module math:
pow(...)
    pow(x, y)
    Return x**y (x to the power of y).
```

例如，计算数学表达式 $\sin\frac{\pi}{4}+\lg 5e^2$，并且结果保留 2 位小数。

```
>>> round(math.sin(math.pi/4) + math.log10(5) * math.exp(2), 2)
5.87
```

应用 math 模块，再结合前面已学和基本的初等数学知识，就能够完成大多数初等数学的运算了。尽管如此，运算中还存在一些问题尚待解决。比如：

```
>>> 10 / 3
3.3333333333333335
```

还有，前面提到的十进制和二进制转化引起的计算结果不精确问题。所以，必须需要其他工具。

3.2.7 解决“异常”

前面使用标准库中的 math 模块解决了初等数学的函数问题，为了满足运算的其他要求，Python 标准库中还有其他计算相关的模块。比如，decimal 实现了十进制数精确运算。

```
>>> 0.1 + 0.2
0.30000000000000004
>>> import decimal
>>> a = decimal.Decimal('0.1')      #注意参数是'0.1'，不是0.1
>>> b = decimal.Decimal('0.2')
>>> a + b
Decimal('0.3')
```

类似“10 / 3”的计算可以使用标准库中的 fractions 模块，实现基于有理数的运算。

```
>>> import fractions
>>> fractions.Fraction(10, 3)
Fraction(10, 3)
>>> fractions.Fraction(10, 6)
Fraction(5, 3)
```

上述计算结果虽然不是浮点数和整数类型，但是依然能够参与数学运算。

```
>>> 2 + a + b
Decimal('2.3')
>>> 2 + fractions.Fraction(10, 3)
Fraction(16, 3)
```

注意，下面的方式是不支持的。

```
>>> 2 + fractions.Fraction(10, 3) + a + b
Traceback (most recent call last):
  File "<stdin>", line 1, in <module>
TypeError: unsupported operand type(s) for +: 'Fraction' and 'decimal.Decimal'
```

关于计算，Python 中能够使用的工具也不仅限于本书介绍的这些，还有诸如 NumPy、SciPy 等科学计算的专门工具。

【例题 3-2-3】 假设两个人，一个人的质量是 70 kg，另一个人的质量是 50 kg，当两人相距 0.5 米的时候，它们之间的引力大小是多少？（$G = 6.67\times10^{-11}\mathrm{m^3kg^{-1}s^{-2}}$）

代码示例

```
>>> G = 6.67e-11
>>> F = G * 70 * 50 / (0.5 ** 2)
>>> F
9.338000000000001e-07
```

计算表明，这两个人之间的引力大小是 9.3×10^{-7}N，仅相当于大约 0.095 毫克的物体的重力。

本来，数学中的数字没有最大值，但是因为计算机本身的结构问题，在编程语言中的数字不是无限大的。

3.2.8 溢出

正如读者已知，计算机在计算的时候要把十进制的数值转化为二进制的。比如：

```
>>> bin(40)
'0b101000'    #0b 表示后面是二进制，101000 是十进制整数 40 的二进制表示
```

在有的语言中，整数有位数的限制，如 C 语言中 26 位的短整型、32 位的长整型等。在这种情况下，如果计算结果超出了给定位数表示的数值范围，就出现了“整数溢出”的现象。而 Python 中没有位数的限制，或者说 Python 中的整数是任意精度，所以可以表示任意大的整数了（仅受制于内存）。

```
>>> a = 2 ** 10000
```

请读者自己调试，显示变量 a 所引用的数字，它是一个 3011 位的整数。

但是，如果遇到了浮点数参与运算，则要小心“浮点数溢出”了。

```
>>> a * 0.1
Traceback (most recent call last):
  File "<stdin>", line 1, in <module>
OverflowError: int too large to convert to float
```

【例题 3-2-4】 “夜黑佯谬”，又称为“奥尔伯斯佯谬”，是由德国天文学家奥尔伯斯于 1823 年提出的，其主要结论是“晚上应该是光亮的而不是黑暗的”。因为计算表明，不论白天和晚上，地球上任何一点得到的来自宇宙中恒星的亮度都是无穷大。不过，这个结论并不符合观察的事实，我们看到的夜空是黑暗的，所以奥尔伯斯宣布这是一个需要解决的佯谬。（更详细的内容请阅读 http://blog.sciencenet.cn/blog-677221-921097.html）

这里涉及了“无穷大”，在数学中用符号∞表示，在 Python 中如何表示？

代码示例

```
>>> a = float("inf")          #正无穷
>>> b = float("-inf")         #负无穷
```

```
>>> c = float('nan')        #表示"非数字"
>>> a
inf
>>> b
-inf
>>> c
nan
>>> a + 10
inf
>>> b + 10
-inf
>>> a * 10
inf
>>> a + b
nan
>>> a / b
nan
>>> 2 / a                   #分母无穷大，结果是0
0.0
>>> 2 / c                   #非数字参与计算，结果还是非数字
nan
```

3.2.9 运算优先级

从小学数学开始，就研究运算优先级的问题，如四则运算中的“先乘除，后加减”说明乘法、除法的优先级要高于加减法。同一级别的运算按照“从左到右”的顺序进行计算。

表 3-2-1 列出了 Python 中的各种运算的优先级顺序。

表 3-2-1 运算符的优先级

运 算 符	描 述	运 算 符	描 述
or	布尔“或”	&	按位与
and	布尔“与”	<<, >>	移位
not x	布尔“非”	+，–	加法与减法
in，not in	是否是/不是其中一个成员	*，/，%	乘法、除法与取余
is，is not	两个对象是否为同一个	+x，–x	正负号
<，<=，>，>=，!=，==	比较	~x	按位翻转
		按位或	**	指数
^	按位异或		

表 3-2-1 按照优先级从低到高的顺序列出了 Python 中的常用运算符。虽然有很多还不知道是怎么回事，不过此处先列出来，等以后用到的时候可以回来查看。当然，不需要记忆，因为与数学中的规则完全一样。在复杂的表达式中，使用括号能够让表达式的可读性更强。

在程序中，可读性是非常重要的。

3.2.10 一个简单的程序

在 2.2.5 节中已经写过了一个简单的程序（文件 hello.py）。至今已经学习过一些数值计算了，就可以把程序写得比 hello.py 复杂一些了。

【例题 3-2-5】 已知两个力，F1=20 N，F2=10 N，这两个力的方向夹角是 60°，计算两个力的合力大小和方向。

解题思路

用中学物理知识解决这个问题，即将两个力放到一个直角坐标系中，利用正交分解法进行计算。

代码示例

```
#coding:utf-8
'''
    add twoforces, F1 + F2
    filename: force.py
'''

import math

f1 = 20
f2 = 10
alpha = math.pi / 3

x_force = f1 + f2 * math.sin(alpha)
y_force = f2 * math.cos(alpha)

force = math.sqrt(x_force * x_force + y_force * y_force)

print("The result is: ", round(force, 2), "N")
```

这段程序的开始部分用三对单引号（或者用三对双引号）包裹着一些文字，这些内容是对本程序文件的说明（简称“程序文档”），在执行这个程序文件的时候，计算机忽略它。程序文档之后的各行语句才是计算机要执行的内容。

因为每行语句的含义都是前述各节知识所讲授过的，所以不再赘述。建议读者在每行的空白处写下对该行代码的注释，说明其作用。这就是所谓的“阅读代码”。“阅读代码”是提升个人编程水平的一种重要方式。

文件保存之后，用下面的方式运行此程序。

```
qiwsirs-MacBook-Pro:chapter03 qiwsir$ python3 force.py
The result is:  29.09 N
```

如此这般，这个程序就运行起来了。诚然，这里还是非常简单的程序，毕竟只学习了一种类型的对象。要想编写复杂的程序，还要继续学习更多的知识。

3.3 字符和字符串

观察计算机的键盘，上面每个键对应着一个“字符”（character）。注意，字符不仅是字母，通常包括字母、数字、标点符号和一些控制符等。当计算机能够处理字符后，它就不再单纯“计算”了，而是具有了“电脑”的功能。

3.3.1 字符编码

如前所述，计算机只能认识二进制数字，所有提交给它的东西都要转化为二进制才能被认识。要想让计算机能够处理字符，也要如此，必须将字符与二进制的为（bit）之间建立起对应关系，这种对应关系称为“字符编码”。

1960年代，美国发布了“美国信息交换标准代码”（American Standard Code for Information Interchange，ASCII），主要规定了英语字符在计算机中的编码。1986年发布的最新版一共规定了128个字符的编码。

利用Python中的内置函数ord可以得到ASCII中某个字符编码的十进制表示。

```
>>> ord("A")
65
```

这个十进制数字对应的二进制数字可以用bin()函数得到。

```
>>> bin(65)
'0b1000001'      #65对应的二进制数是1000001
```

只不过在ASCII中，每个字符的编码只占用了1字节的后7位，最前面的一位统一规定为0，即为01000001。

ASCII对于英语而言已经足够了，但英语以外的语言则不然了。比如汉字，显然不能用1字节（1字节最多可以表示256种字符，而汉字多达10万个，最常用的大约有3000～4000个），于是就要用多字节表示一个字符。比如，简体中文编码GB2312使用2字节表示一个汉字，理论上能够支持256 × 256 = 65536个字符。

除了汉语，还有好多种语言，它们都需要让计算机认识，于是就有了各种样式的编码（仅中文就有多种编码，如GB2312编码、BIG5编码、HKSCS编码、GBK编码等）。结果导致同一个二进制数字在不同编码方案中对应着不同的字符，这就是“乱码”产生的原因之一。所以，需要一个统一的编码方案。

于是Unicode应运而生。Unicode的中文翻译为：万国码、国际码、统一码、单一码，目的是实现编码方案的“世界大同”，由位于美国加州的The Unicode Consortium（统一码联盟，一个非赢利机构）负责维护。

但是，Unicode只是一个字符集，而没有制定编码规则，所以需要再制定Unicode的实现方式（Unicode Transformation Format，UTF），于是出现了UTF-16、UTF-32等。现在使用最广泛的是UTF-8（8-bit Unicode Transformation Format），也是互联网普遍采用的Unicode实现方式。图3-3-1所示的是本书作者所用的IDE设置的编码方式。

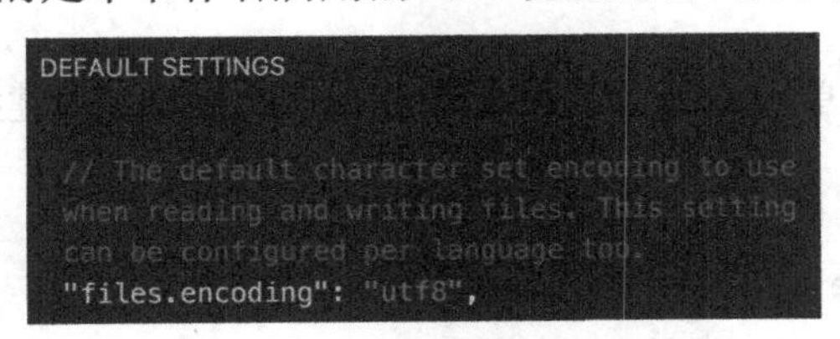

图3-3-1 IDE的编码设置

在交互模式中，还可以查看自己的计算机所使用的默认编码。下面的操作显示了作者所用计算机的编码方式。

```
>>> import sys
```

```
>>> sys.getdefaultencoding()
'utf-8'
```

在 3.2.10 节中写的程序文件中，第一行“#coding:utf-8”也是声明本程序文件所采用的字符编码方式是 UTF-8（与所使用编辑器编码方式保持一致）。

在 Python 中，不但可以使用 ord 函数得到每个字符的编码，而且能够使用 chr 函数实现反向操作。

```
>>> ord("A")
65
>>> chr(ord("A"))
'A'
```

因为 Python 3 支持 Unicode，所以每个汉字都对应一个编码数字。

```
>>> ord("学")
23398
>>> chr(23398)
'学'
```

解决了单个字符问题，就可以研究多个字符组成的“串”了。

3.3.2 认识字符串

其实，前面已经出现的“hello,world”就是一个字符串（string）。所谓字符串，在 Python 中就是用单引号或双引号包裹着的若干字符（见图 3-3-2）。

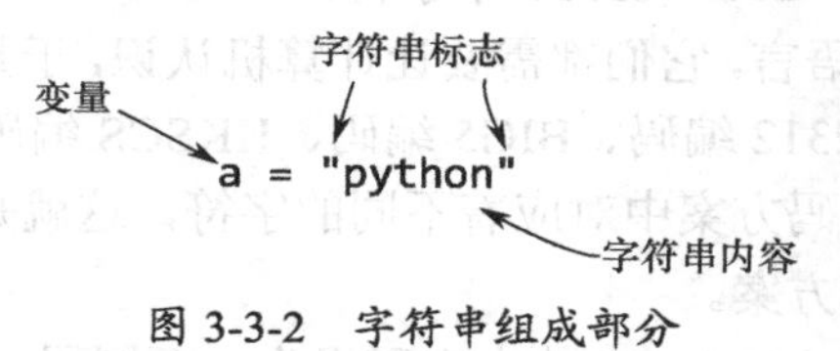

图 3-3-2 字符串组成部分

```
>>> a = "python"
>>> b = '派森'
>>> type(a)
<class 'str'>
>>> type(b)
<class 'str'>
```

字符串也是 Python 中的内置对象类型，用 type 函数查看，返回值为 str，它就是字符串的类型名称。

注意，包裹字符串的单引号或者双引号是字符串的标志，在键盘输入的时候必须是英文状态，并且要成对出现。

```
>>> "I am Qiwei'
  File "<stdin>", line 1
    "I am Qiwei'
               ^
SyntaxError: EOL while scanning string literal
```

在引号中不仅可以放字母、汉字，还可以放其他字符，如数字。

```
>>> type(250)
```

```
>>> type("250")
<class 'str'>
```

尽管是数字，用引号包裹后，就不再是整数了，变成了字符串。表象上看，这种由数字组成的字符串可以通过int和str实现相互间的类型转化，实质上，int('250')是以字符串“250”为参数创建一个整数类型实例（对此句的理解请参阅本书第6章内容）。

```
>>> int("250")
250
>>> str(250)
'250'
>>> int("a")    #这种转化注定要失败的。
Traceback (most recent call last):
  File "<stdin>", line 1, in <module>
ValueError: invalid literal for int() with base 10: 'a'
```

请注意下面的写法：

```
>>> print('what's your name?')
  File "<stdin>", line 1
    print('what's your name?')
                ^
SyntaxError: invalid syntax
```

出现了 SyntaxError（语法错误）引导的提示，说明这里存在错误，错误的类型是SyntaxError，后面是对这种错误的解释：“invalid syntax”（无效的语法）。

在 Python 中，这一点是非常友好的，如果语句存在错误，就会将错误输出，供程序员参考改正。

print()是 Python 的一个内置函数，其作用是把参数中内容打印出来，通常显示在当前的交互模式所在的控制台。

解决上述错误的方法之一就是使用双引号和单引号的嵌套。

```
>>> print("what's your name?")
what's your name?
```

用双引号来包裹，双引号中允许出现单引号。其实，反过来，单引号中也可以包裹双引号。

此外，还有一种解决方法，那就是使用“转义符”。所谓转义，就是让某个符号不再表示原来的含义了。比如n，在字符串中就表示一个字母，这是原来的含义。

```
>>> print("your number is 1")
your number is 1
```

然而如果按照下面的方式操作之后，意思就变了。

```
>>> print("your \number is 1")
your
umber is 1
```

注意观察这两句的区别，如图3-3-3所示。

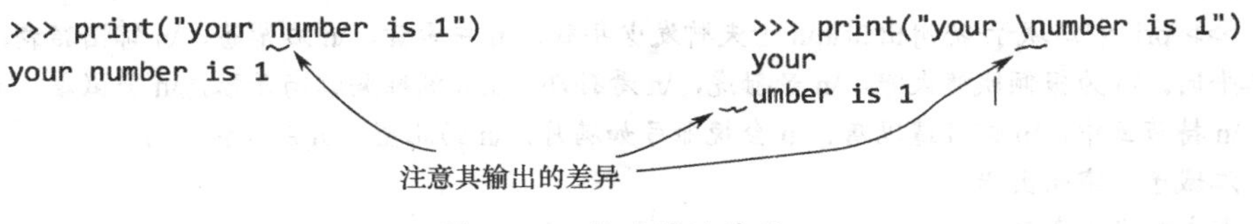

图 3-3-3　转义符的作用

第二句中的符号“\”将本来是字母n的含义转换，与“\”符号一同组成了“\n”，其含义是换行，因此就出现了第二句的操作结果。

同样，可以这样来做，实现“what's your name?”的正确显示，尽管依然使用单引号包裹字符串，但不会报错了。

```
>>> print('what\'s your name?')
what's your name?
```

表3-3-1中列出了Python中常用的转义字符及其说明，供应用时查阅。

表3-3-1 转义字符及其说明

转义字符	描　述	转义字符	描　述
\	（在行尾时）续行符，即一行未完，转下一行	\n	换行
\	反斜杠符号	\v	纵向制表符
\'	单引号	\t	横向制表符
\"	双引号	\r	回车
\a	响铃	\f	换页
\b	退格（Backspace）	\oyy	八进制数，yy代表的字符，如12代表换行
\e	转义	\xyy	十六进制数，yy代表的字符，如0a代表换行
\000	空	\other	其他的字符以普通格式输出

建议读者在交互模式中测试上述转移符的显示效果。例如：

```
>>> print("hello. I am Python.\
... I am in itdiffer.com.")
hello. I am Python.I am in itdiffer.com.
```

用“\”实现转义是一个方便的做法，但是如果在字符串中用到了“\”符号，怎么办？比如，打印Windows中的路径。

```
>>> print("c:\news")
c:
ews
```

这个输出结果显然不是所需要的。如何解决？可以继续使用转义符：

```
>>> print("c:\\news")
c:\news
```

此外，还有一种方法：

```
>>> print(r"c:\news")
c:\news
```

状如r"c:\news"，由r开头引起的字符串就是“原始字符串”，在里面放任何字符都表示该字符的原始含义。这种方法在Web开发中设置网站目录结构的时候非常有用。

【例题3-3-1】 在交互模式中，用print函数打印苏轼的词《江城子·密州出猎》，要求每句占一行。

代码示例

```
>>> print("江城子·密州出猎\n\n 老夫聊发少年狂，\n 左牵黄，\n 右擎苍，\n 锦帽貂裘，\n 千骑卷平冈。\n 为报倾城随太守，\n 亲射虎，\n 看孙郎。\n\n 酒酣胸胆尚开张，\n 鬓微霜，\n 又何妨？\n 持节云中，\n 何日遣冯唐？\n 会挽雕弓如满月，\n 西北望，\n 射天狼。")
江城子 · 密州出猎
老夫聊发少年狂，
```

左牵黄，
右擎苍，
锦帽貂裘，
千骑卷平冈。
为报倾城随太守，
亲射虎，
看孙郎。
酒酣胸胆尚开张，
鬓微霜，
又何妨？
持节云中，
何日遣冯唐？
会挽雕弓如满月，
西北望，
射天狼。

3.3.3 字符串基本操作

以熟悉的“hello world”字符串为例，它包括英文字母和一个空格（字符），还有一个重要特征要引起注意：这些字母和字符是按照一定顺序排列的，不是随机排的，更不能随意更换顺序。

```
>>> a = "hello world"
>>> b = "ehllo world"
>>> a is b    #is 判断两个对象是否为同一个对象，“是”则返回 True，“否”则返回 False
False
```

尽管 a 和 b 两个变量引用的字符串对象（当某个变量引用一个对象的时候，本书中会用那个变量来指代对象，如简称字符串 a，事实上都是指变量 a 所引用的字符串对象）只有较小的差异，但 a、b 是两个不同的对象。

像字符串这样，其元素必须按照特定顺序排列的对象被称为“序列”。字符串是在本书中出现的第一种序列，在后续内容中，读者还能学习到其他序列对象。

字符串这样的序列存在着一系列共性的操作。

1. “+”：连接序列

对于数字，“+”的含义是实现两个数字相加，得到一个新的数字。对于字符串（序列），“+”的作用效果是将字符串连接起来，并得到了一个新的字符串。

```
>>> m = "python"
>>> n = "book"
>>> r = m + " " + n
>>> r
'python book'
>>> id(m), id(n), id(r)    #三个字符串的内存地址不同，说明是三个对象
(4542056296, 4553976048, 4554159408)
```

注意，“+”连接的对象必须是同种类型的，否则报错。

```
>>> m + 5    #字符串“+”数字，不许可
```

```
Traceback (most recent call last):
  File "<stdin>", line 1, in <module>
TypeError: must be str, not int
>>> m + [1, 2, 3]    #字符串“+”列表（详见3.4节），不许可
Traceback (most recent call last):
  File "<stdin>", line 1, in <module>
TypeError: must be str, not list
```

如果非要实现字符串和数字的连接，应该如何操作？

```
>>> m + str(3)
'python3'
```

可以使用类型转化的方式，将“+”两侧的对象转化为同种序列类型的对象。

2. “*”：重复元素

数值运算中的“*”表示的是乘法，对于字符串（序列），这个符号则表示要获得重复的元素。

```
>>> "-" * 20
'--------------------'
```

3. len 函数：求序列长度

len 函数是一个内置函数，其作用是得到序列类对象的长度。

承接前面的操作，测量字符串 r 的长度。

```
>>> len(r)
11
```

请读者认真数一数，会发现 r 中包含 10 个英文字母，不要漏掉两个单词中间的空格，它也算一个字符，所以有 11 个字符，即长度为 11。

可以进一步看看函数 len 返回值的类型。

```
>>> a = len(r)
>>> type(a)     #返回了整数型对象
<class 'int'>
```

如果查看 len 函数的联机帮助文档，会发现这样的描述。

```
len(obj, /)
Return the number of items in a container.
```

描述中说明 len 函数返回的是一个容器（container）的元素数。字符串的确像一个容器，里面按照一定顺序装入了若干字符。

请思考并尝试：len("大学")的返回值是多少？在此基础上进一步体会帮助文档的说明。

4. in：判断元素是否存在其中

如前所述，字符串是一个容器，“in”用于判断容器中是否存在某个元素。

```
>>> "p" in r
True
>>> "r" in r
False
>>> "on" in r    #不仅可以判断一个字符，还可以这样操作
True
>>> 'book' in r
True
```

返回 True，说明该字符（串）在容器中，否则返回 False（关于 True 和 False，详见 4.1.3 节的内容）。

【例题 3-3-2】 连接“Life is short.”和“You need Python.”这两个字符串，并且用 print 函数在控制台上打印出来，显示为两行。

代码示例

```
>>> s = "Life is short." + "\n" + "You need Python."
>>> print(s)
Life is short.
You need Python.
```

3.3.4 索引和切片

作为序列中一员的字符串，每个字符都是按照特定顺序排列的，不能随意更换位置。因此，可以给每个字符进行编号。

由此，可以把“序列”理解为“有序排列”。在 Python 中，给这些编号取了一个文雅的名字，叫作“索引”（index。其他编程语言也这么称呼，不是 Python 独有的）。

给字符串中的字符（或序列中的元素）进行编号（即索引）的方法有两种：一种是从左边开始编号，依次为 0、1、2、…，直到最右边的字符结束；另一种是从右边开始，依次是 −1、−2、−3、…，直到最左边的字符结束。

如图 3-3-4 所示，对字符串中的所有字符建立索引。特别注意，两个单词中间的那个空格也占用了一个位置，空格是一个字符。“无”不完全等于“没有”。

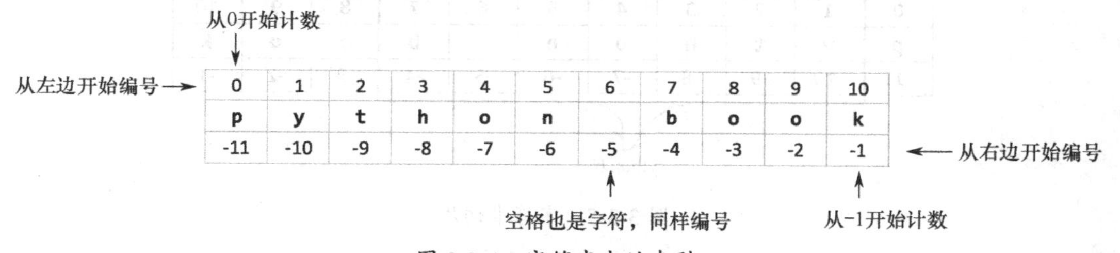

图 3-3-4　字符串中的索引

再有，因为可以从两个方向开始编号，所以每个字符可以有两个索引。

字符的索引建立好了，自然可以通过索引找到每个字符了。这就好比每个居民都有一个身份证号（理论上居民个人和身份证号是一对一的关系），通过身份证号（相当于索引）就能找到对应的人。在 Python 中，实现这种操作的方式是使用“[ ]”符号，如下操作：

```
>>> r = 'python book'
>>> r[0]
'p'
>>> r[-11]
'p'
```

变量 r 引用了字符串对象，后面的“[ ]”中是字符的索引。操作示例显示，不论是用从左边开始计数的索引还是用从右边开始计数的索引，都能得到那个字符。

如果使用的索引超出了该字符串的索引范围，则会报错。

```
>>> r[19]
```

```
Traceback (most recent call last):
  File "<stdin>", line 1, in <module>
IndexError: string index out of range
```

为了避免这种情况，需要提前知道最后一个字符的索引才好。一种方式是通过 len 函数得到字符串的字符数（长度），即可知道最大索引了。另一种方式是使用下面的方式直接得到最右边的字符的索引。

```
>>> r.index("k")
10
```

index()是字符串对象的一个方法（关于对象的“方法”，请参考 3.1 节的简述），能够得到某字符在字符串中的索引（按照从左开始计数的索引），且是第一次出现。

```
>>> r.index("o")    #请对照图 3-3-4 的索引示意
4
```

通过索引，不仅可以得到某个指定字符，还能得到若干字符。操作方式如下：

```
>>> r[1: 8]
'ython b'
```

通过 r[1: 8]方式从字符串 r 中“得到”了多个（不是一个）字符——称为“切片”（slice）。如图 3-3-5 所示，将索引是 1、2、3、4、5、6、7 的字符“切”出来。从结果中可以看出，结束索引 8 所对应的字符没有被“切”下来，这是 Python 中的普遍规则，简单概括为：前包括，后不包括。

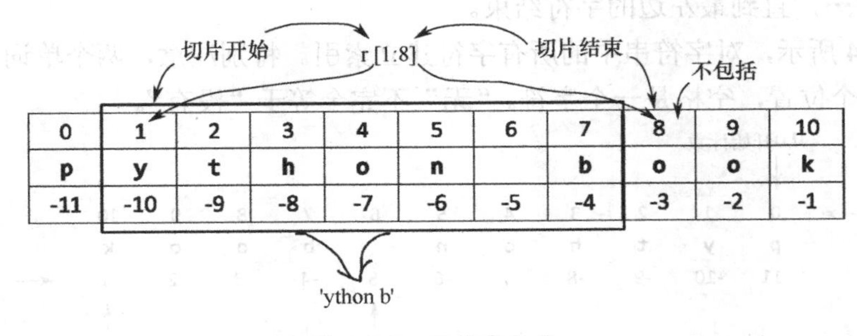

图 3-3-5　字符串切片

原字符串被“切”出了一部分，但并没有因此而破坏原字符串。

```
>>> r
'python book'
```

这说明“切片”是比照着索引在原字符串中所对应的字符，重新创建了一个字符串对象。从最终结果看，貌似是从原字符串上“切下来的一部分”。

如果用一个普遍的表达式来说明切片操作的方式，可以表示为：

```
S[index_start: index_stop: step]
```

- ❖ $index_{start}$：表示开始的索引。如果是从第一个字符开始，可以省略。
- ❖ $index_{stop}$：表示结束的索引（切片中不含此索引对应的字符）。如果是到最后一个字符结束（含最后一个），可以省略。
- ❖ step：表示步长，默认为 1；可为正整数，也可为负整数。

```
>>> r[: 8]
'python b'
>>> r[: -3]
```

```
'python b'
```

省略 $index_{start}$ 索引，表示切片以字符串的开始为开始。对照图 3-3-5 可知，索引 8 和−3 对应的是同一个字符（作为结束字符，不包含在切片中），所以上述两种操作结果一样。

同理，如果省略 $index_{stop}$，则表示到字符串结束，即切片中的字符直到原字符串最后一个字符为止，并包含最后一个字符。

```
>>> r[1:]
'ython book'
```

以上操作中，步长都省略，即：使用了步长的默认值 1。

```
>>> r[1: :1]
'ython book'
```

r[1:]和 r[1: :1]的操作结果是一样的。但是，如果设置步长不是 1，则会按照步长切片。

```
>>> r[1: :2]
'yhnbo'
>>> r[: : 2]
'pto ok'
```

请读者通过操作比较 r[: 8]和 r[0: 8]，以及 r[1:]和 r[1: 10]的结果，结合前面的内容给予理解。

在 r[1: :1]和 r[: : 2]操作中，步长分别为 1 和 2，都是正整数。前面介绍步长的时候特别提到，它也可以为负整数。

```
>>> r[::-1]
'koob nohtyp'
```

r[: : -1]中的步长为负数，结果得到了原字符串的反转。

这个反转是如何得到的呢？先要理解步长（step）“正负”含义。当步长为正整数时，相当于“站在”了字符串的左侧“看”字符串中的每个字符（见图 3-3-6）。先看到的字符所对应的索引就是 $index_{start}$，后看到的字符所对应的索引就是 $index_{stop}$。

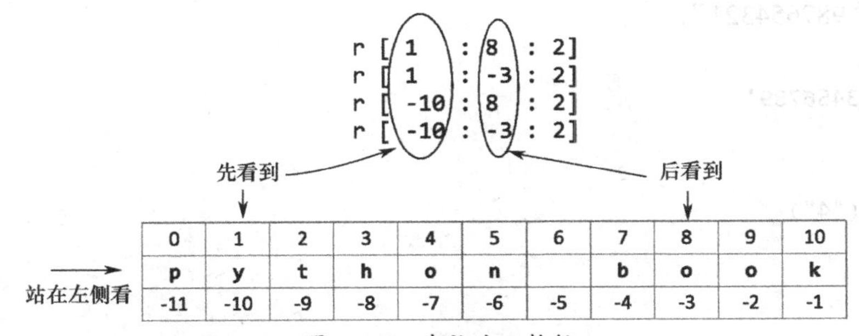

图 3-3-6　步长为正整数

注意，索引不区分是从左边开始计数，还是从右边开始计数，如下述操作的结果都一样。

```
>>> r [ 1   : 8  : 2]
'yhnb'
>>> r [ 1   : -3 : 2]
'yhnb'
>>> r [ -10 : 8  : 2]
'yhnb'
>>> r [ -10 : -3 : 2]
'yhnb'
```

当切片步长为负整数的时候，与上述不同的是调整了“看”列表的位置（见图 3-3-7），改为“站在右侧看”，其他原则不变，即：依然是先看到的字符对应的索引是 $index_{start}$，后看到的字符对应的索引是 $index_{stop}$。

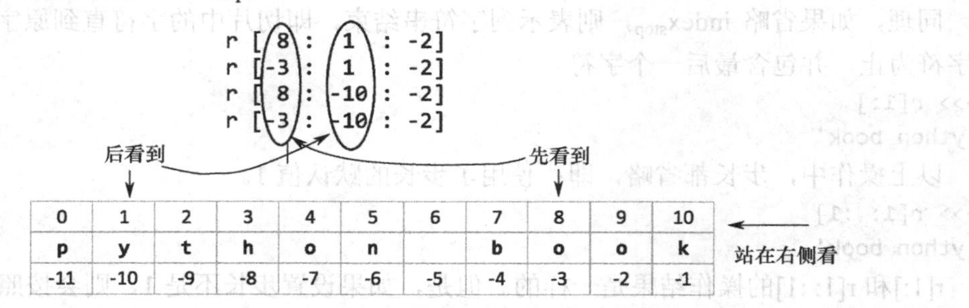

图 3-3-7 步长为负整数

以下各项操作同样等效。

```
>>> r [ 8: 1: -2], r [-3: 1: -2], r [ 8: -10: -2], r [-3: -10: -2]
('o ot', 'o ot', 'o ot', 'o ot')
```

理解了上述切片原则后，再看 r[: : −1]就不难理解了。步长为−1，即为“站在右侧看”，从“看到”的第一个字符开始（r[−1]对应的字符），到最后即最左侧的字符（r[0]对应的字符），并包括最后一个为止。因此得到了一个相对于原来的反转的字符串。

此处以字符串为例介绍了切片的基本方法，这种方法适用于所有序列类型的对象。

【例题 3-3-3】 对字符串“123456789”，通过切片操作得到如下结果：

❖ 得到“2468”。

❖ 得到“1234”。

❖ 得到“963”。

❖ 得到“69”。

❖ 得到“987654321”。

代码示例

```
>>> s = '123456789'
>>> s[1::2]
'2468'
>>> s.index("4")
3
>>> s[:4]
'1234'
>>> s[::-3]
'963'
>>> s.index("6")
5
>>> s[5::3]
'69'
>>> s[::-1]
'987654321'
```

3.3.5 键盘输入

计算机（“电脑”可能更形象）的智能，一种体现就是可以接收用户通过键盘输入的内容。Python 提供了内置函数 input，用于接收用户通过键盘输入的信息。

```
>>> help(input)
Help on built-in function input in module builtins:

input(...)
    input([prompt]) -> string

    Read a string from standard input.  The trailing newline is stripped.
    If the user hits EOF (Unix: Ctl-D, Windows: Ctl-Z+Return), raise EOFError.
    On Unix, GNU readline is used if enabled.  The prompt string, if given,is
printed without a trailing newline before reading.
```

从联机帮助文档中已经清晰地看到了 input 函数的使用方法，下面在交互模式中操练此函数。

```
>>> input("input your name:")
input your name:python    #在输入“python”之前，光标停留在这里，等待用户输入。
'python'
```

如上述操作，通过键盘输入“python”后，回车，将所输入的内容作为返回值呈现。

从帮助文档中可知，input 函数的返回值是一个字符串类型的对象，于是使用下述方式，用变量引用此返回值对象。

```
>>> name = input("input your name:")
input your name:python
>>> name
'python'
>>> type(name)
<class 'str'>
```

不论通过键盘输入什么字符，input 函数的返回值都是字符串。

```
>>> age = input("How old are you?")
How old are you?10
>>> age
'10'
>>> type(age)
<class 'str'>
```

有了以上两个准备，接下来就可以写一个能够“对话”的小程序了。

【例题 3-3-4】 编写一段程序，实现如下功能：

（1）询问姓名和年龄。

（2）计算 10 年之后的年龄。

（3）打印出所输入的姓名和当前年龄、10 年之后的年龄。

代码示例

```
# coding:utf-8
'''
    Your name and age.
    filename: name.py
'''
name = input("What is your name?")
```

```
age = input("How old are you?")    #①
after_ten = int(age) + 10    #②
print("-" * 20)
print("Your name is: ", name)
print("You are " + age + " years old.")
print("You will be " + str(after_ten) + " years old after ten years.")  #③
```

在本程序中需要注意的是类型转化。①中的变量 age 引用的是一个字符串类型的对象，这个对象必须转化为整数类型之后才能参与②中的运算，所以在②中使用了 int(age)。而当一个整数与字符串通过“+”连接的时候，又需要转化为字符串类型，③中的 str 函数即此意图。

请读者自行调试这个程序，如果遇到了报错，请认真看报错信息，从中找到修改的方向。

上述代码示例并非十分完美，只是局限于本书已经讲述过的知识实现了一些基本功能。关于字符串的更多内容，还有待于深入学习它的更多方法。

3.3.6 字符串的方法

字符串是对象类型，也是对象，因此它会有一些方法供开发者使用，而且这些方法已经内置好了——内置对象，必须如此。

```
>>> dir(str)
['__add__', '__class__', '__contains__', '__delattr__', '__dir__', '__doc__', \
'__eq__', '__format__', '__ge__', '__getattribute__', '__getitem__', \
'__getnewargs__', '__gt__', '__hash__', '__init__', '__init_subclass__', \
'__iter__', '__le__', '__len__', '__lt__', '__mod__', '__mul__', '__ne__', \
'__new__', '__reduce__', '__reduce_ex__', '__repr__', '__rmod__', '__rmul__', \
'__setattr__', '__sizeof__', '__str__', '__subclasshook__', 'capitalize', \
'casefold', 'center', 'count', 'encode', 'endswith', 'expandtabs', 'find', \
'format', 'format_map', 'index', 'isalnum', 'isalpha', 'isdecimal', 'isdigit', \
'isidentifier', 'islower', 'isnumeric', 'isprintable', 'isspace', 'istitle', \
'isupper', 'join', 'ljust', 'lower', 'lstrip', 'maketrans', 'partition', \
'replace', 'rfind', 'rindex', 'rjust', 'rpartition', 'rsplit', 'rstrip', \
'split', 'splitlines', 'startswith', 'strip', 'swapcase', 'title', \
'translate', 'upper', 'zfill']
```

通过 dir(str)看到了字符串对象的所有属性和方法，可以粗略地划分为两类：一类是名称以双下滑线开始和结尾的，称为“特殊方法”和“特殊属性”；另一类是用看起来很普通的名称，如 capitalize 等，笼统称为“方法”和“属性”。

对于内置对象的方法而言，因为调用的时候类似使用函数，所以也有资料称之为某对象的函数。本书按照对象的方法来称呼。在后续学习中，我们会区分函数和方法的含义。

字符串有那么多方法，这里不会一一介绍，仅选几个，用以示例如何通过联机帮助文档学习其使用方法。

在 3.3.4 节提到过一个名为 index()的方法，使用它可以得到字符串中某个字符的索引。

```
>>> help(str.index)
#以下是上述操作之后的显示
Help on method_descriptor:
```

```
index(...)
    S.index(sub[, start[, end]]) -> int

    Return the lowest index in S where substring sub is found,
    such that sub is contained within S[start:end].  Optional
    arguments start and end are interpreted as in slice notation.

    Raises ValueError when the substring is not found.
```

以字符串中的index()方法为例，解读帮助文档的含义，理解如何使用它。如图3-3-8所示，根据图中所标识的各项建议，在交互模式中进行适当练习，从而理解各项含义。

```
>>> lang = "Life is short, you need Python."
>>> lang.index("n")
19
```

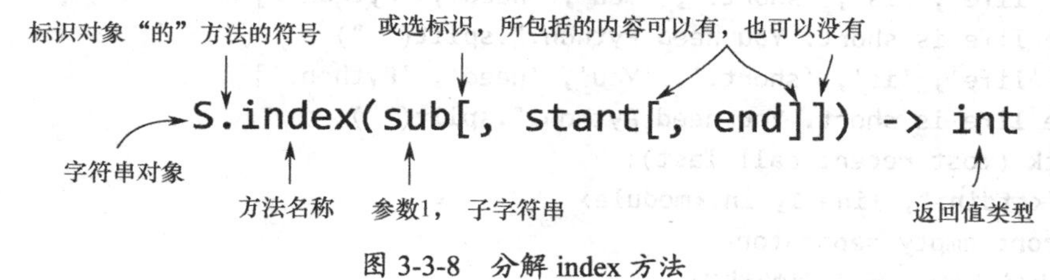

图3-3-8　分解index方法

没有规定查找的索引范围，即没有给start和end参数传值，则默认为在整个字符串的范围查找，并且返回找到的第一个子字符串的索引。

```
>>> lang.index("n", 20)
29
```

指定了开始查找的索引，即start=20，于是从这个位置开始向后查找，并且返回在这个范围内所找到的第一个子字符串的索引。

更准确的理解还依赖于读者认真阅读帮助文档中的说明。

后续的内容中，本书不再呈现帮助文档，但不意味着这种方法不重要，而是相当重要，只是受到篇幅的限制，并且查看文档的方法也不难。

1．"is"开头的方法

仔细观察dir(str)的结果，其中有若干以"is"作为名称开始的方法。这些方法无一例外，都是返回了bool类型。这种类型对象会在4.1.3节中详述，中文为"布尔"类型，只有True和False两个值。例如：

```
>>> "1234".isdigit()
True
>>> "123abc".isdigit()
False
>>> "abc-".isdigit()
False
>>> "3.14".isdigit()
False
```

字符串的isdigit()方法是用来判断当前字符串对象是否完全由数字字符（即键盘上的1、2、3、4、5、6、7、8、9、0）组成。如果是，则返回True，否则返回False。

其他若干类似的方法，基本操作和结构都与上述示例类似，请读者逐一查看联机文档的说明，并在交互模式中进行调试。

2. 分隔和组合

字符串对象提供了根据某个符号分割字符串内容的方法 split()。

```
>>> a = "I LOVE PYTHON"
>>> a.split(" ")
['I', 'LOVE', 'PYTHON']
```

这是用空格作为分割符，得到了一个列表（List）类型的返回值（详见 3.4 节）。

帮助文档中对分隔符做了说明，请认真阅读。特别注意，如果没有指定特定的分隔符，Python 会默认空格为分隔符。

```
>>> "The life is short. You need Python.".split()
['The', 'life', 'is', 'short.', 'You', 'need', 'Python.']
>>> "The life is short. You need Python.".split(" ")
['The', 'life', 'is', 'short.', 'You', 'need', 'Python.']
>>> "The life is short. You need Python.".split("")
Traceback (most recent call last):
  File "<stdin>", line 1, in <module>
ValueError: empty separator
```

注意比较上面三种不同的情况。

除了可以依据某个字符对字符串进行划分，还可以用某个字符把另一种对象组合成为一个字符串，这个过程有点类似 split()方法的逆向过程，使用的是字符串的 join()方法。

如果读者查看联机帮助文档，会看到“S.join(iterable) -> str”（特别建议认真阅读帮助文档的内容），这个方法的参数中出现了“iterable”，其含义为“可迭代的”。这是某些对象所具有的特征，包括字符串在内的一些对象，被称为可迭代对象（关于“可迭代的”和“可迭代对象”详见 6.10 节）。通过字符串的 split()方法得到的名为列表的对象，就是具有“可迭代的”特点的对象，因此下面演示就使用这个对象。

```
>>> lst = a.split()
>>> lst
['I', 'LOVE', 'PYTHON']
>>> "-".join(lst)    #③
'I-LOVE-PYTHON'
```

③中使用了字符串"-"的方法 join()，参数是前面得到的列表 lst，意图是要用“-”符号把列表 lst 中的元素连接起来，并且返回一个大字符串。

```
>>> " ".join("PYTHON")    #④
'P Y T H O N'
```

刚才提到字符串也是“可迭代的”，所以 join()方法的参数也可以用字符串。只不过字符串的元素是字符，所以，如果用空格——也是字符——的 join()方法的话，得到的结果就是④所返回的那样，每个字符之间有了一个空格。

字符串的方法众多，本书仅选几个作为示例，在后续内容中也会不断用到其他方法。读者要通过本例掌握查看文档的方法。

【例题 3-3-5】 有的字符串两边有空格，或者一边有空格，用字符串中的方法，将这些空格去掉。

代码示例

```
>>> str1 = " hello "        #两边各一个空格
>>> str1.strip()
'hello'
>>> str2 = " world"         #左边一个空格
>>> str2.lstrip()
'world'
>>> str2.strip()
'world'
>>> str3 = "python  "       #右边两个空格
>>> str3.rstrip()
'python'
```

3.3.7 字符串格式化输出

在字符串的诸多方法中有一个名为 format 的方法，下面就用它来实现“格式化输出”。

要了解这个方法的使用，还是要查看其文档，请读者自行完成。下面列举几种使用 format()方法进行格式化输出的方式。

```
>>> "I like {0} and {1}".format("python", "physics")
'I like python and physics'
```

在交互模式中，输入了字符串"I like {0} and {1}"，其中用{0}和{1}占据了两个位置，它们就是占位符。format("python", "physics")是字符串格式化输出的方法，传入了两个字符串。第一个字符串“python”对应占位符{0}；第二个字符串“physics”对应占位符{1}，即占位符中的数字，就是参数 format()方法的参数列表的顺序号（见图 3-3-9）。

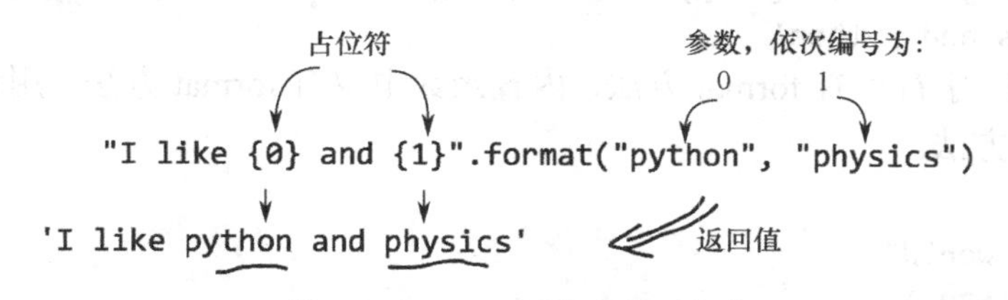

图 3-3-9 format()方法使用解析

为了进一步理解占位符中的数字的含义，可以做如下操作。

```
>>> "I like {1} and {0}. {0} is a programming language".format("python", "physics")
'I like physics and python. python is a programming language'
```

既然 format()实现的是“格式化”输出，就应该可以指定某种“格式”，让输出的结果符合指定的样式。

```
>>> "I like {0:10} and {1:>15}".format("python", "physics")
'I like python     and         physics'
>>> "I like {0:^10} and {1:^15}".format("python", "physics")
'I like   python   and     physics    '
```

{0:10}表示该位置有 10 个字符，并且放在这个位置的字符是左对齐；{1:>15}表示该位置有 15 个字符，并且放在这个位置的字符是右对齐；{0:^10}和{1:^15}则表示字符串在该位置的对齐方式是居中。

除了规定字符串的对齐方式，还可以限制显示的字符个数。

```
>>> "I like {0:.2} and {1:^15.3}".format("python", "physics")
'I like py and      phy      '
```

{0:.2}中的“.2”表示对于传入的字符串，截取前两个字符。需要注意，在“:”后面和“.”前面没有任何数字，意思是该位置的长度自动适应即将放到该位置的字符串。

{1:^15.3}中的“15.3”表示该位置的长度是15个字符，但即将放入该位置的字符串应该仅有 3 个字符，也就是要从传入的字符串"physics"中截取前 3 个字符，即"phy"。

format()中，除了能够传入字符串，还可以传入数字（包括整数和浮点数），而且有各种花样。

```
>>> "She is {0:d} years old and {1:f}m in height.".format(28, 1.68)
'She is 28 years old and 1.680000m in height.'
```

{0:d}表示在该位置放第一个参数，且为整数；{1:f}表示该位置放第二个参数，且为浮点数，此处浮点数的小数位数是默认的。

```
>>> "She is {0:4d} years old and {1:.1f}m in height.".format(28, 1.68)
'She is   28 years old and 1.7m in height.'
```

用{0:4d}设置此位置的长度是 4 个字符，并且在其中应该放置整数，在默认状态下，整数是右对齐；{1:.1f}表示该位置的浮点数小数位数为 1 位，并且自动采用四舍五入方式对参数中小数进行位数截取操作，默认也是右对齐。

```
>>> "She is {0:04d} years old and {1:06.1f}m in height.".format(28, 1.68)
'She is 0028 years old and 0001.7m in height.'
```

其中，{0:04d}和{1:06.1f}表示在该位置的空位用 0 填充。

使用字符串的 format()方法进行格式化输出，实现的方式多种多样，除了上述演示，还可以这样做：

```
>>> "I like {subject} and {lang}".format(lang="python", subject="physics")
'I like physics and python'
```

【例题 3-3-6】 字符串有 format 方法，内置函数中也有 format 方法。用示例说明内置函数 format()的使用方法。

代码示例

```
>>> h = "hello world"
>>> format(h, '>20')
'         hello world'
>>> format(h, '<20')
'hello world         '
>>> format(h, '^20')
'    hello world     '
>>> format(h, '->20')
'---------hello world'
>>> format(h, '$^20')
'$$$$hello world$$$$$'
```

3.4 列表

列表（list）是 Python 的一个内置对象（或者对象类型），它具有强大的功能。在开始学习之前，先牢记一句顺口溜：列表是个筐，什么都能装。然后由浅入深、按部就班地研习这个“筐”的作用。

3.4.1 创建列表

Python 中的列表可以用[ ]表示，它不像数字、字符串那样直接与自然语言中的内容对应，而是完全人为定义的对象类型。

```
>>> lst = []
>>> type(lst)
<class 'list'>
```

用 list 表示列表对象，注意在上述操作中，使用的是 lst 这个变量引用了一个空列表对象，变量名称没有使用 list，因为 list 用来表示了列表对象（或列表对象类型）——变量的名称要尽可能不与类型名称重复。

定义空列表的方法还可以是这样的：

```
>>> empty_lst = list()
>>> empty_lst
[]
```

其实，对于数字和字符串而言，也可以有“空”数字、“空”字符串，虽然在自然语言中不需要这样，但在 Python 这种人工语言中是符合语法规则的。

```
>>> int()
0
>>> float()
0.0
>>> str()
```

列表也是一个容器——“一个筐”，这个容器中可以放的东西称为列表的元素。列表的元素可以是任何类型的 Python 对象——“什么都能装”。

```
>>> a_lst = [1, 2.2, "python", [], [1, 2]]
>>> type(a_lst)
<class 'list'>
```

在 a_lst 这个列表中，其元素包括数字、字符串、空列表和非空列表。其实还可以包括后续要学习的任何 Python 对象，也包括自定义的对象类型（函数、类等）。随着学习的深入，读者会逐渐理解。

有一种“列表套列表”的情况：

```
>>> mul_lst = [[1,2,3], [4,5,6], [7,8,9]]
```

类似这样的列表被称为“多维列表”（此处是二维），类似数学中的矩阵。当然，可以做更多层的嵌套。

```
>>> lst1 = [1, 2, 3, 3]
>>> lst2 = [2, 1, 3, 3]
>>> lst1 is lst2
False
```

而且，列表中的元素可以重复，列表中的元素也对位置敏感。lst1 与 lst2 相比，元素 1 和 2 的排序变化了，它们是两个不同列表。这与字符串类似，列表和字符串一样，都是“序列”。通过 dir(list)查看列表的属性和方法，与字符串的属性和方法对比，会发现它们有相同的方法，如 index()，而且作用一样。也就是说，列表同样有索引，可以进行切片操作。

【例题 3-4-1】 有一种矩阵被称为单位矩阵，它是个方阵，从左上角到右下角的对角线上的元素均为 1，除此以外全都为 0。用列表表示一个 3×3 的单位矩阵。

代码示例

```
>>> lst = [[1, 0, 0], [0, 1, 0], [0, 0, 1]]
```

二维列表可以用来表示矩阵，第一个元素表示矩阵的第一行，以此类推。

3.4.2 索引和切片

列表既然是序列，也就跟字符串一样，其中的每个元素都有索引，而且索引的建立方式与字符串中所学习过的也一样。读者可以在交互环境中调试下面的各项操作，并回忆字符串中索引的特点。

```
>>> lst = ["a", "b", "c", "d", "e"]
>>> lst[0]
'a'
>>> lst[-1]
'e'
>>> lst[4]
'e'
>>> lst[-5]
'a'
>>> lst.index('a')
0
>>> lst.index('e')
4
```

如果从左边开始对各元素的索引编号，也是从 0 开始计数；如果从右边开始编号，也是从−1 开始计数。这些都与字符串中的索引方式相同。

对列表进行切片的基本方法与字符串中的方法也是一致的。字符串中表示切片的公式在列表中依然适用，只不过对象换成列表罢了。

$$L[index_{start}: index_{stop}:step]$$

请读者进入到 Python 交互模式，按照下面的示例，练习列表的切片操作。

```
>>> lst = ["a", "b", "c", "d", "e"]
>>> lst[1: 3]
['b', 'c']
>>> lst[-4: 3]       #结合索引，对照 lst[1: 3]操作。
['b', 'c']
>>> lst[: 3]         #忽略 indexstart，意味着从第一个索引开始
['a', 'b', 'c']
>>> lst[1: ]         #忽略 indexstop，意味着到最后一个索引结束
['b', 'c', 'd', 'e']
>>> lst[::2]         #步长为 2
['a', 'c', 'e']
>>> lst[::-1]        #步长为负数
['e', 'd', 'c', 'b', 'a']
```

经过了这些切片操作后，再查看原来的列表：

```
>>> lst
['a', 'b', 'c', 'd', 'e']
```

原来的列表并没有因为上述操作而变化，这说明每次切片都是新建了对象，不对原列表进行修改。这种特点与字符串依然相同。

以上演示的是“一维列表”的索引和切片操作，在3.4.1节中定义过一个“二维列表”，那么它里面的元素如何获取？

```
>>> mul_lst
[[1, 2, 3], [4, 5, 6], [7, 8, 9]]
>>> mul_lst[0]
[1, 2, 3]
>>> mul_lst[0][1]
2
```

就索引和切片的基本方法，列表和字符串没有区别。但列表也有独到之处。

```
>>> lst[0] = 111    #①
>>> lst
[111, 'b', 'c', 'd', 'e']
```

①是通过索引修改元素对象，原来 lst[0]是字符串（“a”），经过①之后，该位置变成了新的对象。这种操作在字符串中是不能进行的。

```
>>> s = "abc"
>>> s[0] = 111
Traceback (most recent call last):
  File "<stdin>", line 1, in <module>
TypeError: 'str' object does not support item assignment
```

这显示了列表和字符串的最大区别：列表创建后，可以进行修改，而字符串不能修改。或者说，列表和字符串都是序列，它们有相同的地方；但列表和字符串又是两种类型的对象，它们必然存在不同。

【例题 3-4-2】 有列表["a", "b", "c", "d", "e", "f", "g", "h"]，将列表翻转，并把其中的元音字母“e”转换为100。

代码示例

```
>>> lst = ["a", "b", "c", "d", "e", "f", "g", "h"]
>>> reverse_lst = lst[::-1]
>>> reverse_lst[3] = 100
>>> reverse_lst
['h', 'g', 'f', 100, 'd', 'c', 'b', 'a']
```

3.4.3 列表的基本操作

在3.3.3节中所述的各项操作是所有序列都具有的，列表也是一种序列，所以同样可以实施其中的各项操作。

```
>>> lst1 = ['a', 'b', 'c']
>>> lst2 = [1, 2, 3]
>>> lst1 + lst2                         #用“+”连接两个列表
['a', 'b', 'c', 1, 2, 3]
```

```
>>> lst1 * 3                    #用“*”重复列表元素
['a', 'b', 'c', 'a', 'b', 'c', 'a', 'b', 'c']
```

注意，以上操作都是新生成了一个列表，并没有对原列表进行修改。

```
>>> len(lst1)
3
>>> "a" in lst1
True
>>> 1 in lst1
False
```

基本操作与字符串中的都一样。两者不同的地方在于前面提到的，列表是可变的，而字符串是不可变的。这点不同使得列表具有一些不同于字符串的方法。

3.4.4 列表的方法

在 3.4.2 节中提到过，可以根据索引修改列表的元素。比如：

```
>>> cities = ['soochow', 'shanghai']
>>> cities[1] = 'beijing'
>>> cities
['soochow', 'beijing']
```

这种操作可以看作列表可修改的例证。那么，能不能给列表随时增加新的元素呢？比如对 cities 这个列表，是否可以用增加索引的方式增加元素？

```
>>> cities[2] = "hangzhou"
Traceback (most recent call last):
  File "<stdin>", line 1, in <module>
IndexError: list assignment index out of range
```

操作结果说明，这种想法在这里是无法实现的。

对于任何可修改对象，一般都有“增”“删”“改”的操作，“改”这种操作在前面已经实现了，其他两项如何实现呢？

查看列表有哪些方法？还是使用前面已经多次提到过的 dir 函数。

```
>>> dir(cities)
['__add__', '__class__', '__contains__', '__delattr__', '__delitem__', \
'__dir__', '__doc__', '__eq__', '__format__', '__ge__', '__getattribute__', \
'__getitem__', '__gt__', '__hash__', '__iadd__', '__imul__', '__init__', \
'__init_subclass__', '__iter__', '__le__', '__len__', '__lt__', '__mul__', \
'__ne__', '__new__', '__reduce__', '__reduce_ex__', '__repr__', \
'__reversed__', '__rmul__', '__setattr__', '__setitem__', '__sizeof__', \
'__str__', '__subclasshook__', 'append', 'clear', 'copy', 'count', 'extend', \
'index', 'insert', 'pop', 'remove', 'reverse', 'sort']
```

在 Python 中，命名都是本着“望文生义”的原则。所以，读者认真看一看列出来的各名称，也能猜测到其大概功能。

1. 增加列表的元素

与增加列表元素有关的方法包括 append()、extend()、insert()，下面依次演示它们的使用方法。还是先老生常谈，读者一定要使用 help 函数查看并阅读各方法的联机帮助文档。

```
>>> cities
```

```
['soochow', 'beijing']
>>> id(cities)
4554152904
```

这是已知列表 cities 的内存地址，append()方法是对列表从尾部（通常以列表的左端为开始，右端为尾部）追加一个元素。

```
>>> cities.append("hangzhou")    #②
>>> cities
['soochow', 'beijing', 'hangzhou']
>>> id(cities)
4554152904
```

追加元素后，请仔细观察这时候内存地址的变化——没变化。当给列表追加了元素后，列表的内存地址没有改变，也就说明没有生成新的列表，cities 还是原来的列表。操作②还有一个特点也要引起关注，那就是没有返回值，或者说返回值为 None。

一个列表对象，其元素变化了，但列表对象的内存地址没有改变，也就是没有生成新的列表，这种现象可以被称为“原地修改”。如果把列表看作一个容器，可以形象地理解为容器内的东西（object，对象）变化了，但是容器还是原来的容器。

列表的这种特性在其他方法中也有体现。

```
>>> cities
['soochow', 'beijing', 'hangzhou']
>>> cities.insert(1, "shanghai")
>>> cities
['soochow', 'shanghai', 'beijing', 'hangzhou']
>>> id(cities)
4554152904
```

列表的 insert()方法实现了在列表任何位置插入对象的操作，依然是原地修改。例如：

```
>>> leng = len(cities)
>>> leng
4
```

在 cities 列表中，最大索引是 3，如果进行如下操作：

```
>>> cities.insert(leng, "ningbo")
>>> cities
['soochow', 'shanghai', 'beijing', 'hangzhou', 'ningbo']
```

试图将"ningbo"插入到索引是 4 的前面，但是没有这个索引。换个说法，4 前面就是 3 的后面，最终效果与追加相同。

如果读者已经查看了 append()和 insert()两个方法的帮助文档，会发现它们向列表中增加的都是对象（object）——如果还没有查看，请马上动手。

下面要介绍的 extend()方法，其参数要求传入的对象必须是 iterable——可迭代对象。前面章节中已经提到过这类对象了，到目前为止，字符串和列表都是可迭代的。

```
>>> cities
['soochow', 'shanghai', 'beijing', 'hangzhou', 'ningbo']
>>> lst = [1,2,3]
>>> cities.extend(lst)    #③
>>> cities
['soochow', 'shanghai', 'beijing', 'hangzhou', 'ningbo', 1, 2, 3]
```

```
>>> cities.extend("py")   #④
>>> cities
['soochow', 'shanghai', 'beijing', 'hangzhou', 'ningbo', 1, 2, 3, 'p', 'y']
```

③的效果是将列表 lst 中的所有元素加入到 cities 中，即让 cities 扩容。④将参数换成了另一个可迭代对象——字符串"py"。注意查看最终的效果，将字符串的元素（即每个字符）加入到 cities 列表中。

学程序一定要有好奇心，交互模式就是一个实验室，可以在这个环境中快速检验自己的想法，哪怕是比较愚蠢的想法。

```
>>> cities.extend(123)
Traceback (most recent call last):
  File "<stdin>", line 1, in <module>
TypeError: 'int' object is not iterable
```

“失败是成功之母”，每次遇到报错信息，都要认真阅读，就能不断积累经验。通过阅读此处的报错信息，读者应该更加认识到传入 extend()方法的对象必须是可迭代的。

那么，如何判断一个对象是不是可迭代的？下面演示一种方法（事实上还有其他方式）：

```
>>> astr = "python"
>>> hasattr(astr, '__iter__')
True
```

这里用内建函数 hasattr 判断一个字符串是否是可迭代的，返回了 True。用同样的方式可以判断：

```
>>> alst = [1, 2]
>>> hasattr(alst, '__iter__')
True
>>> hasattr(3, '__iter__')
False
```

hasattr 函数的判断本质就是看类型中是否有__iter__()这个特殊方法。读者可以用 dir 函数找一找，在数字、字符串、列表中，谁有__iter__()。

在③和④的操作中，对 extend()方法提供的对象要求是“可迭代的”。除了这点，操作结果似乎与 append()方法的结果一样。

看下面的操作，进行深入比较。

```
>>> cities
['soochow', 'shanghai', 'beijing', 'hangzhou', 'ningbo', 1, 2, 3, 'p', 'y']
>>> lst
[1, 2, 3]
>>> cities.append(lst)    #⑤
>>> cities
['soochow', 'shanghai', 'beijing', 'hangzhou', 'ningbo', 1, 2, 3, 'p', 'y', [1, 2, 3]]
```

认真观察③和⑤的操作结果，可以理解 append()与 extend()方法的区别。

2. 删除列表的元素

列表提供的删除元素的方法有两个：remove()和 pop()。帮助文档显示，两个方法的调用方式分别是 L.remove(x)、L.pop([index])。从参数中可以看出，这两个方法分别提供了依据元素（x）和依据索引（index）进行删除的方式。

```
>>> cities
['soochow', 'shanghai', 'beijing', 'hangzhou', 'ningbo', 1, 2, 3, 'p', 'y', [1, 2, 3]]
>>> cities.remove(1)
>>> cities
['soochow', 'shanghai', 'beijing', 'hangzhou', 'ningbo', 2, 3, 'p', 'y', [1, 2, 3]]
```

请读者自行考察，经过上述操作之后，列表 cities 是否为原地修改。

```
>>> cities.remove(1)
Traceback (most recent call last):
  File "<stdin>", line 1, in <module>
ValueError: list.remove(x): x not in list
```

如果某个元素不存在于列表中，进行此操作是要报错的。如何避免这个错误？最好提前进行判断：要删除的元素是否在列表中。

```
>>> 1 in cities
False
>>> 2 in cities
True
>>> cities.remove(2)
>>> cities
['soochow', 'shanghai', 'beijing', 'hangzhou', 'ningbo', 3, 'p', 'y', [1, 2, 3]]
```

接着看另一个能够删除列表元素的方法——L.pop([index])，以[index]形式表示索引是可选的。

```
>>> cities.pop()
[1, 2, 3]
>>> cities
['soochow', 'shanghai', 'beijing', 'hangzhou', 'ningbo', 3, 'p', 'y']
```

这里没有提供任何参数，即 pop()方法的参数列表为空，则删除列表的最后一个元素，并且将删除的元素作为结果返回。注意，它有返回值。

如果参数不为空，可以删除指定索引的元素，并将该元素作为返回值。

```
>>> cities.pop(5)
3
>>> cities.pop(-1)
'y'
>>> cities
['soochow', 'shanghai', 'beijing', 'hangzhou', 'ningbo', 'p']
```

对这两个删除方法简要总结如下：

- ❖ L.remove(x)中的参数 x 是列表中的元素，即删除某个元素，且对列表原地修改，无返回值。
- ❖ L.pop([index])中的 index 是列表中元素的索引值，可选。“为空”则删除列表最后一个，否则删除索引为 index 的元素，并且将删除元素作为返回值。

除了 remove()和 pop()，列表中还有一个方法，名为 clear()，它的作用是将列表中元素“清扫干净”，只剩下一个空列表。

```
>>> cities
['soochow', 'shanghai', 'beijing', 'hangzhou', 'ningbo', 'p']
>>> id(cities)
```

```
4554152904
>>> cities.clear()
>>> cities
[]
>>> id(cities)
4554152904
```

认真观察上述操作，执行了列表的 clear()方法后，当前列表变成了空列表。但是列表的内存地址没有改变，“容器”中没有任何东西，“容器”并没有因此变化，还是原来的“容器”。

```
>>> temp = ["hello"]
>>> id(temp)
4554161672
>>> temp = []
>>> id(temp)
4554141960
```

最终结果与前述操作结果看似一样，都是最终得到了一个空列表。实质上，这里的 temp 变量先后引用了两个不同的对象，对此处操作的理解就需要读者使用 3.2.4 节中学习过的“变量”与“对象”关系的知识了。

3. 列表元素的排序

字符串是序列，但是对组成它的字符进行排序，通常实际意义不是很大；列表则不然，组成它的元素固然有某个顺序了，但是在实际应用中常常要将其按照某种顺序重新排列。比如，由若干人的姓名组成的列表，通常需要将列表按照人名的某种顺序排列（常见的按照字典中的拼音顺序排列）。更何况，如果非要对字符串中的字符排序，可以把它转化为列表。因为列表是可变的，这个特点为实现其排序提供了便利条件。

本着“望文生义”的原则，在列表的方法中可以看到 sort()，就是用来对列表进行排序的方法。

```
>>> a = [6, 1, 5, 3]
>>> a.sort()
>>> a
[1, 3, 5, 6]
```

sort()方法的结果是让列表原地修改，没有返回值。在默认情况下，如上面的操作，实现的是从小到大的排序。

```
>>> a.sort(reverse = True)
>>> a
[6, 5, 3, 1]
```

在 sort()中使用参数 reverse = True，就实现了从大到小的排序。

如果读者查看 sort()方法的文档，会发现它的完整格式中还有一个参数 key。

```
L.sort(key = None, reverse = False)
```

key 是什么意思呢？请看如下操作。

```
>>> lst = ["python","java","c","pascal","basic"]
>>> lst.sort(key = len)
>>> lst
['c', 'java', 'basic', 'python', 'pascal']
```

这样实现了以字符串的长度为关键词进行排序。

对于排序而言，Python 中还提供了一个内置函数 sorted。下面比较它与列表的方法 sort()。

```
>>> sorted(lst)
['basic', 'c', 'java', 'pascal', 'python']
>>> lst
['c', 'java', 'basic', 'python', 'pascal']
```

这里使用内置函数 sorted 对列表 lst 中的元素进行排序，因为这个列表中的元素是字符串，所以是按照字典顺序排序的。从结果上看，用 sorted 函数排序后，得到了一个新的列表对象，原列表没有变化。

```
>>> lst.sort()
>>> lst
['basic', 'c', 'java', 'pascal', 'python']
```

如果使用列表的 sort()方法进行排序，虽然结果一样，但是列表 lst 被原地修改了。这是两种排序方法的最大区别。

4．列表元素的反转

在 3.4.2 节中已经有方法实现列表元素的反转了。

```
>>> lst
['basic', 'c', 'java', 'pascal', 'python']
>>> lst[: : -1]
['python', 'pascal', 'java', 'c', 'basic']
```

除了这种反转方法，列表还提供了一种反转方法 reverse，其调用方式比较简单。

```
>>> a = [3, 5, 1, 6]
>>> a.reverse()
>>> a
[6, 1, 5, 3]
```

注意，依然是原地修改，它没有返回值。

Python 中也为反转操作提供了内建函数 reversed，两者效果相当，但是也有区别。

```
>>> a = [1, 2, 3, 4, 5]
>>> b = reversed(a)
>>> b
<list_reverseiterator object at 0x7f70edd31eb8>
```

使用 reversed 函数对列表 a 进行反转，得到了一个新的对象，这个对象是一个“迭代器”对象，所以不能像列表那样直观地看到里面的内容。可以使用 list 函数将此对象转换为列表。

```
>>> list(b)
[5, 4, 3, 2, 1]
>>> a
[1, 2, 3, 4, 5]
```

其实，内置函数 reversed 的参数不仅可以是列表，还可以是任何其他序列，包括字符串。

```
>>> s = "abcd"
>>> s2 = reversed(s)
>>> s2
<reversed object at 0x10f7961d0>
```

以上介绍了列表中的常用方法，未尽内容，请读者参考官方文档。

【例题 3-4-3】 将字符串"python"转化为列表（记为 lst），并将“rust”中的每个字符作为一个独立元素追加到列表 lst 中，然后将重复的元素全部删除。

代码示例

```
>>> lst = list('python')
>>> lst.extend('rust')
>>> lst
['p', 'y', 't', 'h', 'o', 'n', 'r', 'u', 's', 't']
>>> lst.sort()
>>> lst
['h', 'n', 'o', 'p', 'r', 's', 't', 't', 'u', 'y']
>>> lst.index("t")
6
>>> lst.pop(6)
't'
>>> lst.pop(6)
't'
>>> lst
['h', 'n', 'o', 'p', 'r', 's', 'u', 'y']
```

3.5 元组

元组（tuple）跟列表很相似，从外表看它们的差别就在于[ ]和( )——列表是用方括号包裹，元组是用圆括号包裹。但就是这点不大的差别，让元组这个 Python 的内置对象有了它的独特之处。

```
>>> t = (1, "a", [1,2])
>>> type(t)
<class 'tuple'>
>>> t2 = tuple()
>>> type(t2)
<class 'tuple'>
>>> t3 = ()
>>> type(t3)
<class 'tuple'>
>>> tuple([1,2,3])
(1, 2, 3)
```

这些都是创建元组的方法。从这些所创建的元组可以总结为：元组是用圆括号括起来的，其中的元素之间用逗号（英文状态）隔开。元组中的元素是任意类型的 Python 对象。

值得注意的是，如果定义的元组中只有一个元素，需要这样做：

```
>>> one = (1,)
>>> type(one)
<class 'tuple'>
>>> one2 = (1)    #注意比较
>>> type(one2)
<class 'int'>
```

元组和列表、字符串一样，同属于序列，因此它具有序列的所有特点。

每个元素都对应着自己的索引，并可以切片。

```
>>> t = (1, '23', [123, 'abc'], ('python', 'learn'))
>>> t[2]
[123, 'abc']
>>> t[1:]
('23', [123, 'abc'], ('python', 'learn'))
>>> t[2][0]
123
>>> t[3][1]
'learn'
```

序列的基本操作，对于元组也是成立的。

```
>>> t1 = (1, 2, 3)
>>> t2 = (9, 8, 7)
>>> t1 + t2
(1, 2, 3, 9, 8, 7)
>>> t1 * 3
(1, 2, 3, 1, 2, 3, 1, 2, 3)
>>> len(t1)
3
>>> 1 in t1
True
```

元组的这些操作与列表完全一致。有不一样的地方吗？

```
>>> t
(1, '23', [123, 'abc'], ('python', 'learn'))
>>> t[0] = 111
Traceback (most recent call last):
  File "<stdin>", line 1, in <module>
TypeError: 'tuple' object does not support item assignment
```

这就显示了元组和列表的最大差别。列表可以通过索引修改某个元素，但是元组不能如此操作，这说明元组是不可修改的，这个特点类似字符串。

用 dir 函数查看元组的属性和方法，会看到：

```
>>> dir(tuple)
['__add__', '__class__', '__contains__', '__delattr__', '__dir__', '__doc__', \
'__eq__', '__format__', '__ge__', '__getattribute__', '__getitem__', \
'__getnewargs__', '__gt__', '__hash__', '__init__', '__init_subclass__', \
'__iter__', '__le__', '__len__', '__lt__', '__mul__', '__ne__', '__new__', \
'__reduce__', '__reduce_ex__', '__repr__', '__rmul__', '__setattr__', \
'__sizeof__', '__str__', '__subclasshook__', 'count', 'index']
```

所有在列表中可以修改列表的方法，在元组中都不存在了，因为元组不可修改。虽然如此，如果要修改元组，怎么办？

用 list 函数和 tuple 函数能够实现列表和元组之间的转化。

```
>>> t = (1, '23', [123, 'abc'], ('python', 'learn'))
>>> tls = list(t)                          #tuple-->list
>>> tls
```

```
[1, '23', [123, 'abc'], ('python', 'learn')]
>>> t_tuple = tuple(tls)                    #list-->tuple
>>> t_tuple
(1, '23', [123, 'abc'], ('python', 'learn'))
```

所以，可以先把元组转化为列表，然后进行修改。

读者可能很怀疑元组这种对象的应用场景，既然它与列表有那么多相似处，为什么还要用它呢？

一般认为，元组有如下使用情景：

- ❖ 元组比列表操作速度快。如果定义了一个值，并且唯一要用它做的是不断地遍历它，那么请使用元组代替列表。
- ❖ 如果对不需要修改的数据进行“写保护”，即该数据是常量，那么此时使用元组。如果必须改变这些值，则可以转换为列表修改。
- ❖ 元组可以在字典（又一种对象类型，详见3.6节）中被用作key，但是列表不可以。字典的key必须是不可变的。元组本身就是不可改变的，而列表是可变的。

所以，元组自有其用武之地，既然已经存在于Python中，必然有其合理性。

3.6 字典

“映射”是一种常见的关系，如数学中的函数，就是建立自变量和因变量之间的映射关系。假设要存储城市和电话区号，用前面已经学习过的知识，可以这么做：

```
>>> cities = ['soochow', 'hangzhou', 'shagnhai']
>>> phones = ['0512', '021', '0571']
```

为了让城市与区号能对应起来，在创建列表的时候必须按照同样的索引顺序。然后可以这样打印：

```
>>> print("{0} : {1}".format(cities[0], phones[0]))
suzhou : 0512
```

注意，在phones中，表示区号的元素没有用整数型，而是使用了字符串类型。为什么？

这样来看，用两个列表分别来存储城市和区号似乎能够解决问题，但是这不是最好的选择。Python中专门为创建映射关系提供了一种内置对象，名为“字典”（dictionary）。

3.6.1 创建字典

在Python中，常用以下两种方式创建字典。

方法1：使用dict函数创建

dict是字典类型的名称，跟其他类型一样，也有相应的函数形式。

```
>>>d = dict()    #①
>>> type(d)
<class 'dict'>
>>> d
{}
```

从结果中可以看出，①创建了一个空字典。如果创建非空字典，必须在参数中声明对应关系。比如：

```
>>> dict(a = 1, b = 2)
{'a': 1, 'b': 2}
```

所创建的字典返回值，是用“{ }”包裹的对象——列表用“[ ]”包裹、元组用“( )”包裹。根据经验，直接用“{ }”也可以创建字典。

方法 2：使用{ }创建

先创建一个空字典：

```
>>> d = {}
>>> type(d)
<class 'dict'>
```

再创建非空的字典，注意要声明对应关系：

```
>>> person = {"name":"qiwsir", "language":"python"}
>>> type(person)
<class 'dict'>
>>> person
{'name': 'qiwsir', 'language': 'python' }
```

不论用哪种方式建立字典，最终都得到了一种映射关系的数据（对象）。图 3-6-1 表示了字典的组成。

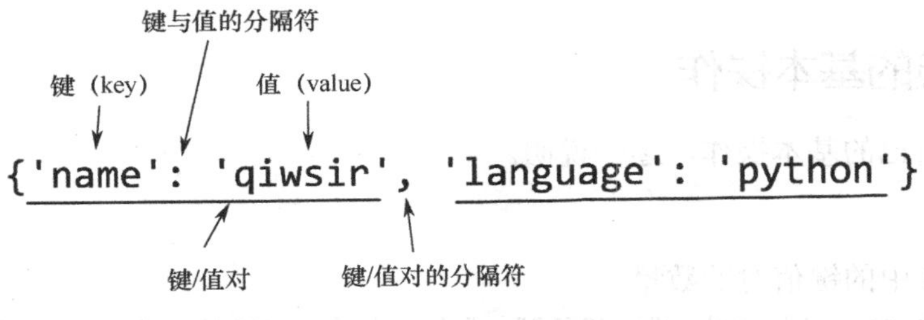

图 3-6-1　字典的组成部分

在字典中，"name":"qiwsir"叫作“键/值对”。“name”叫作键（key），“qiwsir”是前面的键所对应的值（value），中间用“:”隔开。每个键值对就是一个对应关系，不同键值对之间用“,”分割。

字典中，“键”必须满足如下条件：① 唯一的，不能重复；② 必须是不可变对象。而值对应于键，值可以重复，也可以是任何类型的对象。

至此，已经理解，字典表达的是一种映射关系。既然如此，字典是否还是序列？

```
>>> dir(dict)
['__class__', '__contains__', '__delattr__', '__delitem__', '__dir__', \
'__doc__', '__eq__', '__format__', '__ge__', '__getattribute__', \
'__getitem__', '__gt__', '__hash__', '__init__', '__init_subclass__', \
'__iter__', '__le__', '__len__', '__lt__', '__ne__', '__new__', '__reduce__', \
'__reduce_ex__', '__repr__', '__setattr__', '__setitem__', '__sizeof__', \
'__str__', '__subclasshook__', 'clear', 'copy', 'fromkeys', 'get', 'items', \
'keys', 'pop', 'popitem', 'setdefault', 'update', 'values']
```

在这里看不到列表和字符串中的 index()方法了，说明字典不是序列。

对此可以这样理解：序列的特点是元素有序排列，索引与元素对应；字典中已经实现了键和值的对应，所以不需要给每个键值对建立索引了。

因此，字典不是序列，也没有索引。

【例题 3-5-1】 分别以字符串、整数、列表、元组、字典类型的对象为键，创建字典，观察得到的结果。

代码示例

```
>>> {"python": "langugae", 2: ['java', 1]}
{'python': 'langugae', 2: ['java', 1]}
>>> {[1, 2]: "moon"}
Traceback (most recent call last):
  File "<stdin>", line 1, in <module>
TypeError: unhashable type: 'list'
>>> {(1, 2): "moon"}
{(1, 2): 'moon'}
>>> {{1: 2}: "moon"}
Traceback (most recent call last):
  File "<stdin>", line 1, in <module>
TypeError: unhashable type: 'dict'
```

字典的键不能使用列表、字典类型的对象，因为它们是 unhashable 类型。关于 unhashable 的内容详见 3.7.1 节。

3.6.2 字典的基本操作

字典也有自己的基本操作，逐一说明。

1．len(d)

返回字典 d 中的键值对的数量。

```
>>> cities_phone = {"soochow": "0512", "shanghai": "021", "hangzhou": "0571"}
>>> len(cities_phone)
3
```

对字典使用 len 函数，结果与列表、字符串等中的 len 函数类似，得到字典中键值对的数量（也可以通俗地说成“字典的长度”）。

2．d[key]

返回字典 d 中的键 key 的值。

对于序列，通过索引能够得到序列中的元素。在字典中没有索引，只有键值对，可以通过键得到相应的值。

```
>>> cities_phone['soochow']
'0512'
```

基本样式还是通过字典对象的“[]”符号，里面是键，返回相应的值。

3．d[key] = value

将值 value 赋给字典 d 中的键 key。

如果给字典增加键值对，可以使用下述方式。

```
>>> cities_phone['beijing'] = '010'
>>> cities_phone
```

```
{'soochow': '0512', 'shanghai': '021', 'hangzhou': '0571', 'beijing': '010'}
```

对于这个操作，并没有新生成字典，而是在原有字典中增加了新的键值对，这说明字典是可以“原地修改”的。

4．del d[key]

删除字典 d 的键 key 项（将该键值对删除）。

在字典中，键值对是以键为代表的，通过 del d[key]这种方式能够将该键值对删除。

```
>>> del cities_phone['shanghai']
>>> cities_phone
{'soochow': '0512', 'hangzhou': '0571', 'beijing': '010'}
```

对字典能实施增加和删除键值对的操作，说明它是可修改的。读者可以用 id 函数进一步确认，在字典中增加和删除键值对后，该字典对象的内存地址没有变化，也没有生成新的字典对象，即字典能够原地修改。

5．key in d

检查字典 d 中是否含有键为 key 的项。

in 的操作，在序列中有，在字典中也可以使用，只是字典中检查的是“键是否存在”。

```
>>> "hangzhou" in cities_phone
True
>>> "shanghai" in cities_phone
False
```

对于字典而言，除了这些基本操作，还有一些特有方法，能够实现更多样化的操作。

【例题 3-5-2】 检查某个对象是否在字典的值中，如检查字符串"python"是否是字典{"lang": "python", "publisher": "phei", "price": 1}的键/值对的值。

代码示例

```
>>> d = {"lang": "python", "publisher": "phei", "price": 1}
>>> values = [d['lang'], d['publisher'], d['price']]
>>> values
['python', 'phei', 1]
>>> 'python' in values
True
```

本题如果运用 3.6.3 节中讲述的字典方法，可以更简洁。所以，多学知识就让自己可以有更多的解决问题的途径。

3.6.3 字典的方法

跟前面所讲述的其他对象类似，字典类型的对象“方法”——表征“能干什么”。这些方法能够实现对字典对象的操作。此处选择几种方法给予重点说明。对于每种方法的详细内容，建议读者使用 help 函数查看帮助文档。

1．读取值的方法

当创建了一个字典之后，可以通过 d[k]的方式得到键对应的值。

```
>>> d = dict([("a", 1), ("lang", "python")])
>>> d
```

```
{'a': 1, 'lang': 'python'}
>>> d['lang']
'python'
```

但是这有一个前提，d[k]中的 k 必须是字典对象中已有的键，否则报错。

```
>>> d['pub']
Traceback (most recent call last):
  File "<stdin>", line 1, in <module>
KeyError: 'pub'
```

在程序中，如果遇到这个错误，程序会中止运行。能不能对这种情况进行处理？Python 的字典方法中给出两种处理方案。

第一个是使用 get()方法。首先请读者认真阅读来自帮助文档的内容，它阐明了 get()方法的含义："D.get(k[,d]) -> D[k] if k in D, else d. d defaults to None."

```
>>> d.get("lang")
'python'
>>> d.get("lang", "pascal")
'python'
```

这是"if k in D"条件下的显示结果，即使增加了参数 d，也不会影响输出结果。

重点要理解"k not in D"条件下的结果。

```
>>> d.get('pub')            #①
>>> d.get('pub', 'PHEI')    #②
'PHEI'
```

①中没有设置 d 的值，即"d defaults to None"，所以不显示返回值；②中的 d 为字符串'PHEI'，就对应了帮助文档中所述的"else d"，返回了参数 d 所引用的值。

```
>>> d
{'a': 1, 'lang': 'python'}
```

原来的字典对象没有因为 get()方法的使用而变化。

处理 d['pub']报错问题的第二个方法是 setdefault()，与 get()方法类似，还是引用文档中的说明：D.setdefault(k[,d]) -> D.get(k,d), also set D[k]=d if k not in D

如果"k in D"，则 setdefault()方法与执行 get()方法的效果是一样的。

```
>>> d.setdefault("lang", "pascal")
'python'
```

差别会在"k notin D"时出现（请读者认真阅读帮助文档说明）：

```
>>> d.setdefault('pub', 'PHEI')    #③
'PHEI'
>>> d
{'a': 1, 'lang': 'python', 'pub': 'PHEI'}
```

③不仅返回了参数 d 引用的字符串，还把③中的两个参数作为一组键值对增加到原字典 d 中。如果没有参数 d，也会增加一个键/值对：

```
>>> d.setdefault('author')
>>> d
{'a': 1, 'lang': 'python', 'pub': 'PHEI', 'author': None}
```

默认 d 的值为 None。

除了根据键获得值，还可以通过字典方法分别读取键和值。

2. 视图对象

注意，以下所述内容是 Python 3 所特有的，此前的 Python 2 版本不具有视图对象。

```
>>> d
{'lang': 'python', 'pub': 'PHEI', 'author': None, 'a': 1}
>>> d.keys()
dict_keys(['lang', 'pub', 'author', 'a'])
>>> d.values()
dict_values(['python', 'PHEI', None, 1])
>>> d.items()
dict_items([('lang', 'python'), ('pub', 'PHEI'), ('author', None), ('a', 1)])
```

以上操作所得对象，不是前面学过的列表，在 Python 中称之为“视图对象（view object）”。它有什么特点呢？请特别观察如下操作：

```
>>> k = d.keys()
>>> k
dict_keys(['lang', 'pub', 'author', 'a'])
>>> del d['a']        #④
>>> d
{'lang': 'python', 'pub': 'PHEI', 'author': None}
>>> k                 #⑤
dict_keys(['lang', 'pub', 'author'])
```

变量 k 引用了由字典的键组成的视图对象，当对字典进行修改（④删除了一个键/值对）后，视图对象也动态变化，反映字典的变化。通过⑤查看——并没有重新执行 d.keys()——视图对象中也没有了被删除的键。

当然，视图对象可以用 list 函数转化为列表。

```
>>> k_lst = list(k)
>>> k_lst
['lang', 'pub', 'author']
>>> del d['author']
>>> d
{'lang': 'python', 'pub': 'PHEI'}
>>> k
dict_keys(['lang', 'pub'])
>>> k_lst
['lang', 'pub', 'author']
```

k_lst 是内存中的一个列表对象，它就不能动态反映字典的变化了。

字典的 items()和 values()的使用方式与上述演示相同，不赘述。

3. 增加键值对

前面已经介绍过，通过 d[k] = v 的方式可以向字典中增加键/值对。但这种方式只能一次增加一个键/值对，如果有多个键/值对需要增加，它就比较麻烦了。为此字典提供了一个名为 update()的方法，实现了一次性增加多个键/值对的操作。

```
>>> d.update([("price", 3.14), ('color', 'whiteblack')])     #⑥
>>> d
{'lang': 'python', 'pub': 'PHEI', 'author': 'Laoqi', 'price': 3.14, 'color':
```

```
'whiteblack'}
```

其实，⑥中的参数就是一组映射关系，而表达映射关系是字典的本质。所以，可以这样使用 update()方法。

```
>>> d1 = {"lang":"python"}
>>> d2 = {"song":"I dreamed a dream"}
>>> d1.update(d2)
>>> d1
{'lang': 'python', 'song': 'I dreamed a dream'}
>>> d2
{'song': 'I dreamed a dream'}
```

从字面上看，就是用字典 d2 更新了字典 d1，于是 d1 把 d2 的内容包含进来了。当然，d2 还存在，并没有受到影响。

4．删除键值对

del d[k]是最简单的删除方式，但是会有这样的现象：

```
>>> d2
{'song': 'I dreamed a dream'}
>>> del d2['lang']
Traceback (most recent call last):
  File "<stdin>", line 1, in <module>
KeyError: 'lang'
```

类似前文处理 d[k]访问键不存在而报错一样，字典中对这种因删除而报错的现象也提供了处理方法。

首先，看 pop()方法（在列表中也有同名方法，请注意区别）。以下是来自帮助文档的说明：D.pop(k[,d])->v, remove specified key and return the corresponding value. If key is not found, d is returned if given, otherwise KeyError is raised.

D.pop(k[, d])是以字典的键为参数，删除指定键的键/值对。

```
>>> d
{'lang': 'python', 'pub': 'PHEI', 'author': 'Laoqi', 'price': 3.14, 'color': 'whiteblack'}
>>> d.pop('lang')
'python'
```

删除指定键"lang"，并且此键存在于字典中，于是返回了其对应的值"python"，原字典中的这个键/值对就被删除了。

```
>>> d
{'pub': 'PHEI', 'author': 'Laoqi', 'price': 3.14, 'color': 'whiteblack'}
```

pop()方法的参数 k 不能省略，如果要删除字典中没有的键/值对，就会报错。

```
>>> d.pop('lang')
Traceback (most recent call last):
  File "<stdin>", line 1, in <module>
KeyError: 'lang'
```

这与 del d['lang']一样，但是当给 pop()方法中的参数 d 提供值的时候，情况就变化了。

```
>>> d.pop('lang', 'pascal')
'pascal'
```

popitem()方法则是从字典中选一个键/值对删除，并将所删除的键/值对返回，直到字典被删空，再删就报错了。

```
>>> d.popitem()
('color', 'whiteblack')
>>> d
{'pub': 'PHEI', 'author': 'Laoqi', 'price': 3.14}
```

还有一个clear()方法，与列表中的clear()方法效果一样，其效果是清空字典中所有元素。

```
>>> a = {"name":"qiwsir"}
>>> a.clear()
>>> a
{}
```

这就是clear()方法的含义，将字典清空，得到的是“空”字典，但这个对象依然在内存中。如果执行了下述操作，则不是“清空”字典。

```
>>> d
{'pub': 'PHEI', 'author': 'Laoqi', 'price': 3.14}
>>> del d     #⑦
>>> d
Traceback (most recent call last):
  File "<stdin>", line 1, in <module>
NameError: name 'd' is not defined
```

⑦使用del将字典从内存中删除。

最后提醒，上述各项修改字典的方法都是原地修改。

【例题3-5-3】 利用字典的方法，优化3.6.2节中例题3-5-2的操作。

代码示例

```
>>> d = {"lang": "python", "publisher": "phei", "price": 1}
>>> 'python' in d.values()
True
```

【例题3-5-4】 将下列两个字典合并：{1: 2, 2: 3, 3: 4}，{2: 200, 3: 300, 4: 400}。

代码示例

```
>>> d1 = {1: 2, 2: 3, 3: 4}
>>> d2 = {2: 200, 3: 300, 4: 400}
>>> d1.update(d2)
>>> d1
{1: 2, 2: 200, 3: 300, 4: 400}
```

例题3-5-4中的两个列表有部分键的名称一样，当实施d1.update(d2)操作时，d1中与d2同名的键/值对会被覆盖。还可以将这个题目的要求进行拓展，如果遇到相同键，则要将两个字典中的值都记录，即最终得到的字典是{1: 2, 2: [3, 200], 3: [4, 300], 4: 400}。求解方法需要运用4.4节的知识，请届时来解答。

3.6.4 浅拷贝和深拷贝

如果读者查看列表和字典的方法，会发现都有名为copy()的方法（3.7节中讲述的“集合”对象也有copy()方法）。下面列出列表、字典和集合三种对象中copy()方法帮助文档的说明。

- 列表：L.copy() -> list -- a shallow copy of L。

❖ 字典：D.copy() -> a shallow copy of D。

❖ 集合：Return a shallow copy of a set。

这三种对象都是“容器”，并且是可变对象，可以实现原地修改。可以形象地理解为“容器”中的“东西”可以增加或者减少，但是“容器”不变。在帮助文档中，对copy()方法的说明中都用到了术语“shallow copy”，中文翻译为“浅拷贝”。那么，“浅”是如何体现的？要从最基本的“x = 5”开始说起。

在3.2.4节就遇到了“x = 5”，当时已经说明，这种表达方式的含义是变量x引用了整数对象5，这个过程也被称为“赋值”。它独立成为一个语句，就叫做赋值语句（4.2节中有专门阐述）。

```
>>> book1 = ['name', 123, ['python', 'pascal'] ]
>>> book2 = book1         #①
>>> book2 is book1        #②
True
>>> book2 == book1        #③
True
```

①的作用是变量book2引用了book1所引用的对象。②中的is用于判断两对象是否为同一个，即id函数得到的内存地址是否一样。此处的②返回了True，说明book1和book2是同一个对象。③则是检验两个对象内容是否一致，既然已经是同一个对象了，肯定会返回True的。

对于字典，做上述操作，结果也是一样的。

```
>>> d = {"a": 1, "lang": "python"}
>>> c = d
>>> c is d
True
>>> c == d
True
```

接下来研究“浅拷贝”，请读者注意与①对比。

```
>>> book3 = book1.copy()
>>> book3 is book1
False
>>> book3 == book1
True
```

book3是book1执行了浅拷贝的结果，从后续操作可以看出，book3和book1不再是同一个对象了，但是它们的内容依然一样，即book3是根据book1的内容在内存中新建的一个对象。

如果再深入考察book1和book3中的元素，会发现这样的结果。

```
>>> id(book1); id(book3)
4333337032
4333036616
```

这说明book1和book3是两个不同对象。

```
>>> [id(e) for e in book1]    #④
[4333374632, 4322961840, 4333413576]
>>> [id(e) for e in book3]
```

```
[4333374632, 4322961840, 4333413576]
```

④被称为“列表解析”，暂时不用深入研究，4.4.3 节会讲授。这里用④得到了 book1 中每个元素的内存地址，同理可以得到 book3 中的每个元素的内存地址。虽然 book1 和 book3 是两个不同对象，但是它们的每个元素都是同一个对象。

参照操作结果如图 3-6-2 所示，可见“浅拷贝”就是新建一个容器对象，但是容器中的子对象还是引用原容器中的，实质上只复制了一层。

```
4333337032  ————→  [4333374632, 4322961840, 4333413576]
  book1
                          ['name', 123, ['python', 'pascal'] ]

4333036616  ————→  [4333374632, 4322961840, 4333413576]
  book3
```

图 3-6-2　浅拷贝

```
>>> book3
['author', 123, ['python', 'pascal', 'Java']]
>>> book3[1] = 3.14          #⑤
>>> book3
['author', 3.14, ['python', 'pascal', 'Java']]
>>> book1
['author', 123, ['python', 'pascal', 'Java']]
```

⑤修改了 book3 中的一个元素——这个元素是不可变对象，即让该位置引用了一个新的对象，而 book1 中的该位置所引用的对象并没有因为⑤操作而受到影响。

```
>>> book3[2].append(999)     #⑥
>>> book3
['author', 3.14, ['python', 'pascal', 'Java', 999]]
>>> book1
['author', 123, ['python', 'pascal', 'Java', 999]]
```

而⑥的对象 book3[2]是一个列表，列表是可变对象——可以原地修改，实施了⑥之后，并没有转向去引用新的对象，而是对原列表对象进行修改，于是显示了后面 book1 和 book3 的结果。这样的操作对字典也是一样的，比如：

```
>>> d = {'a': 1, 'lang': 'python', 'lst': [1, 3, 5]}
>>> dc = d.copy()
>>> dc
{'a': 1, 'lang': 'python', 'lst': [1, 3, 5]}
>>> d['a'] = 100
>>> d['lst'].append(777)
>>> d
{'a': 100, 'lang': 'python', 'lst': [1, 3, 5, 777]}
>>> dc
{'a': 1, 'lang': 'python', 'lst': [1, 3, 5, 777]}
```

与“浅”对应的就是“深”。那么，“深拷贝”结果又如何？

```
>>> import copy
>>> book1
```

```
['author', 123, ['python', 'pascal', 'Java', 999]]
>>> book4 = copy.deepcopy(book1)
>>> id(book1); id(book4)
4333337032
4333337992
>>> [id(e) for e in book1]
[4333374632, 4322961840, 4333413576]
>>> [id(e) for e in book4]
[4333374632, 4322961840, 4333335496]
```

仔细观察用 id 函数得到的内存地址，book1 与 book4 是两个对象，并且其内部元素的列表也是两个不同的对象。上述结果可以用图 3-6-3 表示。

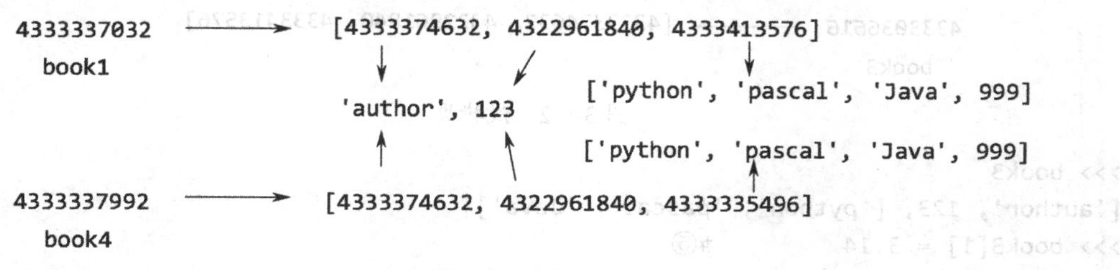

图 3-6-3 深拷贝

“深拷贝”不但新建了一个容器对象，而且容器中的容器元素也新建了，可以将深度拷贝理解为复制过程的递归，即将容器中的容器也复制。

```
>>> book4[2].pop()      #⑦
999
>>> book4[1] = 1.414
>>> book4
['author', 1.414, ['python', 'pascal', 'Java']]
>>> book1
['author', 123, ['python', 'pascal', 'Java', 999]]
```

在深拷贝后，再执行⑦，book1 和 book4 自然两不相干了。对于字典，深拷贝亦是如此。

```
>>> d
{'a': 100, 'lang': 'python', 'lst': [1, 3, 5, 777]}
>>> ddc = copy.deepcopy(d)
>>> ddc['lst'].pop()
777
>>> d
{'a': 100, 'lang': 'python', 'lst': [1, 3, 5, 777]}
>>> ddc
{'a': 100, 'lang': 'python', 'lst': [1, 3, 5]}
```

综上操作，可以对“拷贝”总结一句重要结论，即：不论深拷贝还是浅拷贝，复制的是容器对象（区别在于一层还是多层），对数字、字符串等没有“拷贝”操作。

3.7 集合

“集合”（set）本来是一个数学概念，在数学中具有“无序性”“互异性”和“确定性”

三个特性。那么，在 Python 中作为内置对象的集合有什么特点呢？

3.7.1 创建集合

在 Python 中，用“set”表示集合或者集合类型，根据经验，它也可以用于创建相应的对象。

```
>>> s = set([1,2,3,3,2,1])    #①
>>> s
{1, 2, 3}
```

创建集合的时候，set 函数的参数必须是可迭代对象。当然，空集合也是许可的。

```
>>> set()
set()
```

注意，①中的参数是一个列表（可迭代对象），列表中的元素本来是有重复的，当创建了集合之后，这个集合中的元素就不存在重复的了，即“互异性”的体现。

使用 dir 函数来查看集合的属性，从下面找一找有没有 index，如果有它，就说明可以索引，否则集合就没有索引。

```
>>> dir(set)
['__and__', '__class__', '__contains__', '__delattr__', '__dir__', '__doc__', \
'__eq__', '__format__', '__ge__', '__getattribute__', '__gt__', '__hash__', \
'__iand__', '__init__', '__ior__', '__isub__', '__iter__', '__ixor__', \
'__le__', '__len__', '__lt__', '__ne__', '__new__', '__or__', '__rand__', \
'__reduce__', '__reduce_ex__', '__repr__', '__ror__', '__rsub__', '__rxor__', \
'__setattr__', '__sizeof__', '__str__', '__sub__', '__subclasshook__', \
'__xor__', 'add', 'clear', 'copy', 'difference', 'difference_update', \
'discard', 'intersection', 'intersection_update', 'isdisjoint', 'issubset', \
'issuperset', 'pop', 'remove', 'symmetric_difference', 'symmetric_difference_update', 'union', 'update']
```

没有 index，集合没有索引，也就没有顺序可言，它不属于序列——“无序性”的体现。当进行如下操作时，会报错，并明确告诉我们不支持索引：

```
>>> s1 = set(['q', 'i', 's', 'r', 'w'])
>>> s1[1]
Traceback (most recent call last):
  File "<stdin>", line 1, in <module>
TypeError: 'set' object does not support indexing
```

在①中创建了一个集合后，观察返回结果，发现集合也是用“{}”包裹，与字典的符号一致，也可以直接使用“{}”创建集合。

```
>>> s2 = {"facebook", 123}
>>> s2
{123, 'facebook'}
>>> type(s2)
<class 'set'>
```

在创建集合的时候，要注意以下问题：

```
>>> s3 = {"google", ['python', 'java', 'pascal'], {'city':'soochow', 'years':20}}
Traceback (most recent call last):
  File "<stdin>", line 1, in <module>
TypeError: unhashable type: 'list'
```

```
>>> s4 = set(["google", {'city':'soochow', 'years':20}])
Traceback (most recent call last):
  File "<stdin>", line 1, in <module>
TypeError: unhashable type: 'dict'
```

分别用两种创建集合的方法创建集合都报错，报错信息都有“unhashable”，类似的词汇还有反义词“hashable”。这些词汇都来源于单词“hash”，这个词语通常翻译为“散列”，也有音译为“哈希”的。不管哪种翻译，都没有达到“信达雅”的翻译要求，所以只能理解其含义了。

假设有一些数据（可能比较大、比较复杂，可以是任意长度），将这些数据输入到某个函数，得到了新数据。新数据与原数据存在着一种映射关系，新数据的长度是固定的，通常要小于原数据。在这个数据转换的过程中的函数称为“散列函数”（hash function），如图 3-7-1 所示。它还有很多其他称呼，如哈希函数、哈希算法、散列算法、消息摘要函数、消息摘要算法，都是此含义。

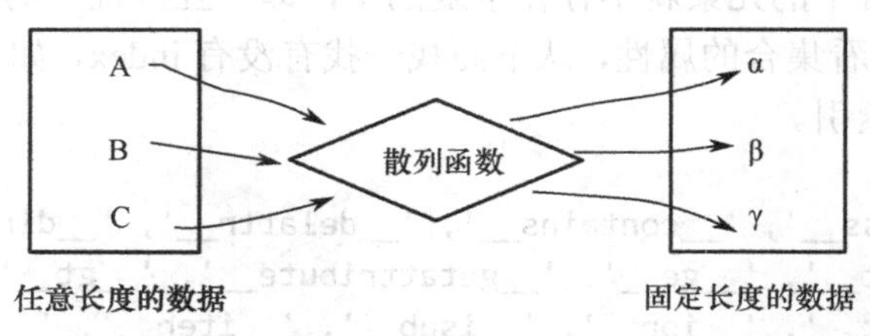

图 3-7-1　散列函数

通过图 3-7-1 所示的过程，得到的新数据称为散列值（或者“哈希值”，hash values，hash codes，hash sums，或 hashes）。散列值通常用一个短的随机字母和数字组成的字符串来代表，图 3-7-1 中为了简单，使用了希腊字母。

如果散列值 α 和 β 不相等，则其原数据 A 和 B 也不相等，即：$\alpha \neq \beta \Rightarrow A \neq B$。如此就建立了散列值与原数据的映射关系，类似字典的数据结构，散列值就是原数据的键。但是散列值可能相等，如果 α 和 β 相同，A 和 B 有可能相同，也有可能不同，这种情况称为“冲突”（或“碰撞”，collision）。所以，散列值与原数据不是一对一的关系，也不能从散列值计算出原数据（散列函数如果也不具有可逆性，就可以用来加密了）。

在 Python 中，如果某个对象的散列值在其生命周期（从该对象创建到删除的时间）保持不变，则称该对象是“可散列的”（或者“可哈希的”，hashable），否则是“不可散列的”（或“不可哈希的”，unhashable）。“可散列的”对象能够用作字典的键和集合的成员，即不可变对象，而可变对象都属于“不可散列的”类型。

Python 提供了一个函数，可以得到“可散列的”对象的散列值。

```
>>> hash('python')
6503960529376l449
>>> hash([1, 3, 5])     #②
Traceback (most recent call last):
  File "<stdin>", line 1, in <module>
TypeError: unhashable type: 'list'
```

如果将对象传给了 hash 函数，如②操作结果那样，则说明该对象不是“可散列的”类型，即是不可变对象。

再看集合中的元素，因为要求必须是“确定性”的，所以元素必须是不可变类型的对象，即 hashable。在创建集合的时候如果使用了可变对象，就会抛出 TypeError，如②操作的结果。

【例题 3-7-1】 去掉下面这段话中重复的单词。

Brothers, it is clear to me that I have not come to that knowledge; but one thing I do, letting go those things which are past, and stretching out to the things which are before, I go forward to the mark, even the reward of the high purpose of God in Christ Jesus.

代码示例

```
>>> philippians = 'Brothers, it is clear to me that I have not come to that
knowledge; but one thing I do, letting go those things which are past, and
stretching out to the things which are before, I go forward to the mark, even
the reward of the high purpose of God in Christ Jesus.'
>>> import re
>>> lst = re.split(r'[, \s]\s*', philippians)
>>> lst
['Brothers', 'it', 'is', 'clear', 'to', 'me', 'that', 'I', 'have', 'not', \
'come', 'to', 'that', 'knowledge;', 'but', 'one', 'thing', 'I', 'do', 'letting', \
'go', 'those', 'things', 'which', 'are', 'past', 'and', 'stretching', 'out', \
'to', 'the', 'things', 'which', 'are', 'before', 'I', 'go', 'forward', 'to', \
'the', 'mark', 'even', 'the', 'reward', 'of', 'the', 'high', 'purpose', 'of', \
'God', 'in', 'Christ', 'Jesus.']
>>> set(lst)
{'Brothers', 'I', 'God', 'stretching', 'clear', 'that', 'have', 'mark', 'but', \
'those', 'before', 'is', 'even', 'letting', 'in', 'come', 'to', 'which', 'of', \
'past', 'one', 'do', 'and', 'go', 'thing', 'not', 'forward', 'knowledge;', 'the', \
'high', 'are', 'reward', 'me', 'Jesus.', 'it', 'things', 'Christ', 'purpose', 'out'}
```

在本题的代码示例中，没有使用字符串的 split()方法，而是引入了标准库中的 re 模块，它是一个关于正则表达式（regular expression）的模块。正则表达式在编程中应用比较广泛，建议读者查阅有关资料，了解其使用方式。

如果不用正则表达，而是使用字符串的 split()方法进行分割，就会出现以下结果。请认真对比，寻找下面的结果与前面用正则表达式分割得到的结果 lst 之间有什么差异。

```
>>> philippians.split()
['Brothers,', 'it', 'is', 'clear', 'to', 'me', 'that', 'I', 'have', 'not', 'come',\
'to', 'that', 'knowledge;', 'but', 'one', 'thing', 'I', 'do,', 'letting', 'go',\
'those', 'things', 'which', 'are', 'past,', 'and', 'stretching', 'out', 'to', 'the',\
'things', 'which', 'are', 'before,', 'I', 'go', 'forward', 'to', 'the', 'mark, ',\
'even', 'the', 'reward', 'of', 'the', 'high', 'purpose', 'of', 'God', 'in', 'Christ', 'Jesus.']
```

通过比较不难发现，用正则表达式进行分割兼顾了原来字符串中的空格和逗号，即以它们作为分隔符。而使用 split()方法，只能使用其中的一种作为分割符。

3.7.2 集合的方法

在交互模式中，使用 dir(set)可以查看到集合的所有方法，下面选择几个常用的方法举例。

1. 增加元素

如果创建一个空集合，请注意操作方法。

```
>>> ns = {}
>>> type(ns)
<class 'dict'>
```

这样创建的不是空集合，而是一个空字典类型的对象。

```
>>> s = set()
>>> type(s)
<class 'set'>
```

这才创建了空集合，然后向这个集合中增加元素，其中一个方法是 add()。

```
>>> s.add("python")
>>> s
{'python'}
```

字符串"python"作为一个元素，添加到了集合中。读者可以自行判断，在增加元素后，集合的内存地址是否变化（没变，即集合能够“原地修改”）。

除了 add()方法，还有一个 update()方法可以增加元素——类似字典的 update()方法。

```
>>> s2 = set([1, 2, 3])
>>> s.update(s2)
>>> s
{'python', 2, 3, 1}
```

update()方法的参数除了集合，还可以是其他对象。

```
>>> s.update("google")
>>> s
{1, 2, 3, 'l', 'python', 'e', 'g', 'o'}
>>> s.update([3, 4, 5])
>>> s
{1, 2, 3, 4, 5, 'l', 'python', 'e', 'g', 'o'}
```

2. 删除元素

dir(set)的结果列表中有几个与删除有关的方法，下面一一介绍。

```
>>> s.pop()
1
>>> s.pop()
2
```

pop()是一个操作简单的删除方法，每次删除一个元素，并返回该元素值。注意，它没有参数。

如果要删除指定的元素，该怎么办？

```
>>> s.remove('python')
>>> s
{3, 4, 5, 'l', 'e', 'g', 'o'}
>>> s.remove('python')
Traceback (most recent call last):
  File "<stdin>", line 1, in <module>
KeyError: 'python'
```

remove()方法的参数就是指定删除的元素，注意没有返回值。如果参数所引用的对象不是集合的元素，则报错。

discard()是与 remove()类似的方法，也用来删除指定元素。

```
>>> s.discard('l')
>>> s
{3, 4, 5, 'e', 'g', 'o'}
```

除了与 remove()方法有相同之处，还有不同点。

```
>>> s.discard('l')
```

本来在集合 s 中已经删除元素'l'，再次删除，这里没有报错。读者如果查看 discard()方法的帮助文档，会看到这样一句话“If the element is not a member, do nothing.”，这就是与 remove()方法的区别。

集合也有 clear()方法，它的功能是：Remove all elements from this set（自己在交互模式下用 help(set.clear)查看）。

```
>>> s.clear()
>>> s
set()
```

3.7.3 不变的集合

以 set 函数来创建的集合都是可原地修改的集合，或者说是可变的。

还有一种集合是不可变的集合，创建这种集合要使用 frozenset 函数。

```
>>> f_set = frozenset("qiwsir")
>>> f_set
frozenset({'q', 'w', 'i', 's', 'r'})
>>> f_set.add("python")
Traceback (most recent call last):
  File "<stdin>", line 1, in <module>
AttributeError: 'frozenset' object has no attribute 'add'
```

用 dir 函数同样可以查看其属性和方法：

```
>>> dir(f_set)
['__and__', '__class__', '__contains__', '__delattr__', '__dir__', '__doc__', \
'__eq__', '__format__', '__ge__', '__getattribute__', '__gt__', '__hash__', \
'__init__', '__iter__', '__le__', '__len__', '__lt__', '__ne__', '__new__', \
'__or__', '__rand__', '__reduce__', '__reduce_ex__', '__repr__', '__ror__', \
'__rsub__', '__rxor__', '__setattr__', '__sizeof__', '__str__', '__sub__', \
'__subclasshook__', '__xor__', 'copy', 'difference', 'intersection', \
'isdisjoint', 'issubset', 'issuperset', 'symmetric_difference', 'union']
```

已经看不到前面可修改集合的那些实现增加、删除等操作的方法。但是，它与可修改集合一样，都有一些与运算相关的方法。

【例题 3-7-2】 是否可以用集合作为字典的键。

代码示例

```
>>> {set([1,2,3]): 123,}
Traceback (most recent call last):
  File "<stdin>", line 1, in <module>
TypeError: unhashable type: 'set'
>>> {frozenset([1,2,3]): 123,}
{frozenset({1, 2, 3}): 123}
```

集合分为可变集合和不可变集合，能够作为字典键的只有不可变集合。

3.7.4 集合的关系和运算

数学上，集合之间有“子集”“超集”的关系和“交”“差”“并”等运算，Python 中也提供了完成集合运算的方法，在程序中恰当使用可以优化程序。

1. 元素与集合的关系

元素与集合只有一种关系：要么属于某个集合，要么不属于。

```
>>> s = set("python")
>>> s
{'h', 'n', 'p', 'y', 't', 'o'}
>>> 'a' in s
False
>>> 'p' in s
True
```

对集合而言，in 的作用与在其他容器中是一样的。另一个常应用于容器的函数 len 对集合依然适用，用来计算元素个数。

```
>>> len(s)
6
```

2. 集合与集合的关系

如果两个集合的元素完全一样，那么这两个集合相等，否则不等。这是集合与集合之间的一种关系。

```
>>> a = set([2, 4, 6, 8])
>>> b = set([1, 4, 8, 9])
>>> a == b
False
>>> c = set([2, 4, 6, 8])
>>> a == c
True
```

此外，还有一种子集（或超集）的关系如图 3-7-2 所示，如果集合 A 的所有元素也是集合 B 的元素，那么 A 是 B 的子集，或者说 B 是 A 的超集。

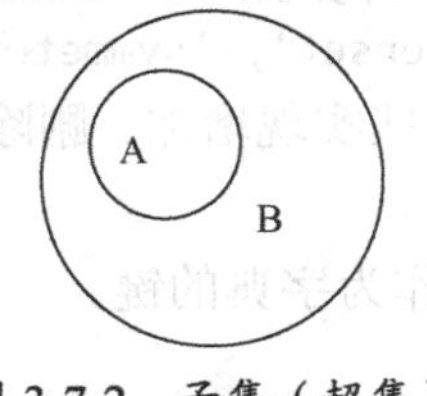

图 3-7-2 子集（超集）

```
>>> b = set([2, 4, 6, 8])
>>> a = set([2, 4])
>>> a.issubset(b)     #a 是 b 的子集
True
>>> b.issuperset(a)   #b 是 a 的超集
True
```

3．集合间的运算

（1）并集

A 与 B 的并集即得到新的集合，包含了 A、B 的所有元素，如图 3-7-3 所示。

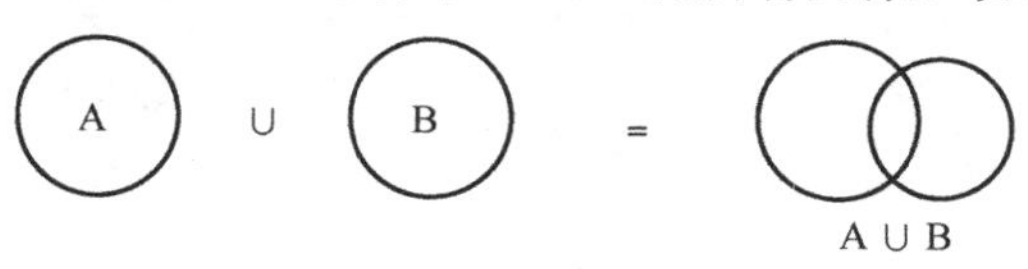

图 3-7-3　并集

可以使用运算符号“|”，也可以使用方法 union()。注意，结果是新生成的一个对象，而不是将集合 A 或者 B 扩充。

```
>>> a = set([1, 3, 5])
>>> b = set([3, 6, 9])
>>> a | b
{1, 3, 5, 6, 9}
>>> a.union(b)
{1, 3, 5, 6, 9}
```

（2）交集

A 与 B 的交集即新集合包含 A、B 共有的元素，如图 3-7-4 所示。

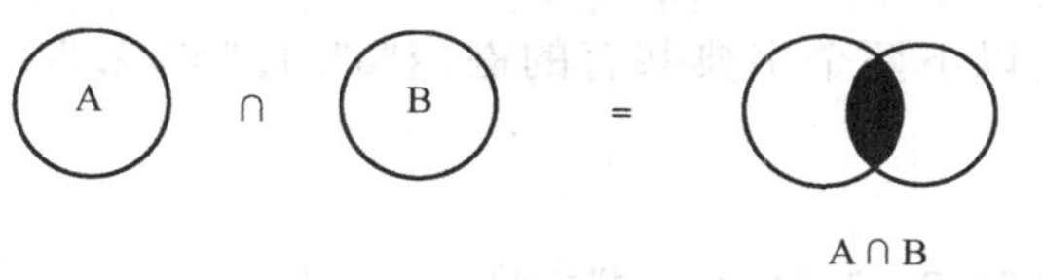

图 3-7-4　交集

交集的运算符号是“&”，方法为 intersection()。根据 Python 的可读性原则，提倡使用能够“望文生义”的方法。

```
>>> a & b
{3}
>>> a.intersection(b)
{3}
```

（3）差（补）集

A 相对 B 的差（补）即新的集合元素是 A 相对 B 不同的部分元素，如图 3-7-5 所示。

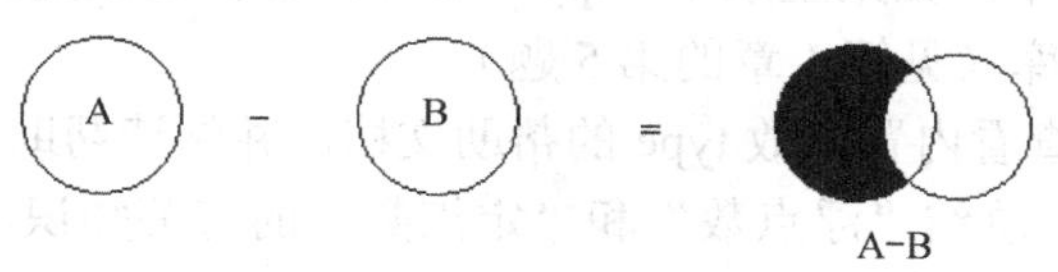

图 3-7-5　差集

```
>>> a
{1, 3, 5}
>>> b
{9, 3, 6}
>>> a - b    #运算符“-”
{1, 5}
>>> a.difference(b)
```

```
{1, 5}
```

如果计算 b – a，则结果会不同。

```
>>> b - a
{9, 6}
>>> b.difference(a)
{9, 6}
```

（4）对称差集

A 与 B 的对称差集如图 3-7-6 所示。

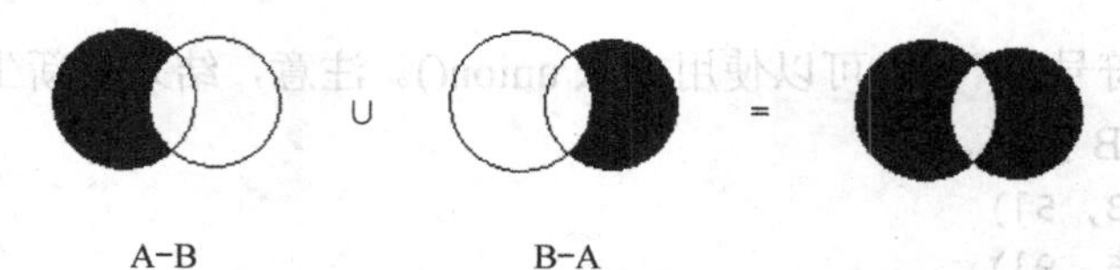

图 3-7-6　对称差集

对称差集可以通过集合的“差”和“并”运算得到，Python 对此提供了一个专门的方法。

```
>>> a.symmetric_difference(b)
{1, 5, 6, 9}
>>> b.symmetric_difference(a)
{1, 5, 6, 9}
```

【例题 3-7-3】找出以下两个字典共有的键：{"a": 1, "b": 2, "c": 3, "d": 4}、{"b": 22, "d": 44, "e": 55, "f": 77}

代码示例

```
>>> d1 = {"a": 1, "b": 2, "c": 3, "d": 4}
>>> d2 = {"b": 22, "d": 44, "e": 55, "f": 77}
>>> d1_kset = set(d1.keys())
>>> d2_kset = set(d2.keys())
>>> d1_kset.intersection(d2_kset)
{'d', 'b'}
```

练习和编程 3

注意：以下各题目中，如果生成了“.py”文件，请在调试无误后，将代码同步到个人在 github.com 的代码仓库（见第 1 章的第 5 题）

1．使用 help 函数查看内置函数 type 的帮助文档，并阅读帮助文档的内容。

2．通过网络搜索，总结“浮点数”和“定点数”的有关知识，并撰写技术博客，发布到个人博客中（见第 1 章的第 5 题）。

3．利用 Python 的内置函数，将下列十进制数转化为二进制数。

（1）3　　　　（2）123　　　　（3）0.1

4．直角三角形的斜边长度为 50，一条直角边的长度是 30。编写程序，计算另一条直角边的长度。

5．在交互模式中，完成以下操作。

（1）创建如下变量和对象的引用关系：a = 2.5, b = 7, c = 6。

（2）分别计算：

① a 除以 b 的商；　　② b 除以 c 的余数；

③ c 除以 a 的商；　　④ b 的 3 次方。

6．编写程序，已知半径为 23。

（1）计算圆的周长和面积。

（2）将周长和面积的值打印出来，要求各自保留两位小数。

（3）将此程序保存到一个程序文件中（即“.py”文件），并执行此程序。

7．编写程序，计算圆柱体的体积。

（1）已知圆柱体横截面的半径是 11，圆柱体的高度 98。

（2）打印出圆柱体的体积。

（3）将此程序保存到一个程序文件中（即“.py”文件），并执行此程序。

8．编写程序，求解一元二次方程 $2x^2 + 5x - 8 = 0$。要求：将最终结果打印出来。

9. 假设三角形三条边分别用 a、b、c 表示，三条边所对的角为 A、B、C，那么有 $c^2=a^2+b^2-2ab\cos C$。若已知三边长度分别为 3、7、9，请计算三角形的三个角（用弧度制表示）。

10．利用 3.3.5 节学习的内置函数 input 的知识，重写第 6、7、8、9 题，要求允许用户输入有关的量：

（1）第 6 题允许用户根据提示输入半径。

（2）第 7 题允许用户根据提示输入圆柱体截面圆的半径和圆柱体的高度。

（3）第 8 题允许用户根据提示输入一元二次方程的系数，即 $ax^2+bx+c=0$ 中的 a、b、c 的值。

（4）第 9 题允许用户根据提示输入三角形三个边的长度。

11．比较说明“3.14”、math.pi、3.14、int(3.14)、round(3.14, 1)的含义。

12．利用搜索引擎，在 3.3.1 节的基础上，对“字符编码”的知识进行更详细的了解，并撰写技术博客，发布到个人博客中（见第 1 章的第 5 题）。

13．在 Python 中有专门支持分数运算的标准库 fractions，利用它完成如下计算：

（1）3 + 3/5。

（2）3/7 的平方。

（3）1/8 * −2/9 + 7/8。

（4）分别得到 11/13 的分子和分母。

（5）将 1.25 转化为分数。

14．写出字符串"0123456789"经下述切片操作之后的返回值。

（1）d[:: 2]　　（2）d[1: 4]

（3）d[1:: 2]　　（4）d[:: -1]

（5）d[−2:: −2]

15．对字符串"itdiffer.com"进行如下操作：

（1）测量其长度。

（2）对字符串进行不同的切片操作，分别得到"er.com"、"tifr"、"moc"、"o.efd"。

16．已知字符串"You need Python"，在交互模式中分别实现如下效果：

（1）获得字符串的第一个和最后一个字符。

（2）获得字符串的字符总数。

（3）将字符串中的"You"替换为"I"。

（4）将字符串中每个单词的首字母都变成大写。

（5）以空格为分隔符，分割此字符串，然后用“@”为连接符，将其连接起来。

（6）将上一步中所得字符串完全反转。

17．在交互模式中练习字符串的格式化输出，分别实现如下效果：

（1）输出位宽度为 10 个字符，显示两位小数，并且右对齐。

（2）输出位宽度不限制，但显示字符串"hello"的两个字符。

（3）输出位宽度为 5 个字符，根据宽度显示自定义的字符串中字符。

18．利用 dir 函数和 help 函数，研究字符串的"maketrans"和"translate"两个方法。

19．编写一个程序，能够输出字符串"Hello"中每个'l'的索引值。将此程序保存到一个程序文件中（即“.py”文件），并执行此程序。

20．比较字符串和列表的异同。

21．创建一个列表，以城市的电话区号为元素，如北京的区号是 010，上海的区号是 021，苏州的区号是 0512，杭州的区号是 0571。

22．对于列表 lst = [1, 2, 3, 4, 5]，将其中的偶数剔除，得到只有奇数的列表。

23．已知列表[[1, 2], "python", 234, 3.14]，在交互模式中分别实现如下效果：

（1）得到数字 1。　　　　　　　　　（2）得到字母“n”。

（3）得到由 234 和 3.14 组成的列表。　　（4）得到最后一个元素。

24．已知列表[1, 2, 3, 4, 5, 6, 7, 8, 9]，在交互模式中分别实现如下效果：

（1）得到[2, 4, 6, 8]。　　　　　　　（2）得到[9, 7, 5, 4, 3, 1]。

（3）得到[1, 2, 3, 4]。　　　　　　　（4）得到[4, 3, 2, 1]。

25．比较内置函数 sorted 和列表的方法 sort()的异同。

26．请注意观察如下操作，并亲自在交互模式中操作验证：

```
>>> a = 256
>>> b = 256
>>> a is b
True
>>> c = 257
>>> d = 257
>>> c is d
False

>>> lst1 = ["python", "java"]
>>> lst2 = ["python", "java"]
>>> lst1 is lst2
False
>>> lst3 = lst1
>>> lst1 is lst3
True
```

根据所学知识，并通过网络搜索，解释上述操作结果。

27．回文是很有意思的文字游戏，如 Fall leaves as soon as leaves fall。不仅英语有，汉语也有。比如，苏轼就写过《题金山寺回文本》：

潮随暗浪雪山倾，远浦渔舟钓月明。
桥对寺门松径小，槛当泉眼石波清。
迢迢绿树江天晓，霭霭红霞晚日晴。
遥望四边云接水，雪峰千点数鸥轻。
轻鸥数点千峰雪，水接云边四望遥。
晴日晚霞红霭霭，晓天江树绿迢迢。
清波石眼泉当槛，小径松门寺对桥。
明月钓舟渔浦远，倾山雪浪暗随潮。

请通过网络搜集回文词汇或句子，然后用 Python 检验是否为回文。

28．比较列表和元组的异同。

29．在交互模式中创建一个字典，要求“键”是自己的 QQ 好友昵称，“值”是相应的 QQ 号。

30．在密码学中，恺撒密码（Caesar cipher）是一种简单且广为人知的加密技术。它是一种替换加密的技术，明文中的所有字母都在字母表上向后（或向前）按照一个固定数目进行偏移后被替换成密文。例如，当偏移量是 3 的时候，所有的字母 A 将被替换成 D，B 变成 E，以此类推。这个加密方法是以罗马共和时期恺撒的名字命名的，当年恺撒曾用此方法与其将军们进行联系。根据这些知识，请编写一段程序，实现用户输入加密的字符串和偏移量，之后显示加密后的密文（提示，可以使用 zip 函数）。

31．假设有字典{"lang": "python", "number": 100}，在交互模式中进行操作，实现如下效果：

（1）得到键"lang"的值。

（2）得到值"100"的键。

（3）得到字典中键/值对的数量。

（4）为字典增加一个键/值对。

（5）删除字典中的一个键/值对。

（6）修改一个键/值对的值。

（7）判断“city”是否是字典中的键。

32．编写程序，实现如下功能：

（1）用户输入国家名称。

（2）打印出所输入的国家名称和首都。

（提示：为了完成这个程序，需要首先创建国家名称和首都的映射关系。）

33．书与作者的关系常常不是一对一的，一本书可以有多个作者，一个作者可写多本书。构建两个字典，分别以“书名”和“作者”为键，反映书与相应作者的对应关系。

34．编写程序，实现用户输入数字，显示对应的英文，如输入“250”，显示“two five zero”。

35．比较集合与字典的异同。

36．有如下内容：

You raise me up, so I can stand on mountains

You raise me up to walk on stormy seas

I am strong when I am on your shoulders

You raise me up to more than I can be

编写程序，统计上述内容中每个单词出现的次数，如"You"出现了 3 次，最终以字典形式输出。

第 4 章　运算符和语句

在 Python 中，“组成世界的单元是对象”。第 3 章介绍了最基本的对象，它们也是 Python 内置的对象及其类型，本章学习如何将对象“组合”起来，用它们解决“世界上的问题”。

组合对象的基本方式就是语句，而语句需要符合一定的语法规则。这就好比在自然语言中，要想让字词能表达某种意思，必须使用一定的语法将其组合成句子。

知识技能导图

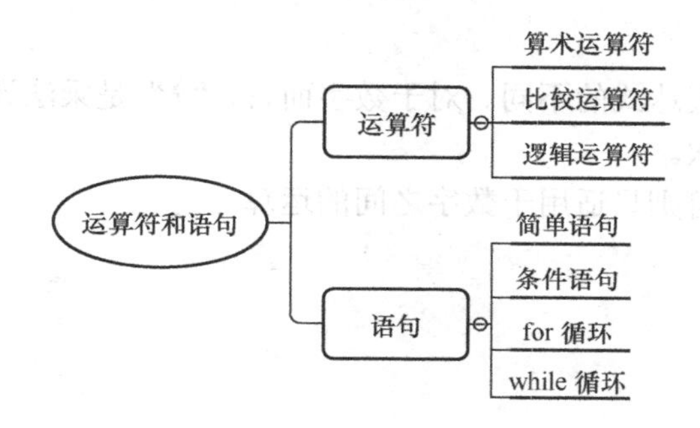

4.1　运算符

所谓运算（Operation），就是通过已知量的组合，获得新的量（参考《维基百科》“运算”词条），如数学中的加、减、乘、除运算。

运算一般包括“算术运算”“比较运算”和“逻辑运算”，每种运算都是通过特定的“运算符”完成的。

4.1.1　算术运算符

在 3.2 节已经学习过算术运算的基本知识了，表 4-1-1 把常用的算术运算符列出来，并且对没有深入研究的加以提示。

表 4-1-1　常用的算术运算符

运算符	描　述	实　例
+	两个对象相加	10+20 输出结果 30
-	得到负数或是一个数减去另一个数	10-20 输出结果 -10
*	两个数相乘或是返回一个被重复若干次的字符串	10 * 20 输出结果 200
/	x 除以 y	20/10 输出结果 2.0
%	取余，返回除法的余数	20%10 输出结果 0
**	幂，返回 x 的 y 次幂	10**2 输出结果 100
//	取整，返回商的整数部分	9//2 输出结果 4

提醒读者，注意以下几个运算符的使用。

```
>>> 2 + 3
5
>>> "python" + "3"
'python3'
>>> [1, 2, 3] + [4, 5, 6]
[1, 2, 3, 4, 5, 6]
>>> ("a",) + ("b",)
('a', 'b')
```

运算符“+”不仅对数字成立，根据以前所学，对其他序列（如字符串、列表、元组）也成立。类似的还有“*”。例如：

```
>>> 2 * 3
6
>>> "2" * 3
'222'
```

注意比较上面两个表达式的不同。对于数字而言，“*”是乘法计算；对于序列类对象，则表示该对象重复若干次。

其他几个算术运算符则只适用于数字之间的运算。

```
>>> 2 ** 3
8
>>> import math
>>> math.pow(2, 3)
8.0
```

如果读者注意阅读帮助文档，会看到对 math.pow()的说明就是“Return x**y”，上面操作就是这个说明的演示。

4.1.2 比较运算符

生活中，比较无处不在。不过要谨慎对待，如同对待 Python 中的比较那样。

```
>>> 3.14 < 2.72
False
>>> math.pi > math.e
True
```

两个数字对象进行比较，如果不等式成立，就返回 True，否则返回 False。除了数字，比较运算符两边也可以是字符串。

```
>>> "a" > "b"
False
>>> 'a' < 'c'
True
>>> 'abc' < 'acc'
True
>>> 'abc' > 'ab'     #①
True
```

字符串之间比较是按照“字典顺序”进行的，并且逐个字符进行比较。如果比较关系对于每两个对应字符都成立，则返回 True，否则返回 False。①中两个长度不一样，则以空格

('') 补充。需要谨慎对待的是如下情况：

```
>>> 'a' > 123
Traceback (most recent call last):
  File "<stdin>", line 1, in <module>
TypeError: '>' not supported between instances of 'str' and 'int'
```

Python 3 不支持不同类型对象的比较。

```
>>> 'a' > '123'     #这里是两个字符串进行比较
True
```

其他比较运算符如表 4-1-2 所示。

表 4-1-2 比较运算符（表中假设 a=10，b=20）

运算符	描　述	实　例
==	等于，比较对象是否相等	(a == b) 返回 False
!=	不等于，比较两个对象是否不相等	(a != b) 返回 True
>	大于，返回 a 是否大于 b	(a > b) 返回 False
<	小于，返回 a 是否小于 b	(a < b) 返回 True
>=	大于等于，返回 a 是否大于等于 b	(a >= b) 返回 False
<=	小于等于，返回 a 是否小于等于 b	(a <= b) 返回 True

表 4-1-2 中显示的"=="符号用来比较两个对象是否相等，请注意与数学中习惯的"="符号区别。在 Python 中（乃至所有高级语言中），"="用于赋值语句，表示一个变量和一个对象之间建立引用关系。

```
>>> a = 256    #赋值语句，变量和对象建立引用关系
>>> b = 256
>>> id(a), id(b)
(4322966096, 4322966096)
```

a 和 b 两个变量实际上引用了同一个对象。

```
>>> a is b    #判断是否为同一个对象
True
>>> a == b    #判断两个是否相等
True
```

既然两个变量引用了同一个对象，那么它们相等是理所当然的了。注意看以下操作，就有点令人惊奇了。

```
>>> c = 257
>>> d = 257
>>> id(c), id(d)
(4332817392, 4333454224)
```

显然，这时候两个变量分别引用了两个不同的对象（建议读者通过网络搜索此处操作结果的原因）。

```
>>> c is d
False
>>> c == d
True
```

不是同一个对象，但可以相等。

其实，判断两个对象是否相等，是根据其 hash()的散列值。

```
>>> hash(c)
257
>>> hash(d)
257
>>> h = 'hello world'
>>> l = 'hello world'
>>> h is l
False
>>> hash(h)
-8793445603381878735
>>> hash(l)
-8793445603381878735
>>> h == l
True
```

请读者注意辨识“is”“=”“==”的效果。

【例题 4-1-1】在交互模式中创建两个内容一样的字符串，判断它们是否为同一个对象。

代码示例

```
>>> s1 = "python"
>>> s2 = "python"
>>> s1 == s2
True
>>> s1 is s2     #s1 和 s2 引用了同一个对象
True
>>> h1 = "hello world"
>>> h2 = "hello world"
>>> h1 == h2
True
>>> h1 is h2     #h1 和 h2 分别引用了不同对象
False
```

对于例题 4-1-1 的代码示例，请读者利用搜索引擎查找解释。

4.1.3 逻辑运算符

在 4.1.2 节中，比较运算符的结果是“True”或者“False”，它们是 Python 的内置对象，这种类型的名称是布尔型（bool）。布尔类型的对象只有两个：“True”和“False”，也称为“布尔值”。

```
>>> type(True)
<class 'bool'>
>>> type(False)
<class 'bool'>
```

Python 的内置函数 bool()可以判断对象的“真”或“假”，即布尔值。

```
>>> a = " "     #空格，空格是一个字符
>>> bool(a)
True
```

```
>>> b = ""           #这是空，不是空格
>>> bool(b)
False
>>> bool([])         #空列表
False
>>> bool({})         #空字典
False
```

在 Python 中，认为如下对象都是“假的”(False)：

❖ None 和 False。

❖ Decimal(0)，Fraction(0, 1)。

❖ 空序列和集合：'', (), [], {}, set(), range(0)。

在现实生活中，经常会遇到布尔值之间进行运算的情景，如“张三选修了 Python 课程”（用 a 表示），“张三学习努力”（用 b 表示），对于 a 和 b 两个事件，会有：

❖“a 是真的，同时 b 也是真的”。

❖“a 是真的，或者 b 是真的”。

❖“a 是真的，同时 b 是假的”。

❖ ……（其他可能）

以上诸项就可以用布尔值之间的运算来表示。例如：

❖“a 是真的，同时 b 是真的”→ bool(a) and bool(b)。

❖“a 是真的，或者 b 是真的”→ bool(a) or bool(b)。

像这样由布尔值参与的运算叫做逻辑运算，其运算符就是逻辑运算符，Python 中的逻辑运算符有 and、or、not 三个。

1. and

and 为“与”运算，其运算流程如图 4-1-1 所示。

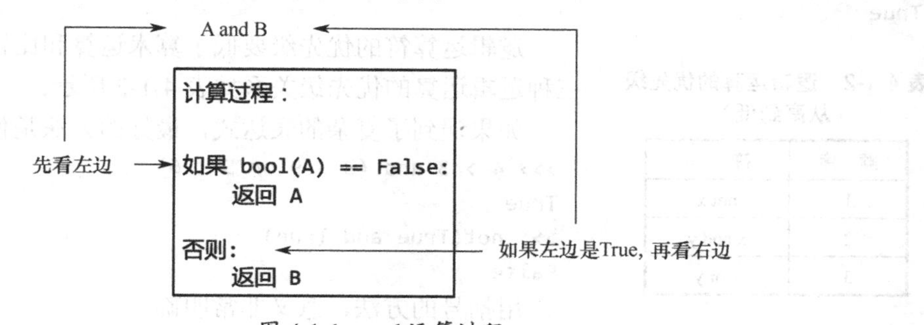

图 4-1-1 and 运算过程

例如：

```
>>> 4 < 3 and 4 < 9
False
```

计算“4 < 3”的布尔值，为 False，则将此值作为算式的结果返回。不再向后运算。

```
>>> 4 > 3 and 4 < 9
True
```

计算“4 > 3”的布尔值，为 True，然后计算“4 < 9”的布尔值，并将该结果作为本算式的最终结果返回。

2. or

or 为“或”运算，其运算流程如图 4-1-2 所示。

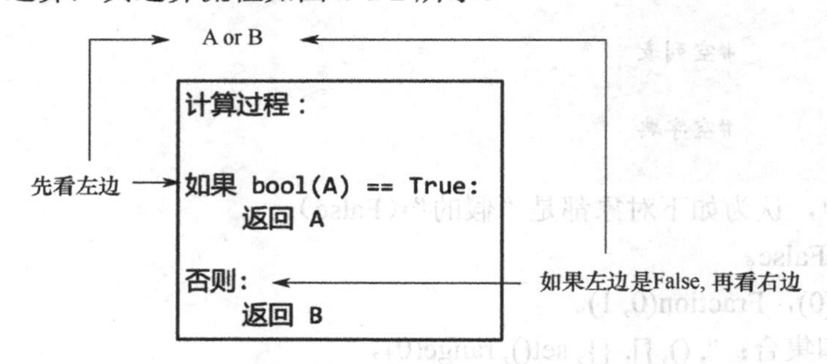

图 4-1-2　or 运算过程

例如：

```
>>> 4 < 3 or 4 < 9
True
```

计算“4 < 3”的布尔值，为 False，然后计算“4 < 9”的布尔值，为 True，并将此值作为算式的结果返回。

```
>>> 4 > 3 or 4 > 9
True
```

计算“4 > 3”的布尔值，为 True，则将此值作为算式的结果返回，不再向后运算。

3. not

not 为“非”运算，即无论面对什么，都要否定它。

```
>>> not(4 > 3)
False
>>> not(4 < 3)
True
```

逻辑运算符的优先级要低于算术运算和比较运算符。以上三种逻辑运算的优先级关系如表 4-1-2 所示。

表 4-1-2　逻辑运算的优先级（从高到低）

顺　序	符　号
1	not x
2	x and y
3	x or y

如果遇到了复杂的表达式，最好的方法是使用括号。

```
>>> 4 > 3 and (3 > 9 or 5 < 6)
True
>>> not(True and True)
False
```

用括号的方法，意义非常明确。

【例题 4-1-2】 以下表达式的返回值是 True 还是 False?

```
>>> 1 in [1,0] == True
```

解题思路

上述表达式，如果使用括号，等效于：

```
>>> (1 in [1, 0]) and ([1, 0] == True)
```

对这个表达式，结果容易判断，应该为 False。

在 Python 中，类似这种链式的表达式都可以等效成用 and 连接的部分。再如：

```
>>> 0 < 0 == 0
False
```

```
>>> (0 < 0) and (0 == 0)
False
```

有了各种运算符，再应用已经学过的知识，就可以编程了。编程，从语句开始。

4.2 简单语句

曾经用到过一个 import math，这就是一个语句，完成了引入模块的作用。

```
>>> import math
>>> math.pow(3,2)
9.0
```

import math 这种方式是常用的一种写法，而且非常明确，math.pow(3,2)明确显示了 pow()是 math 模块中的。可以说，这是一种可读性非常好的引用方式，并且不同模块的同名函数不会产生冲突。

除了这种方式，其他引入模块的方法如下：

```
>>> from math import pow
>>> pow(3, 2)
9.0
>>> from math import pow as pingfang    #引入的同时重命名
>>> pingfang(3, 2)
9.0
```

如果要引入多个函数，可以这样做：

```
>>> from math import pow, e, pi
>>> pow(e, pi)
23.140692632779263
```

这里引入了 math 模块中的 pow()、e、pi。pow()是乘方函数，e 是欧拉数，pi 是 π。

e，自然常数，也称为欧拉数（Euler's number），以瑞士数学家欧拉命名；也有一个较鲜见的名字——纳皮尔常数，以纪念苏格兰数学家约翰·纳皮尔引进对数。它是一个无限不循环小数，e = 2.71828182845904523536（《维基百科》）。

e 的 π 次方是一个数学常数。与 e 和 π 一样，它是一个超越数。这个常数在希尔伯特第七问题中曾提到过（《维基百科》）。

```
>>> from math import *
>>> pow(3, 2)
9.0
>>> sqrt(9)
3.0
```

这种引入方式最贪图省事，一下将 math 中的所有函数都引过来了。不过这种方式的结果是可读性更低了，仅适用于模块中的函数比较少的时候，并且在程序中应用比较频繁。

以上演示了 import 语句的不同使用方式。

除了 import 语句，前面还出现过一个简单的语句——赋值语句。

```
>>> x, y, z = 1, "python", ["hello", "world"]
>>> x
1
>>> y
```

```
'python'
>>> z
['hello', 'world']
```

这里一一对应赋值了。如果把几个值赋给一个变量，可以吗？

```
>>> a = "itdiffer.com", "python"
>>> a
('itdiffer.com', 'python')
```

Python 的赋值语句本质上就是变量和对象之间建立引用关系，正是因为这样的关系，才使得解决如下问题更简便。

假设有两个变量，其中 a = 2，b = 9，现在想让这两个变量的值对调，即最终使 a = 9，b = 2。这是一个简单而经典的问题。在强类型的编程语言中是这么处理的：

```
temp = a;
a = b;
b = temp;
```

之所以如此，是因为强类型编程语言中要声明变量的类型，那么变量如同一个盒子，值就是放到盒子里面的东西。如果要实现对调，必须再找一个盒子，将 a 盒子中的东西（整数 2）拿到这个盒子（temp）中，这样 a 盒子就空了；然后将 b 盒子中的东西（整数 9）拿到 a 盒子中（a = b）；完成这步之后，b 盒子就空了，最后将 temp 盒子中的那个整数 2 拿到 b 盒子中。经过以上各步之后，就实现了两个变量值的对调。

Python 只要一行即可完成：

```
>>> a = 2; b = 9     #如果两个语句写一行，中间用“;”（英文状态）隔开
>>> a, b = b, a      #实现 a、b 值对调的语句
>>> a
9
>>> b
2
```

还有一种赋值方式，即“链式赋值”。

```
>>> m = n = "I use python"
>>> m
'I use python'
>>> n
'I use python'
```

“链式赋值”的结果是 m 和 n 两个变量引用了同一个对象。

如果从数学的角度来看，如 x = x + 1 这样的表达式是不可思议的。但是在编程语言中它是成立的，因为“=”是“赋值”，即将变量 x 增加 1 后，再把得到的结果赋给变量 x。这种变量自己变化之后将结果再赋值给自己的形式称为“增量赋值”。+、–、*、/、%都可以实现类似操作。

为了使这个操作写起来简便，可以写成：x += 1。

```
>>> x = 9
>>> x += 1
>>> x
10
```

除了数字，字符串进行增量赋值在实际应用中也很有价值。

```
>>> m = "py"
>>> m += "th"
>>> m
'pyth'
>>> m += "on"
>>> m
'python'
```

【例题 4-2-1】 在交互模式中实现欧拉等式的计算，即 $e^{i\pi}+1=0$。

代码示例

```
>>> import math
>>> z = complex(0, math.pi)    #complex()创建复数，此处即：iπ
>>> math.e ** z + 1
1.2246467991473532e-16j
```

结果并没有实现精确计算，但已经非常接近 0 了。

本节中的 import 语句和赋值语句都是简单的语句，后面继续介绍程序常用的其他语句。

4.3 条件语句

所谓条件语句，顾名思义，就是依据某个条件来执行指定的代码。

Python 中的条件语句使用“if”关键词，基本结构为：

```
if bool(conj):
    do something
```

图 4-3-1 显示了使用的条件语句的要点。

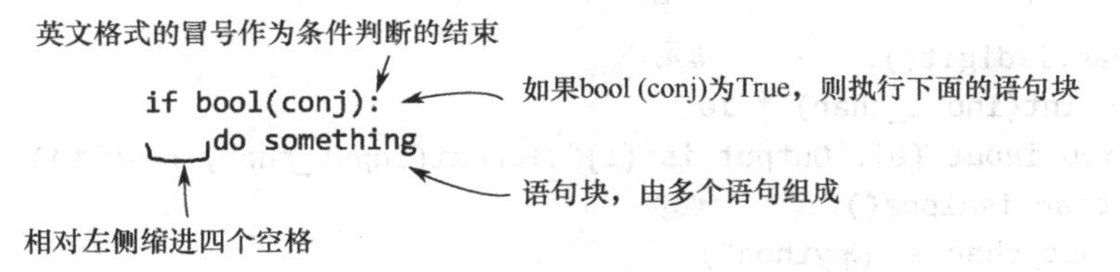

图 4-3-1 解析条件语句

以一个简单的例子对条件语句进行剖析。

```
>>> s = "python"
>>> if "p" in s:                #①
...     s = "you need " + s     #②
...     print(s)                #③
...
you need python
```

①发起条件判断，如果“"p" in s”返回的是 True，就执行后面由②和③组成的语句块；否则不执行。由②和③组成的语句块，相对于左侧，缩进 4 个空格。

不同的编程语言，表示语句块的方式不同。Python 利用缩进表示语句块。增加缩进表示语句块的开始，减少缩进表示语句块的结束。

根据 PEP 的规定，必须使用 4 个空格来表示每级缩进（PEP 是 Python Enhancement Proposals 的缩写，即增强功能的建议，网址：https://www.python.org/dev/peps/）。

如果只有 if 一个条件判断，有时候会应用起来比较烦琐，常常需要有多个分支。比如，在①中，当字符"p"在字符串 s 中，就执行后续语句块；如果不在呢？这段程序没有做出响应。如果要做出响应，应该怎么做？这就需要在条件语句中允许有多个分支。

多分支的条件语句结构如下：

```
if bool(conj-1):
    语句块 1
elif bool(conj-2):
    语句块 2
elif bool(conj-3):
    语句块 3
...
else:
    语句块 n
```

elif 和 else 发起的分支是可选部分。

【例题 4-3-1】 请判断用户的键盘输入，如果输入的都是数字，则把该数字扩大 10 倍，再打印结果；如果输入的是字符 a～z，在其后面增加“@python”，再打印结果；其他情况则直接打印出来。

代码示例：

```
#coding:utf-8
'''
    Judge what you input.
    filename: judge_input.py
'''
input_char = input("Input something: ")

if input_char.isdigit():          #④
    result = int(input_char) * 10
    print("You input {0}. Output is {1}".format(input_char, result))
elif input_char.isalpha():        #⑤
    print(input_char + "@python")
else:                             #⑥
    print(input_char)
```

执行此程序：

```
$ python3 judge_input.py
Input something: 123
You input 123. Output is 1230
```

以上程序的④、⑤、⑥就是条件语句的三个分支，④判断输入是否都是数字，⑤判断输入是否都是字母，⑥则是除④和⑤外的其他输入。不同条件分支之下执行不同的语句块内容。

针对某种特殊情景，条件语句可以简写成“三元操作”，即：A = Y if X else Z。如果 X 为真，则执行 A=Y。如果 X 为假，则执行 A=Z。例如：

```
>>> x = 2
>>> a = "python" if x > 2 else "physics"
>>> a
'physics'
```

条件语句使用非常普遍，还会与其他语句混合使用。

4.4 for 循环语句

在高级编程语言中，大多数都有 for 循环（loop）。Python 中的 for 循环功能强大，占据重要地位。

4.4.1 for 循环基础应用

for 循环是针对可迭代对象的语句（关于“可迭代”对象详见 6.10 节）。Python 中的 for 循环是从 ALGOL 继承来的。ALGOL（ALGOrithmic Language）是最早的高级编程语言（几乎没有之一），后来的不少高级语言都继承了 ALGOL 的某些特性，如 Pascal、Ada、C 语言等，也包括 Python。

其基本语法结构和注意要点如图 4-4-1 所示。

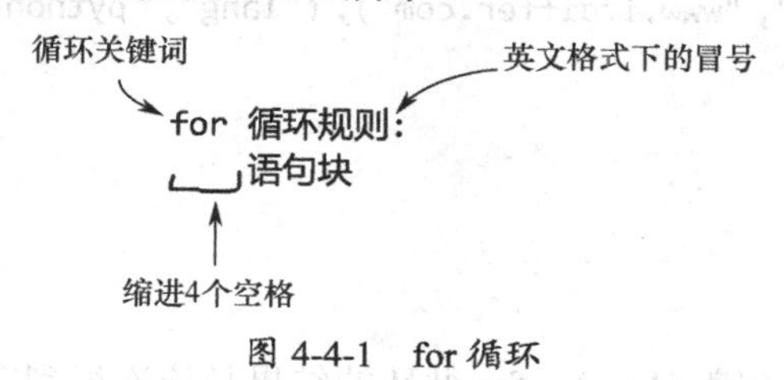

图 4-4-1　for 循环

下面的例子用来说明 for 循环的实际应用。

```
>>> h = 'hello'
>>> for i in h:
...     print(i)
...
h
e
l
l
o
```

具体分析如下：

① 在“for i in hello:”中，for 是发起循环的关键词；“i in hello”是循环规则。字符串类型的对象是序列类型，能够从左到右一个一个地按照顺序读出每个字符，于是变量 i 就从第一个字符开始，依次获得各字符的引用。

② 当 i = "h"时，执行 print(i)，打印字母 h；然后进入下次循环，i = "e"，执行 print(i)，打印出字母 e……如此循环下去，一直到最后一个字符被打印出来，循环自动结束（for 循环能够自动处理迭代对象循环结束后的异常，详见 6.10 节的讲述）。

在内置对象类型中，可用于 for 循环的迭代对象包括字符串、列表、元组、字典、集合这些所谓的容器类对象，而数字不是可迭代对象。

```
>>> for n in 1234:
...     print(n)
...
Traceback (most recent call last):
  File "<stdin>", line 1, in <module>
```

```
TypeError: 'int' object is not iterable
```

仔细阅读报错信息，试图以循环方式得到整数的各数字是行不通的（读者思考，怎么可以得到各数字？）。

再看 for 循环对其他几种可迭代对象的应用举例——姑且列举列表和字典，其他可迭代对象请读者自行仿照练习。

```
>>> names = ["Newton", "Einstein", "Hertz", "Maxwell", "Bohr", "Cavendish", "Feynman"]
>>> for name in names:
...     print(name, end = "-*-")
...
Newton-*-Einstein-*-Hertz-*-Maxwell-*-Bohr-*-Cavendish-*-Feynman-*-
```

注意观察，这里同样使用 print()，并没有像前面所打印的对象那样各占一行。主要原因在于其中的参数 end。如果读者查看 print()的帮助文档，会发现默认状态下 end='\n'，即换行。

```
>>> d = dict([("website", "www.itdiffer.com"), ("lang", "python"), ("author", "laoqi")])
>>> for k in d:
...     print(k)
...
website
lang
author
```

"k in d"读取了字典的键（key），for 循环的结果是依次得到字典 d 的所有键。

在字典中，还可以通过 keys()方法得到由键组成的视图对象（见 3.6.3 节），而视图对象也是可迭代的，于是可以应用于 for 循环。

```
>>> for k in d.keys():
...     print(k)
...
website
lang
author
```

这种循环方法与上面的循环方法结果是一样的，但较少使用。

如果要获得字典的 value 怎么办？不要忘记 values()方法，读者可以自行测试一番。

通过字典的键，自然能够得到其对应的值。

```
>>> for k in d:
...     print(k, "-->", d[k])
...
website --> www.itdiffer.com
lang --> python
author --> laoqi
```

这是常用的方式。另外，字典的 items()方法也提供了新的实现途径。

```
>>> for k, v in d.items():
...     print(k, '-->', v)
...
website --> www.itdiffer.com
lang --> python
author --> laoqi
```

已经反复提到，可以用于 for 循环的对象，必须是可迭代的。那么，怎样判断一个对象是不是可迭代的呢？

如果读者使用 dir()函数，查看前面提到的可迭代对象的属性和方法，会发现它们都有一个名为__iter__的方法（因为是此方法名称用双下划线开始和结束，所以称之为“特殊方法”）。凡是有这个方法的，该对象就是可迭代的。可以如此判断：

```
>>> hasattr(list, '__iter__')
True
>>> hasattr(set, '__iter__')
True
>>> hasattr(int, '__iter__')
False
```

此外，还有一种方法直接判断某个对象是否可迭代——引入 collections 标准库。要判断数字 321 是不是可迭代的，可以这么做（以下演示在 python 3.8 及以后版本会有所变化）：

```
>>> import collections
>>> isinstance(123, collections.Iterable)
False
>>> isinstance('123', collections.Iterable)
True
```

是不是在使用 for 循环之前，要判断一下所循环的对象是否可迭代的呢？不是！绝对不要判断！只需要直接使用，如果不能被 for 循环，它会抛出异常——程序中有专门捕获异常的方法，参见第 8 章的内容。

【例题 4-4-1】 有列表 lst = ['anwang', 'microsoft', 'ibm', 'compaq', 'lenovo', 'dell']，请将列表中含有字母 a 的字符串挑选出来。

解答思路

列表 lst 中的元素都是字符串，可以通过循环得到每个字符串，然后用条件语句判断字母 a 是否在该字符串。如果在，就把这个字符串追加到一个列表中。

代码示例

```
>>> lst = ['anwang', 'microsoft', 'ibm', 'compaq', 'lenovo', 'dell']
>>> new = []
>>> for one in lst:
...     if 'a' in one:
...         new.append(one)
...
>>> new
['anwang', 'compaq']
```

【例题 4-4-2】 有一个元组，t = (3, 6, 1, 0, 2, 4, 6, 0, 8, 10, 7, 4, 0, 2, 0, 10, 6, 2, 4, 1)，统计元组中每个整数出现的次数？

解答思路

需要建立元组中不重复数字与其出现次数的映射关系（字典），并且通过循环统计每个数字的出现次数。

代码示例

```
#coding:utf-8
'''
```

```
    the times of each number appearing in tuple.
    filename: count_number.py
'''
t = (3, 6, 1, 0, 2, 4, 6, 0, 8, 10, 7, 4, 0, 2, 0, 10, 6, 2, 4, 1)
d = dict()
for n in t:
    if n in d:
        d[n] += 1
    else:
        d[n] = 1
print(d)
```

执行程序，输出结果是：

```
$ python3 count_number.py
{3: 1, 6: 3, 1: 2, 0: 4, 2: 3, 4: 3, 8: 1, 10: 2, 7: 1}
```

4.4.2 优化循环的函数

for 循环在 Python 中地位显赫，为了配合其广泛应用，Python 提供了一些函数，恰当使用这些函数，可以让 for 循环“如虎添翼”，下面列举三个常用的函数。

1. range 函数

range()不是专为 for 设计的，它是 Python 的内置函数，完成的调用形式有两种：

- range(stop) -> range object
- range(start, stop[, step]) -> range object: range(start, stop[, step])

其中，start、stop、step 三个参数必须是整数，start 的默认值 0，可以省略。step 的默认值是 1，不能为 0。

```
>>> a = range(10)              #①
>>> a
range(0, 10)
>>> hasattr(a, "__iter__")     #②
True
```

①创建的是一个 range 对象，通过②明确可知，这个对象也是可迭代对象。当没有对 range 对象进行循环的时候，里面的每个数字都没有被读入内存，所以无法显示里面的每个数字。如果想显示 range 对象内的所有数字，必须使用 list()把它转化为列表，即将所有数字都读入内存，才能显示。

```
>>> list(a)
[0, 1, 2, 3, 4, 5, 6, 7, 8, 9]
```

range()在循环中的一个重要作用是可以创建序列对象的索引。

```
>>> st = "python"
>>> list(range(len(st)))
[0, 1, 2, 3, 4, 5]
```

事实上，通过 range(len(st))得到了字符串 st 的从左开始计数的索引值组成的对象，用 list()只是为了显示。

既然如此，range 对象又是可以用于 for 循环的，如果循环了索引，通过索引也可以得到序列中的每个元素。

```
>>> for i in range(len(st)):
...     print(st[i])
...
p
y
t
h
o
n
```

3.6 节曾创建的两个列表分别存储城市名称和电话区号，cities = ['soochow', 'hangzhou', 'shagnhai'], phones = ['0512', '0571', '021']，如何根据这两个列表创建字典的键值对映射关系？

```
>>> cities = ['soochow', 'hangzhou', 'shagnhai']
>>> phones = ['0512', '0571', '021']
>>> d = dict()
>>> for i in range(len(cities)):
...     d[cities[i]] = phones[i]
...
>>> d
{'soochow': '0512', 'hangzhou': '0571', 'shagnhai': '021'}
```

range()的应用方式还很多，下面通过若干例题，并融合循环语句来进一步理解。

【例题 4-4-3】 创建一个列表，其中的元素是 100 以内能够被 3 整除的正整数。

解题思路

可以把 100 以内的正整数都写出来，通过循环，获得每个整数，再判断该整数是否能够被 3 整除，“是”，则将其加入到一个列表中。

代码示例

```
>>> lst3 = []
>>> for n in range(100):
...     if n % 3 == 0:
...         lst3.append(n)
...
>>> lst3
[0, 3, 6, 9, 12, 15, 18, 21, 24, 27, 30, 33, 36, 39, 42, 45, 48, 51, 54, 57, \
60, 63, 66, 69, 72, 75, 78, 81, 84, 87, 90, 93, 96, 99]
```

上述程序综合应用了已学知识。不过，如果读者对 range()函数的帮助文档认真读过，对下面的方式也应该不感觉唐突。

```
>>> list(range(0, 100, 3))
[0, 3, 6, 9, 12, 15, 18, 21, 24, 27, 30, 33, 36, 39, 42, 45, 48, 51, 54, 57, \
60, 63, 66, 69, 72, 75, 78, 81, 84, 87, 90, 93, 96, 99]
```

【例题 4-4-4】 有两个列表：a = [1, 2, 3, 4, 5]，b = [9, 8, 7, 6, 5]，要求计算这两个列表中对应元素的和。

解题思路

太简单了，一看就知道结果了。很好，这是你的方法，如果让 Python 来做，那么应该怎么做呢？

观察发现，两个列表的长度一样，都是5。那么，对应元素求和，就是相同的索引值对应的元素求和，即 a[i]+b[i](i=0,1,2,3,4)。

代码示例

```
>>> a = [1, 2, 3, 4, 5]
>>> b = [9, 8, 7, 6, 5]
>>> c = []
>>> for i in range(len(a)):
...     c.append(a[i] + b[i])
...
>>> c
[10, 10, 10, 10, 10]
```

2. zip 函数

内置函数 zip 能让一些操作具有“魔法”效应。读者应该用 help()去看它的帮助文档。

zip()的参数需要是可迭代对象。值得关注的是返回值，返回的是一个 zip 对象，即一个生成器对象（详见 6.11 节）。

```
>>> a = "qiwsir"
>>> b = "python"
>>> zip(a, b)
<zip object at 0x0000000003521D08>
>>> list(zip(a, b))    #转换为列表
[('q', 'p'), ('i', 'y'), ('w', 't'), ('s', 'h'), ('i', 'o'), ('r', 'n')]
```

从示例中可见，zip()的作用就是将两个可迭代对象的元素进行“配对”，即：将两个可迭代对象中的元素相对应地建立映射关系。

如果长度不同，那么“以短的为准”（帮助文档中有“the length of the shortest argument sequence”的表述）。

```
>>> c = [1, 2, 3]
>>> d = [9, 8, 7, 6]
>>> zip(c, d)
<zip object at 0x000001B0EC674D88>
>>> list(zip(c, d))
[(1, 9), (2, 8), (3, 7)]
```

理解了 zip()函数，就可以用它来解决例题 4-4-4 的问题了。

```
>>> a = [1, 2, 3, 4, 5]
>>> b = [9, 8, 7, 6, 5]
>>> d = []
>>> for x, y in zip(a, b):
...     d.append(x + y)
...
>>> d
[10, 10, 10, 10, 10]
```

【例题 4-4-5】 有字典 myinfor = {"publish":"phei", "site":"itdiffer.com", "lang": "python"}，将这个字典变换成：infor = {"phei":"publish", "itdiffer.com":"site", "python":"lang"}。

代码示例

方法一：用 for 循环。

```
>>> myinfor = {"publish":"phei", "site":"itdiffer.com", "lang":"python"}
>>> infor = dict()
>>> for k, v in myinfor.items():
...     infor[v] = k
...
>>> infor
{'phei': 'publish', 'itdiffer.com': 'site', 'python': 'lang'}
```

方法二：用 zip()。

```
>>> dict(zip(myinfor.values(), myinfor.keys()))
{'phei': 'publish', 'itdiffer.com': 'site', 'python': 'lang'}
```

3. enumerate 函数

在学习使用这个函数之前，先看一个例题，既是对前面知识的巩固复习，又可以借此引入 enumerate 函数。

【例题 4-4-6】 使用 random 标准库，从 1～10 的整数中获取 20 个随机数，组成一个列表。然后将此列表中的偶数用字符串“even”替换。

代码示例

```
>>> import random
>>> lst = []
>>> for i in range(20):                          #循环 20 次，获得 20 个随机数
...     lst.append(random.randint(1, 10))        #向列表中追加一个随机数
...
>>> lst
[1, 5, 3, 10, 6, 9, 5, 2, 6, 2, 7, 4, 6, 1, 8, 4, 9, 9, 6, 8]
>>> for n in lst:                                #③
...     if n % 2 == 0:                           #判断是否为偶数
...         idx = lst.index(n)                   #④，得到当前数在列表中的索引
...         lst[idx] = 'even'                    #修改当前索引的元素对象为'even'
...
>>> lst
[1, 5, 3, 'even', 'even', 9, 5, 'even', 'even', 'even', 7, 'even', 'even', 1, \
'even', 'even', 9, 9, 'even', 'even']
```

在上面的代码示例中，④是重要的步骤，必须知道偶数的索引，才可以修改其元素。通过③得到列表中的每个元素，判断是偶数后，用④中的列表的 index()方法得到该偶数的索引。如果读者细心研究④，会发现它并不完美。如果在列表中有重复元素，则④中得到的是其中第一个索引。请读者思考如何优化。

像③和④的操作，目的是得到每个元素的索引和元素值，这种操作在实际问题中经常出现。Python 为此提供了内置函数 enumerate()实现此功能。

```
>>> seasons = ['Spring', 'Summer', 'Fall', 'Winter']
>>> list(enumerate(seasons))
[(0, 'Spring'), (1, 'Summer'), (2, 'Fall'), (3, 'Winter')]
>>> list(enumerate(seasons, start = 1))
[(1, 'Spring'), (2, 'Summer'), (3, 'Fall'), (4, 'Winter')]
```

如果在循环语句中使用它，就会是：

```
>>> for i, ele in enumerate('python'):
...     print(i, '-->', ele)
```

```
...
0 --> p
1 --> y
2 --> t
3 --> h
4 --> o
5 --> n
```

用这个函数来解决例题 4-4-6 中的③、④语句的问题，就可以这样做了：

```
>>> lst = [1, 5, 3, 10, 6, 9, 5, 2, 6, 2, 7, 4, 6, 1, 8, 4, 9, 9, 6, 8]
>>> for i, ele in enumerate(lst):         #⑤
...     if ele % 2 == 0:
...         lst[i] = 'even'
...
>>> lst
[1, 5, 3, 'even', 'even', 9, 5, 'even', 'even', 'even', 7, 'even', 'even', 1, \
'even', 'even', 9, 9, 'even', 'even']
```

在⑤中同时得到了每个元素的索引及其值，等效于③、④的作用。

最后，建议读者认真阅读通过 help()查看到的 enumerate 函数的文档。

4.4.3 列表解析

在数学上，常有类似这样的表达：

$$s = \{x^2 \mid x \in \{1,2,\cdots,9\}\}$$

即得到 1 到 9 的整数的平方组成的数据集。

如果用 Python 来计算此数据集，则为：

```
>>> p = []
>>> for i in range(1, 10):
...     p.append(i * i)
...
>>> p
[1, 4, 9, 16, 25, 36, 49, 64, 81]
```

除了这种解法，Python 还提供了一个非常强大的功能——列表解析（list comprehension）。什么是列表解析？最权威的解释应该来自官方文档，请读者认真阅读下述引用内容。

List comprehensions provide a concise way to create lists. Common applications are to make new lists where each element is the result of some operations applied to each member of another sequence or iterable, or to create a subsequence of those elements that satisfy a certain condition.

前面的问题如果用列表解析的方式来解决，只需要一行代码。

```
>>> squares = [x**2 for x in range(1, 10)]    #⑥
>>> squares
[1, 4, 9, 16, 25, 36, 49, 64, 81]
```

看到这个结果，读者还不惊叹吗？这就是 Python，追求简洁优雅的 Python！

理智地分解⑥的组成，即列表解析的写法，如图 4-4-2 所示。

```
输出表达式            输入序列
    ↓                    ↓
[x**2 for x in range(1, 10)]
          ↑
         变量
```

图 4-4-2 列表解析的结构

【例题 4-4-7】 有列表 mybag = [' glass', ' apple ', 'green leaf '], 注意观察列表中的元素，有的

字符串开头部分有空格，有的结尾部分有空格。要求将单词左右的空格去除。

代码示例

```
>>> [ s.strip() for s in mybag ]
['glass', 'apple', 'green leaf']
```

除了用图 4-4-2 所示结构撰写列表解析，还可以增加可选条件。例如，解决 4.4.1 节中例题 4-4-1 的问题。

```
>>> lst = ['anwang', 'microsoft', 'ibm', 'compaq', 'lenovo', 'dell']
>>> [ s for s in lst if 'a' in s ]      #⑦
['anwang', 'compaq']
```

在列表解析⑦中增加了条件约束，其效果等效于例题 4-4-1 中的“for 循环语句+条件语句”。类似地，还可以用列表解析解决例题 4-4-3。

```
>>> [i for i in range(100) if i%3==0]
[0, 3, 6, 9, 12, 15, 18, 21, 24, 27, 30, 33, 36, 39, 42, 45, 48, 51, 54, 57, \
60, 63, 66, 69, 72, 75, 78, 81, 84, 87, 90, 93, 96, 99]
```

如果用列表解析来解决例题 4-4-4，则更简洁。

```
>>> a = [1, 2, 3, 4, 5]; b = [9, 8, 7, 6, 5]
>>> [ x+y for x,y in zip(a, b) ]
[10, 10, 10, 10, 10]
```

请读者注意，如果像下面这样写，就得到了另外的结果：

```
>>> [x+y for x in a for y in b]
[10, 9, 8, 7, 6, 11, 10, 9, 8, 7, 12, 11, 10, 9, 8, 13, 12, 11, 10, 9, 14, 13, 12, 11, 10]
```

【例题 4-4-8】 有字符串 s = "Life is short You need python"，要求显示字符串中每个单词的大写和小写两种形式，并同时显示该单词的长度。

代码示例

```
>>> s = "Life is short You need python"
>>> r = [ (one.upper(), one.lower(), len(one)) for one in s.split() ]
>>> for ele in r:
...     print(ele)
...
('LIFE', 'life', 4)
('IS', 'is', 2)
('SHORT', 'short', 5)
('YOU', 'you', 3)
('NEED', 'need', 4)
('PYTHON', 'python', 6)
```

【例题 4-4-9】 利用例题 4-4-6 中所得到的列表，将列表中的偶数标记为“Even”，奇数标记为“Odd”。

代码示例

```
>>> lst = [1, 5, 3, 10, 6, 9, 5, 2, 6, 2, 7, 4, 6, 1, 8, 4, 9, 9, 6, 8]
>>> ['Even' if n % 2 == 0 else 'Odd' for n in lst ]
['Odd', 'Odd', 'Odd', 'Even', 'Even', 'Odd', 'Odd', 'Even', 'Even', 'Even', \
'Odd', 'Even', 'Even', 'Odd', 'Even', 'Even', 'Odd', 'Odd', 'Even', 'Even']
```

【例题 4-4-10】 标准库中的 random 模块的函数 randint()可以得到某范围内的一个随机整数。请使用这个函数，得到 30 个 0～9 之间的随机整数。

代码示例

```
>>> import random
>>> [ random.randint(0, 9) for i in range(30)]
[3, 9, 7, 1, 4, 8, 6, 6, 1, 9, 6, 3, 5, 6, 4, 6, 9, 2, 3, 4, 7, 6, 8, 1, 5, 3, 9, 1, 2, 5]
```

其实，对于“解析”而言，除了在列表中进行，还有“集合解析”“字典解析”。

```
>>> {random.randint(0, 9) for i in range(10)}    #⑧
{0, 1, 3, 7, 8, 9}
```

⑧中重复了 10 次，应该得到了 10 个随机整数。但是，因为是“集合解析”，集合中不能有重复元素，经过“去重”后，最后得到的集合中的元素如上所示了。

“字典解析”则可以用在例题 4-4-5 上，如下操作所示：

```
>>> myinfor = {"publish":"phei", "site":"itdiffer.com", "lang":"python"}
>>> {v:k for k,v in myinfor.items()}
{'phei': 'publish', 'itdiffer.com': 'site', 'python': 'lang'}
```

各种解析，不仅让代码简洁，执行效率也足够好。建议读者多加练习，掌握这种写法。

4.5 while 循环语句

while 循环的基本格式如下：

```
while [a condition is True]:
    do something
```

下面通过一个示例理解 while 循环的基本应用。代码如下：

```
#coding: utf-8
'''
    input your language
    filename: whileinput.py
'''
a = 0
while a < 3:        #①
    s = input("input your lang:")
    if s == "python":
        print("your lang is: {0}".format(s))
        break       #②
    else:
        a += 1      #③
        print("a = ", a)
```

①发起了 while 循环语句，“a < 3”为 True，则执行下面的语句块。如果执行了 if 语句下面的语句块，则会遇到②的 break，它的功能是中断循环，并跳出循环体。

③是将前面设置的变量实现自增，允许用户“出错三次”，之后 a = 3，则①中的条件不再满足，即中止 while 循环。

调试此程序：

```
$ python3 whileinput.py
input your lang:q
a = 1
```

```
input your lang:b
a = 2
input your lang:c
a = 3
```

“出错三次”后，不再满足循环条件，退出循环，也退出了程序。

```
$ python3 whileinput.py
input your lang:q
a= 1
input your lang:python
your lang is: python
```

再次调用此程序，在许可的犯错次数内输入正确。因为遇到 break，也结束循环。

【例题 4-5-1】 猜数游戏。功能要求：（1）计算机随机生成一个 100 以内的正整数。（2）用户通过键盘输入数字，猜测计算机所生成的随机数。注意，用户的输入次数不进行限制。

解题思路

先使用 random 模块生成一个随机整数。然后让用户输入猜测的数字，并且不限输入次数，直到猜中终止，即要实现无限制的循环，为此使用 while True 实现。“猜中终止”的实现方式是当猜中的时候，利用 break 中止循环。

代码示例：

```
#coding:utf-8

import random

number = random.randint(1,100)                          #④

guess = 0

while True:

    num_input = input("please input one integer that is in 1 to 100:")
    guess += 1

    if not num_input.isdigit():                         #⑤
        print("Please input interger.")
    elif int(num_input) < 0 or int(num_input) >= 100:   #⑥
        print("The number should be in 1 to 100.")
    else:                                               #⑦
        if number == int(num_input):
            print("OK, you’ve done well.It is only %d, then you succeed." % guess)
            break
        elif number > int(num_input):
            print("your number is smaller.")
        elif number < int(num_input):
            print("your number is bigger.")
        else:
            print("There is something bad, I will not work")
```

④用于生成一个 100 以内的随机整数。用户输入所猜测的数字后，要对用户的输入内容进行判断（用户的任何输入都是不可靠的），虽然下面的判断还比较简洁。

⑤判断输入是否为整数组成的字符串。

⑥判断输入的整数，是否是 1～100 的整数。

⑦以下的语句块则是判断输入的数字和④所得到的数字的关系。如果相等，则意味着猜中，终止循环（break）；否则提示是偏大还是偏小，并且允许用户再输入。

读者可以自行调试此程序，思考用什么方式猜测是最好的猜数方式。

前述程序中，在某种条件下使用了 break 实现跳出循环的目的。此外，还有一个类似这样由一个关键词组成的语句 continue，从当前位置（continue 所在的位置）跳到循环体的最后一行的后面（不执行最后一行）。对一个循环体来讲，如果还是符合循环条件的，最后一行的后面是哪里呢？当然是开始了，如果不符合循环条件，就是跳出当前循环体了。例如：

```
#coding:utf-8
'''
    understand continue in while loops.
    filename: whilecont.py
'''
a = 11
while a > 0:
    a -= 1
    if a % 2 == 0:
        continue         #⑧
        print(a)         #⑨
    else:
        print(a)         #⑩
```

上述程序中，在 while 循环语句块内，当满足了 a%5 == 0 条件后，执行⑧，然后转到 while 循环的开始，不再继续向下执行⑨。

程序调试结果（能被 2 整除的数不打印）：

```
$ python3 whilecont.py
9
7
5
3
1
```

【例题 4-5-2】 利用“牛顿法”求 a 的 m 次方根，即 $x^m - a = 0$。

设 $f(x) = x^m - a$，计算 $f(x)$的导数 $f'(x) = mx^{m-1}$，则

$$x_{n+1} = x_n - \frac{f(x_n)}{f'(x_n)}$$

以此方式重复，则 x_{n+1} 不断逼近 a 的 m 次方根。

编写程序，利用牛顿法计算 23 的平方根。

代码示例

```
#coding: utf-8
'''
    calculate the square root by Newton's method.
    filename: newton.py
'''
```

```
value = 23                #f(x) = x^2 - 23
epsilon = 0.001
result = value / 2
while abs(result*result - value) >= epsilon:
    result = result - ((result*result - value) / (2 * result))

print("The square root of {0} is about {1}".format(value, result))
```

程序运行结果如下：

```
$ python3 newton.py
The square root of 23 is about 4.795837982658063
```

Python 中的循环语句只有 while 循环和 for 循环两种，并且循环语句的表达接近自然语言，这充分显示了 Python 简单易学的特点。

所以，请读者“乘风破浪”，人人必能“济沧海”。

练习和编程 4

注意：以下各题目中如果生成了“.py”文件，请在调试无误后，将代码同步到个人在 github.com 的代码仓库（见第 1 章的第 5 题）。

1．比较“is”和“==”。

2．列举出若干用 bool()判断为 False 的对象（或“数据”）。

3．宇宙速度（cosmic velocity），是指物体从地球出发，要摆脱天体引力的束缚所需要的速度大小。例如，第一宇宙速度的大小约为 7.9 km/s，达到这个值，物体就可以围绕地球做圆周运动。其他宇宙速度的值以及相关论述请自行查阅《维基百科》（https://wikipedia.org/）中的“宇宙速度”词条。然后根据所得数值，编写程序，当用户输入某一速度值的时候，判断物体以该速度运动的结果。

4．编写程序，判断用户输入的数字是偶数还是奇数。

5．编写程序，寻找能够被 17 整除的三位正整数。

6．编写程序，判断用户输入的是否为纯英文字母或者仅由英文字母组成的字符串。

7．在求解一元二次方程的时候，一般先检查判别式的正负，如果为负数，则该方程没有实根。编写程序，根据用户输入的方程式的系数，判断是否有实根；如果有，则输出该结果，否则输出提示信息。

8．编写程序，当用户输入任意整数的时候，判断最后一位数字是否为偶数，如果是，则将当前整数的数字顺序翻转，并输出结果。比如，用户输入的是 234，则输出 432；如果输入 120，则输出 21。

9．统计第 3 章第 35 题的文本中元音字母 a、e、i、o、u 分别出现的次数。

10．将字典{'book': ['python', 'djang', 'data'], 'author': 'laoqi', 'publisher': 'phei'}的键与值互换，即原来的键作为值，原来的值作为键。

11．编写程序，当用户输入一个大于 2 的正整数后，对该整数开平方，直到结果小于 2 为止。输出开平方的次数和最后一次的得数，保留两位小数。

12．根据进制转化的原理，编写程序，实现十进制整数向二进制数的转化（请读者搜索并阅读有关“进制转化”的原理知识）。

13．一张报纸，对折，再对折，继续对折（假设不会因为面积太小而无法对折），请计算对折 30 次，其厚度为多少（以 m 为单位）？假设每张报纸的厚度是 2×10^{-4}m。

14．到《国家数据》网站下载各省的价格指数（http://data.stats.gov.cn/easyquery.htm?cn=E0101），并用字典构建某个月的各省市的价格指数数据。

（1）计算全国价格指数平均值。

（2）找出高于平均值的省市（省市名称和价格指数）。

15．通过目录，查看本书各章的页数，编写程序，找出页数最多的章，输出该章的名称和页数。

16．一只猴子摘了一些桃子。它第一天吃掉了所有桃子的一半，还不过瘾，又多吃了一个；第二天早上又将剩下的桃子吃掉一半，再吃了一个。以后每天都吃了前一天剩下的一半并多一个。到第 10 天想再吃桃子时，发现只剩下一个了。编写程序，计算这只猴子总共摘得了多少只桃子。

17．编写程序，输入一个 5 位数，判断它是不是回文数。例如，“12321”是回文数。

18．用“解析”的方式解决下列问题：

（1）找出列表[2, 4, −7, 19, −2, −1, 45]中小于零的数。

（2）某学生的各科考试成绩为{'python': 89, 'java': 58, 'physics': 65, 'math': 87, 'chinese': 74, 'english': 60}，请找出大于这些科目平均分的学科。

（3）计算 1 到 100 的整数平方的和。

19．有嵌套列表[[1, 2, 3, 4], [5, 6, 7, 8], [9, 10, 11, 12]]，写成类似矩阵的形式，如下所示：

```
[[1,2,3,4],
 [5,6,7,8],
 [9,10,11,12]]
```

要求：删除第 2 列，即把 2、6、10 三个数字删除。

第5章 函 数

1694年（清康熙三十三年），莱布尼兹开始使用“函数”这个名字，但其中文译名是由清末的数学家李善兰翻译的。他在所译的《代数学》一书中解释：“凡此变量中函（包含）彼变量者，则此为彼之函数。”可以说，自从有了函数，人类的思维方法上升了一个台阶。高级编程语言当然要继承这个伟大的创造。

知识技能导图

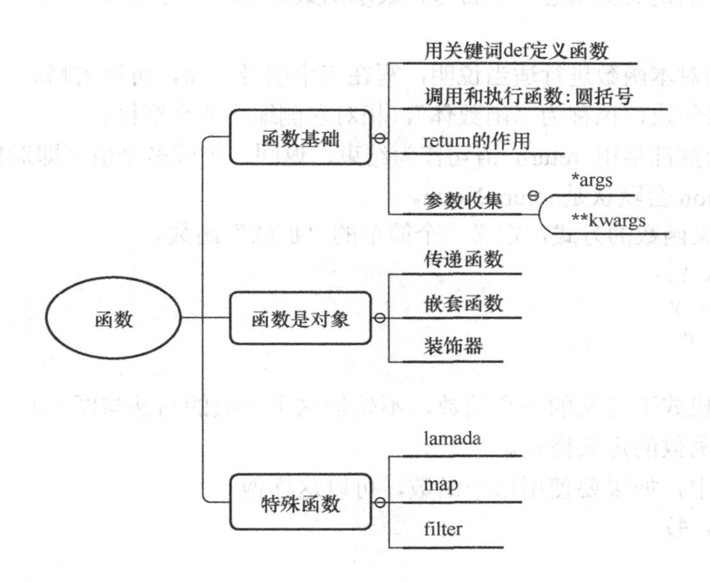

5.1 函数基础

在前面的内容中，读者已经用到了 Python 中的一类函数——内置函数，如计算绝对值的 abs()、用于排序的 sorted()等。此外，Python 通过标准库的模块提供了许多函数，供开发者使用。当然，其他模块（如第三方库）也有很多函数，这是后续要讲解的内容。

5.1.1 自定义函数

除了“现成的”函数，Python 还提供了自定义函数的方式。图 5-1-1 展示了定义函数的基本格式。

① 定义函数的关键词是 def（define 的前三个字母）。当 Python 解释器看到了这个关键词，就知道此处开始定义函数了。def 所在的这一行包括后面的函数名和参数列表，统称为函数头。

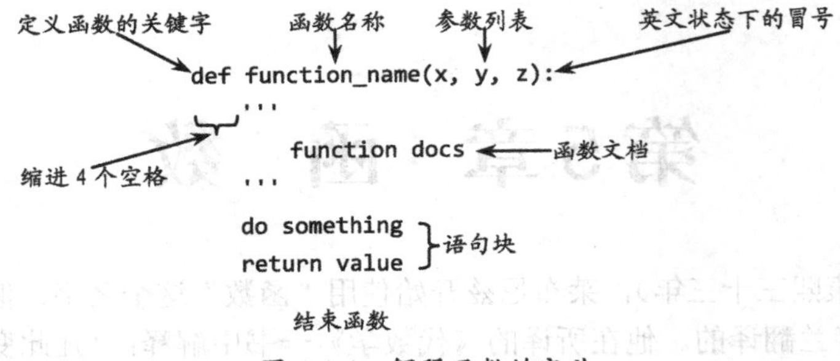

图 5-1-1 解释函数的定义

② 按照 PEP 的要求，函数名称的命名方式与变量的命名方式和格式一样（见 3.2.4 节）。

③ 函数名称之后紧跟着圆括号，注意函数名称和圆括号之间不能有空格。圆括号不能省略。圆括号中是这个函数的参数列表，如果此函数不需要参数，则可为空。

④ 圆括号后面是英文状态下的冒号，表示函数命名这一行结束，下面即将开始函数的语句块。

⑤ 函数文档对本函数进行适当说明，写在三个引号里面，可以省略。

⑥ 函数的语句块，也称为"函数体"，相对左侧缩进 4 个空格。

⑦ 通常的函数都是用 return 语句作为结束，返回一个或多个值（即对象）。如果没有写 return 语句，Python 会默认是 return None。

根据此种定义函数的方式，定义一个简单的"加法"函数。

```
>>> def add(x, y):
...     r = x + y
...     return r
...
```

这是在交互模式下定义的一个函数，不妨把这个函数的写法与图 5-1-1 中的图解进行对照，进一步理解函数的定义格式。

在交互模式中，如果要使用这个函数，可以这样做。

```
>>> a = add(3, 4)
>>> print(a)
7
```

与使用内置函数的方法一样。

如果不在交互模式中，而是在 .py 的文件中，如何定义和调用函数呢？请看如下所示的代码。

```
#coding:utf-8
'''
    define a function.
    filename: funcadd.py
'''
def add(x, y):
    '''
        add x and y.
    '''
    r = x + y
    return r
```

```
a = add(3, 4)
print(a)
```

将上述程序保存，文件名为 funcadd.py。然后运行这个文件。

```
$ python3 funcadd.py
7
```

请读者对照图 5-1-1 和代码示例，理解函数的一般结构和定义方法。

【例题 5-1-1】 自定义一个函数，实现字符串中字母的大小写转化，即某字符串中的大写字母，转化为小写字母；原来的小写字母则转化为大写字母，如“Python”→“pYTHON”。

解题思路 本问题的解决方法不止一种，这里演示的也不一定是最好的方法。首先要循环所转化的字符串对象，判断每个字符是否为大写，如果是大写，则转化为小写，否则（即小写）转化为大写。

代码示例

```
#coding:utf-8
'''
    convert upper and lower in a string.
    filename: convertupperlower.py
'''

def convert(s):
    lst = [i.upper() if i==i.lower() else i.lower() for i in s]    #①
    return ''.join(lst)    #②

s = "Hello, World"
c = convert(s)
print(c)
```

①是一个列表解析，“for i in s”循环字符串中的每个字符。然后用条件语句中的三元操作实现了对字符大小写的判断，即“i.upper() if i == i.lower() else i.lower()”。

在②中将列表中的元素连接成字符串，并作为返回值。

程序运行效果如下：

```
$ python3 convertupperlower.py
hELLO, wORLD
```

5.1.2 调用函数

前面演示了在交互模式下或者在程序文件中定义函数的方式——其实没有什么区别。函数被定义后，它必须被调用才能执行函数体中所定义的语句。

```
>>> def add(x, y):    #③
...     print("x = ", x)
...     print("y = ", y)
...     return (x + y)
...
```

这个函数的名称是 add，函数头③也可以理解为一个名为 add 的变量引用了一个函数对象——在 Python 中，万物皆对象，函数也不例外，对此后续会深入讲解。

在调用函数的时候，首先要写上函数名称，它代表（或者说引用）函数对象。紧跟着函数名称的是圆括号，它表示要执行这个函数。如果此函数需要输入参数，则将参数写到圆括号中。

```
>>> add(3, 4)    #④
x = 3
y = 4
7
```

调用函数后，就执行函数体的语句，并且当函数体执行到 return 语句的时候，将此语句中的值返回到当前调用该函数的位置④，同时中断函数的执行。所以，可以使用下面的方式得到返回对象。

```
>>> r = add(3, 4)
x = 3
y = 4
>>> print(r)
7
```

根据前面的解释，跳出函数体之后返回到当前调用函数的位置，于是继续执行了赋值语句，让变量 r 引用了函数 add(3, 4)所返回的对象——整数 7。

注意，在函数 add(x, y)的函数体中没有对输入的参数 x 和 y 进行类型检查，即：在调用这个函数的时候不管参数引用的是什么类型对象，都会执行函数体中的语句——只不过有时候执行中会报错。

```
>>> add("python", "good")
x = python
y = good
'pythongood'
>>> add(['python', 'pascal'], ['Newton', 'Hertz'])
X = ['python', 'pascal']
Y = ['Newton', 'Hertz']
['python', 'pascal', 'Newton', 'Hertz']
```

读者也可以列举出更多类似的操作。凡是可以使用“+”操作的对象，都可以传入刚才定义的函数——这种情况有一个专有名词来描述，称为“多态”（见 6.5 节）。

```
>>> add("x", 3)    #⑤
x = x
y = 3
Traceback (most recent call last):
  File "<stdin>", line 1, in <module>
  File "<stdin>", line 4, in add
TypeError: must be str, not int
```

⑤中为函数传入了两个参数，但报错了。原因在于，Python 不允许这种类型的参数执行“+”操作。

```
>>> "x" + 3
Traceback (most recent call last):
  File "<stdin>", line 1, in <module>
TypeError: must be str, not int
```

前述调用函数的时候，参数列表中传入了两个对象。在函数体中，变量 x 和变量 y 按照顺序依次引用了参数列表中的这两个对象。注意，在 Python 中，变量（函数中的参数也是变量）与对象之间是引用关系。

```
>>> add(4, 3)     #⑥
x = 4
y = 3
7
```

请比较④和⑥，因为参数列表中的对象顺序变化了，变量所引用的对象也变了。这种参数赋值的方式是根据位置而定的。

此外，可以在参数列表中声明参数与对象的引用关系。

```
>>> add(x = 3, y = 4)
x = 3
y = 4
7
>>> add(y = 4, x = 3)
x = 3
y = 4
7
```

从结果中可以看出，如果这样对参数进行赋值，与其位置则无关了。

在定义函数的时候，参数可以像前面那样，等待被赋值，也可以在定义的时候就赋给一个默认值。例如：

```
>>> def add(x, y = 3):     #重新定义了add函数，参数y=3，即这个参数的默认值为3
...     print("x=", x)
...     print("y=", y)
...
>>> r = add(2)
x = 2
y = 3
>>> print(r)
None
```

在重新定义的函数 add()中，为参数 y 以“y = 3”的方式设置了默认的值，当调用此函数的时候，可以不给参数 y 提供引用的对象，在函数体中 y 就是默认的值。

读者还要关注，刚刚定义的这个函数没有 return 语句。在这种情况下，Python 会默认给函数增加 return None 这样的语句，即调用这个函数的时候返回了 None。

当然，调用函数的时候也可以给参数 y 提供值，如下所示：

```
>>> add(2, 7)    #y = 7
x = 2
y = 7
>>> add(x = 2, y = 7)
x = 2
y = 7
```

注意下面的写法是不行的。

```
>>> add(x = 2, 7)
  File "<stdin>", line 1
SyntaxError: positional argument follows keyword argument
```

在函数这部分，会遇到“传值”“引用对象”等术语，其实，这两个术语有完全不同的内涵。要理解它们，需要从高级语言的函数中参数的传递机制去理解。通常，基本的参数传递机制有两种：值传递和引用传递。因为本书的定位原因，此处不对这个问题进行深入研究，有兴趣的读者可以通过阅读有关资料理解。本书中为了叙述方便，可能在不同情境中交替使用不同的术语，但读者应该把它理解成只是一种表述方式，而非本质的参数传递机制。

本书作者在书中所秉承的观念是：Python 中参数传递采用的是“传对象引用”的方式。此观点可能存在争论，仅供读者参考，可以同时参考如下代码理解其含义。

```
>> def bar(a):
...     print(id(a))
...     a.append(4)
...     return a
...
>>> lst = [1, 2, 3]
>>> nlst = bar(lst)
4509734920
>>> id(lst), id(nlst)
(4509734920, 4509734920)
>>> lst
[1, 2, 3, 4]
>>> nlst
[1, 2, 3, 4]
```

如果定义的函数没有参数，调用函数的时候就比较简单了。

```
>>> def foo():
...     pass
...
>>> foo()
```

这里定义的函数 foo 的参数列表中什么也没有。不仅如此，函数体也只用 pass 一带而过。调用这个函数的结果是返回 None。特别提醒，函数名后面的圆括号不能省略。

5.1.3 返回值

在函数中，当执行到 return 语句的时候，函数向调用此函数的地方返回了对象，并跳出函数体。在前面所做的多个函数调用示例中已经有了充分体现。

return 语句所返回的对象可以是一个，也可以是多个。

```
>>> def my_fun():
...     return 1, 2, 3
...
```

函数 my_fun 的 return 语句中返回了三个值。如果调用这个函数，并且使用一个变量引用函数返回对象，如下示例：

```
>>> a = my_fun()
>>> a
(1, 2, 3)
```

Python 会自动将三个返回值“装载”到一个元组中。当然，也可以使用三个变量。

```
>>> x, y, z = my_fun()    #⑦
>>> x
1
```

```
>>> y
2
>>> z
3
```

⑦在本质上是已经熟知的赋值语句：

```
>>> x, y, z = a
>>> x, y, z
(1, 2, 3)
```

return 除了实现“返回值”功能，还实现了“中断”函数、跳出函数体的功能。请先观察下面的函数和执行结果。

```
>>> def my_fun():
...     print("I am coding.")
...     return
...     print("I finished.")
...
>>> my_fun()
I am coding.
```

在函数 my_fun 中本来有两个 print 语句，但是中间插入了一个 return，仅仅是一个 return。当调用函数的时候只执行了第一个 print 语句，第二个并没有执行。因为在第一个 print 语句后遇到了 return，即中断函数体内的流程，跳出这个函数。结果第二个 print 语句没有被执行。所以，return 在这里就有了一个作用，结束正在执行的函数，并离开函数体返回到调用位置。

注意，这里的 return 语句只有 return，后面没有显式地写任何对象，其效果等同于 return None。

【例题 5-1-2】 编写斐波那契数列函数。

根据 Donald Ervin Knuth 的《计算机程序设计艺术》（*The Art of Computer Programming*）记载，1150 年印度数学家 Gopala 首先描述了这个数列。在西方，最先研究这个数列的人是比萨的列奥那多（意大利人斐波那契 Leonardo Fibonacci），他在描述兔子生长的数目时用上了这个数列。

第一个月初有一对刚诞生的兔子，第二个月后（第三个月初）它们可以生育，每月每对可生育的兔子会诞生下一对新兔子（假设兔子永不死去）。假设在 n 月总共有 a 对兔子，n+1 月共有 b 对兔子。那么在 n+2 月必定总共有 a+b 对兔子：因为在 n+2 月的时候，前一月（n+1 月）的 b 对兔子可以存留至第 n+2 月（在当月属于新诞生的兔子，尚不能生育）；而新生育出的兔子对数等于所有在 n 月就已存在的 a 对。

斐波那契数列用数学方式表示如下：

$$\begin{cases} a[0]=0 & n=0 \\ a[1]=1 & n=1 \\ a[n]=a[n-1]+a[n-2] & n\geqslant 2 \end{cases}$$

代码示例

```
# coding: utf-8
'''
  fib seq
  filename: fibs.py
```

```
'''

def fibs(n):
    result = [0,1]
    for i in range(n-2):
        result.append(result[-2] + result[-1])
    return result

lst = fibs(10)
print(lst)
```

文件保存后运行程序，得到 10 项元素的斐波那契数列：

```
$ python3 fibs.py
[0, 1, 1, 2, 3, 5, 8, 13, 21, 34]
```

【例题 5-1-3】 编写一段程序，实现摄氏温度和华氏温度的数值转化。

所用到的公式如下：

$$F = \frac{9}{5}C + 32$$

$$C = \frac{5}{9}(F - 32)$$

代码示例

```
#coding:utf-8
'''
    convert temperature between F and C
    filename: ftoc.py
'''

def convertfc(f = None, c = None):
    if f:
        c = (f - 32) * 5 / 9
        return round(c, 2)
    if c:
        f = c * 9 / 5 + 32
        return round(f, 2)
    if f and c:
        return None
temp = input('input the number of temperature(f = 32, or c = 32):')
u = temp[0]
n = temp.split('=')[-1]
if u == 'c':
    result = convertfc(c=int(n))
    print('convert Celsius to Fahrenheit. {0}°C => {1}°F'.format(n, result))
if u == 'f':
    result = convertfc(f=int(n))
    print('convert Fahrenheit to Celsius. {0}°F => {1}°C'.format(n, result))
```

上述程序其实还可以继续优化，这里仅演示函数的常用方式。

5.1.4 参数收集

前面所写过的函数，其参数的数量都是很确定的（如 1 个或 2 个）。但是，在解决实际问题的时候并不总是这样的，有时候无法事先确定参数的个数。怎么解决这个问题呢？

Python 使用这样的“参数收集”来对付这种不确定性。

```
>>> def func(x, *args):
...     print(x)
...     print(args)
...
```

这里定义的函数参数表面上看有两个：一个是“x”，与此前所定义的参数无异；另一个是“*args”，这个参数与以往有点不同，以“*”作为开头。但是，“*”并不是参数名称的组成部分，参数名称依然是“args”。

```
>>> func(3, 4, 5, 6)
3
(4, 5, 6)
```

从函数的调用结果中可以看出，参数 x 引用了 3，而后面的 4、5、6 三个对象被参数 args 引用，并且被收集到了一个元组中。“*args”中的“*”表示要“收集其余参数”。

```
>>> func(3)
3
()
```

当然，“其余参数”也可以为空。

【例题 5-1-4】 编写一个函数，用来挑选诸多数字中的素数。

解题思路 先编写一个函数，实现对素数（也称为质数）的判断（判断素数的方法比较多，此处仅举一例，其他方法建议读者研究）。再编写一个函数，允许用户提供多个数字作为参数，并且使用前面编写的判断素数的函数，把参数中所有的素数挑选出来。

代码示例

```
#coding:utf-8
'''
    choose the prime number.
    filename: prime.py
'''

import math
def is_prime(n):
    if n <= 1:
        return False
    for i in range(2, int(math.sqrt(n))+1):
        if n % i == 0:
            return False
    return True

def choice_prime(*args):
    primes = [i for i in args if is_prime(i)]
    return primes
```

```
p = choice_prime(1,3,5,7,9,11,13,15,17,19,21,23)
print(p)
```

执行程序，结果如下：

```
$ python3 prime.py
[3, 5, 7, 11, 13, 17, 19, 23]
```

除了用“*args”的方式实现“参数收集”，还可以使用“**kwargs”的方式，不过两者的效果大相径庭。

```
>>> def foo(**kwargs):
...     print(kwargs)
...
>>> foo(a=1, b=2, c=3)    #⑧
{'a': 1, 'b': 2, 'c': 3}
```

“**kwargs”收集的是具有映射关系的参数，即如同⑧那样。最终，将所有参数收集到字典对象中，并用变量 kwargs 引用。

如果不提供任何参数，也不会报错，只是 kwargs 引用了空字典对象。

```
>>> foo()
{}
```

但是，不能这样做：

```
>>> foo(1, 2, 3)
Traceback (most recent call last):
  File "<stdin>", line 1, in <module>
TypeError: foo() takes 0 positional arguments but 3 were given
```

如果让“收集”变得广泛一些，可以如此设置参数：

```
>>> def bar(x, *args, **kwargs):
...     print(x)
...     print(args)
...     print(kwargs)
...
>>> bar(2, "python", "pascal", name = 'python')
2
('python', 'pascal')
{'name': 'python'}
```

【例题 5-1-5】 假设有数据：

```
d = {'a': 97, 'b': 98, 'c': 99, 'd': 100, 'e': 101, 'f': 102, 'g': 103, 'h': 104, \
'i': 105, 'j': 106, 'k': 107, 'l': 108, 'm': 109, 'n': 110, 'o': 111, 'p': 112,\
'q': 113, 'r': 114, 's': 115, 't': 116, 'u': 117, 'v': 118, 'w': 119, 'x': 120,\
'y': 121, 'z': 122}
```

请编写函数，实现对上述字典的查询，如查询 a=97 是否在字典中。

代码示例

```
#coding:utf-8
'''
    find key-value in a dictionary.
    filename: findkv.py
'''
```

```
def findkv(dct, **kwargs):
    r = {k:v for k,v in kwargs.items() if dct.get(k)==v}        #⑨
    return r
d = {'a': 97, 'b': 98, 'c': 99, 'd': 100, 'e': 101, 'f': 102, 'g': 103, 'h': 104, \
'i': 105, 'j': 106, 'k': 107, 'l': 108, 'm': 109, 'n': 110, 'o': 111, 'p': 112, \
'q': 113, 'r': 114, 's': 115, 't': 116, 'u': 117, 'v': 118, 'w': 119, 'x': 120, \
'y': 121, 'z': 122}
fr = findkv(d, a = 12, b = 98, h = 104, az = 208)                    #⑩
print(fr)
```

程序运行结果：

```
$ python3 findkv.py
{'b': 98, 'h': 104}
```

上述代码中，⑨使用了字典解析的方式，一行代码完成了“循环”和“条件判断”两个工作。其效果等同于如下代码。

```
>>> def findkv(**kwargs):
...     r = {}
...     for k in kwargs:
...         dv = d.get(k)
...         if dv == kwargs[k]:
...             r[k] = dv
...     return r
...
```

与⑨对比，就体会到字典解析的特点了。

在⑩调用函数的时候，可以输入多个待查询对象，然后将存在于字典 d 中的键值对找出来。

5.2 函数是对象

Python 中的函数是对象。例如：

```
>>> def bar(): pass       #①
...
```

定义了一个极简函数 bar，函数体中只有 pass，而且可以写成一行。如果像下面的方式操作：

```
>>> bar                   #②
<function bar at 0x10cce4620>
>>> id(bar)
4509812256
>>> hex(id(bar))
'0x10cce4620'
```

则②返回的结果说明了函数 bar()在内存中的地址（0x10cce4620 中的 0x 是十六进制的标识，10cce4620 是十六进制，与十进制 4509812256 相等），这说明函数跟以往学过的整数、字符串等一样，在内存中占据一定位置，都是对象。①定义函数的过程，也可以理解为 bar 这个变量引用函数对象。

如同②那样操作，得到的是这个函数对象，而要调用或者执行这个函数对象，必须在后面增加上圆括号——再次强调，在 6.8.3 节还会遇到这种操作。

```
>>> bar()
```

在 Python 中，对于任何对象，都可以这样理解：单独写对象名称（引用对象的变量），是得到该对象；在对象后面增加圆括号，就是执行或者调用这个对象。只不过，有的对象不许执行或调用，那时候就报错了。

比如，数字对象就不能被调用。

```
>>> 3()
Traceback (most recent call last):
  File "<stdin>", line 1, in <module>
TypeError: 'int' object is not callable
```

而函数对象能被调用——这正是函数对象与以往学习的内置对象不同之处。

既然函数是对象，下面就按照这个思路，再深入学习函数。

5.2.1 属性

任何对象都具有属性，如“国旗的颜色”，“国旗”是一个对象，“颜色”是此对象的一个属性。如果用符号的方式，一般习惯用句点（英文的）代替中间的“的”字，也就是说句点表示了属性的归属，表示为：国旗.颜色。

前面已经说过，函数是对象，那么它也应该有属性。

```
>>> def foo():
...     """This is a simple function"""
...     return 3.14
...
```

依然使用 dir()查看函数对象的属性和方法。

```
>>> dir(foo)
['__annotations__', '__call__', '__class__', '__closure__', '__code__', \
'__defaults__', '__delattr__', '__dict__', '__dir__', '__doc__', '__eq__', \
'__format__', '__ge__', '__get__', '__getattribute__', '__globals__', \
'__gt__', '__hash__', '__init__', '__init_subclass__', '__kwdefaults__', \
'__le__', '__lt__', '__module__', '__name__', '__ne__', '__new__', \
'__qualname__', '__reduce__', '__reduce_ex__', '__repr__', '__setattr__', \
'__sizeof__', '__str__', '__subclasshook__']
```

以其中的一个属性__doc__为例，这个属性用来显示对象的文档，在 foo()函数中，就对应着函数的文档内容（见图 5-2-1 和图 5-1-1 所示的函数文档说明）。

```
>>> foo.__doc__
'This is a simple function'
```

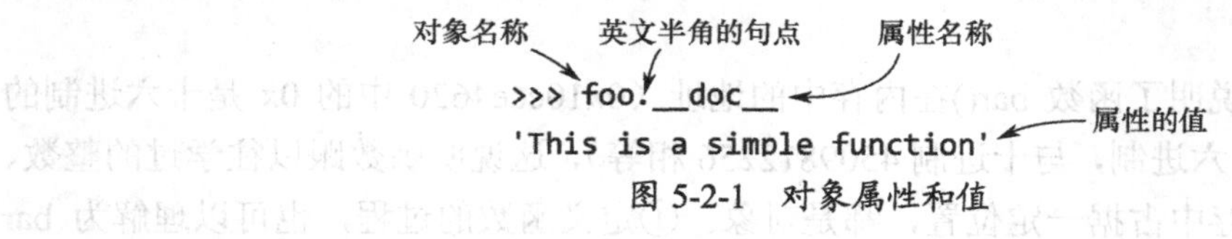

图 5-2-1　对象属性和值

对象的属性，可以增加或删除。比如：

```
>>> foo.lang = 'python'
```

为函数对象增加了一个属性 lang，其值为 python。如果用 dir()来查看，注意看结果列表的最后一个，就是刚才增加的新属性。

```
>>> dir(foo)
['__annotations__', '__call__', '__class__', '__closure__', '__code__', \
'__defaults__', '__delattr__', '__dict__', '__dir__', '__doc__', '__eq__', \
'__format__', '__ge__', '__get__', '__getattribute__', '__globals__', \
'__gt__', '__hash__', '__init__', '__init_subclass__', '__kwdefaults__', \
'__le__', '__lt__', '__module__', '__name__', '__ne__', '__new__', \
'__qualname__', '__reduce__', '__reduce_ex__', '__repr__', '__setattr__', \
'__sizeof__', '__str__', '__subclasshook__', 'lang']
```

如果删除对象属性，可以使用 del 实现。

```
>>> del foo.lang
```

最后，可以从以下几个操作的对比中进一步体会“函数是对象”，并且请读者认真观察操作结果。因为到第 6 章依然要用这种方式进一步理解对象。

```
>>> foo.__name__     #返回当前对象的名称
'foo'
>>> int.__name__
'int'
>>> list.__name__
'list'
>>> dict.__name__
'dict'
```

5.2.2 嵌套函数

在 5.1.2 节中已经提过，参数向函数体内传递了对象的引用。那么，既然函数也是对象，能不能传递函数对象的引用呢？例如：

```
>>> def bar():
...     print("I am in bar.")
...
>>> def foo(func):
...     func()
...
```

这里定义了两个函数，bar 是普普通通的函数，而函数 foo 有必须关注之处。其参数 func 引用某对象，并在函数体中执行（或者调用）这个对象，即函数 func。当然，若不报错，那么参数 func 引用的对象必须可执行。

```
>>> foo("a")
Traceback (most recent call last):
  File "<stdin>", line 1, in <module>
  File "<stdin>", line 2, in foo
TypeError: 'str' object is not callable
```

在这个操作中，参数 func 引用了一个字符串对象，但它不能被调用（请阅读报错信息），当然会报错。

根据已有知识，显然前面定义的函数 bar 可以被调用（执行），所以：

```
>>> foo(bar)
```

```
I am in bar()
```

不仅是函数 bar()，其他函数对象也可以。

```
>>> foo(dict)
```

函数 dict 用于创建一个空字典，dict 也是对象。

从这个简单的例子中就可以看出，一个函数对象（bar）同样可以被参数（func）以引用的方式传到函数体内。

例如，下面的操作就充分体现了函数作为对象被参数引用并在函数体内执行的特点。

```
>>> def opt_seq(func, seq):
...     r = [func(i) for i in seq]
...     return r
...
>>> opt_seq(abs, range(-5, 5))
[5, 4, 3, 2, 1, 0, 1, 2, 3, 4]
>>> opt_seq(str, [11, 22, 33])
['11', '22', '33']
>>> opt_seq(ord, "python")
[112, 121, 116, 104, 111, 110]
```

既然参数引用了函数对象，然后在函数体内执行该函数，那么干脆把一个函数定义到另一个函数中。

```
>>> def foo():
...     def bar():
...         print("I am in BAR.")    #③
...     print("I am in FOO.")        #④
...
```

请读者特别观察③和④所在的位置。③在函数 bar 中，虽然函数 bar 定义在函数 foo 中；④在函数 foo 中，没有在函数 bar 中。

```
>>> foo()
I am in FOO.
```

执行函数 foo 后，虽然函数 bar 定义在了函数 foo 中，但是它没有执行。这是因为，Python 解释器判断是否调用某个函数，除了定义它，还要以明确的方式执行（调用）。如果要调用函数 bar，必须在适当的地方写上 bar()才行。

```
>>> def foo():
...     def bar():
...         print("I am in BAR")
...     print("I am in FOO.")
...     bar()                        #⑤
...
>>> foo()
I am in FOO.
I am in BAR
```

这次的结果显示，在函数 foo 中定义的函数 bar 被执行了，因为在函数 foo 中写了⑤所示的语句。

那么，能不能在函数 foo 外面执行函数 bar 呢？

```
>>> bar()
```

```
Traceback (most recent call last):
  File "<stdin>", line 1, in <module>
NameError: name 'bar' is not defined
```

不行。因为函数 bar 定义在了函数 foo 中，它的“权力空间”只能是函数 foo，而不能“超越时空限制”。

但是可以这么做，就能绕过“时空”限制了。

```
>>> def foo():
...     def bar():
...         print("I am in BAR")
...     return bar    #⑥
...
```

注意观察上述函数 foo 中的⑥返回的是 bar。这种写法说明返回的是函数 bar 对象，而这个函数对象是在函数 foo 中所定义的。

```
>>> foo
<function foo at 0x10cf71d90>
```

这时函数 foo 对象要执行这个对象，必须在后面加“( )”。前面已经讲述过，再次重复。

```
>>> foo()
<function foo.<locals>.bar at 0x10cf71620>
```

foo()是执行了函数对象，返回到当前位置的是函数 bar 的对象，即函数 foo 中定义的函数 bar 对象。所以可以用下面的方式，用一个变量引用这个函数对象。

```
>>> b = foo()
```

变量 b 此时引用了 bar 函数对象，同样可以使用在其后加“( )”的方式执行这个对象。

```
>>> b()
I am in BAR
```

这样，在函数 foo 中定义的函数 bar 穿越了“时空”限制，在函数 foo 体外也执行了。

请读者仔细阅读上述内容。之所以这样，就是因为语句⑥，返回了函数对象。

如同这样撰写的函数，被称为嵌套函数，即函数中有函数。

前面提到了函数的“时空限制”，如果用 Python 的标准术语说，就是“作用域”，Python 的每个对象都有其作用域。比如：

```
>>> a = 1
>>> def func2():
...     print(a + 1)    #⑦
...
>>> func2()
2
```

在交互模式下的变量 a 可以称为“全局变量”，它在任何地方（交互模式范围内）都会被调用，包括上面所定义的函数 func2 中，都可以使用这个变量。

但是，如果这样做：

```
>>> def func():
...     a = a + 1    #⑧
...     return a
...
>>> func()
Traceback (most recent call last):
```

```
  File "<stdin>", line 1, in <module>
  File "<stdin>", line 2, in func
UnboundLocalError: local variable 'a' referenced before assignment
```

函数 func 和函数 func2 在逻辑上似乎没有什么差别，都是要将 a 增加 1，这里却报错了。这是因为，在 Python 中没有变量声明，是以变量出现的位置来定其作用域的。如果在函数内部的变量以赋值语句引用某对象，则该变量被认为是在本地被确立，并成为本地的局部变量。

函数 func 区别于函数 func2 之处就在于，⑧重新确立了变量 a，它成为了函数 func 内部的局部变量，而⑦并没有实行赋值语句，所以该处的变量 a 依然是函数前面的变量 a。

解决上述报错的方法是：

```
>>> def func():
...     global a    #声明函数中所用的 a 就是前面定义的全局变量 a = 1
...     a = a + 1
...     return a
...
>>> func()
2
>>> a               #作为全局变量的 a 也变换了。
2
```

类似这种情景在嵌套函数中也存在。

```
>>> def foo():
...     a = 1
...     def bar():
...         print(a+1)
...     bar()
...
>>> foo()
2
```

变量 a 顺利传入了内嵌的函数 bar()中。

```
>>> def foo():
...     a = 1
...     def bar():
...         a = a + 1    #⑨
...         print(a)
...     print(a)
...     bar()
...
>>> foo()
1
Traceback (most recent call last):
  File "<stdin>", line 1, in <module>
  File "<stdin>", line 7, in foo
  File "<stdin>", line 4, in bar
UnboundLocalError: local variable 'a' referenced before assignment
```

报错和原因都与前面一样，当函数 bar 中的语句⑨实施了赋值操作后，将变量 a 转变成了函数 bar 作用域内的局部变量，不再是函数 foo 作用域内的那个变量 a 了。为此，可以在函数 bar 中使用 nonlocal 声明变量 a，其作用是在函数 bar 中使用外层变量（非全局变量）。

```
>>> def foo():
...     a = 1
...     def bar():
...         nonlocal a
...         a = a + 1
...         print(a)
...     print(a)
...     bar()
...
>>> foo()
1
2
```

以上，对嵌套函数的有关问题做了探讨，在实际嵌套函数的应用方式也是多样化的。

【例题 5-2-1】 在物理学中，物体重力 $G=mg$，其中 m 是物体质量，而 g 是重力加速度，通常认为 $g=9.8\ m/s^2$。但是这个重力加速度在地球不同维度或者不同高度，值是略有差别的，如在赤道海平面上的重力加速度为 $9.78046\ m/s^2$。

请利用嵌套函数的知识，写一个计算重力加速度的函数。

代码示例

```
#coding:utf-8

'''
    Calculate the gravitational acceleration.
    filename: gravity.py
'''

def weight(g):
    def cal_mg(m):
        return m * g
    return cal_mg

w = weight(10)     #g=10
mg = w(10)
print(mg)

g0 = 9.78046       #赤道海平面上的重力加速度
w0 = weight(g0)
mg0 = w0(10)
print(mg0)
```

程序运行结果：

```
$ python3 gravity.py
100
97.8046
```

5.2.3 装饰器

在理解了嵌套函数的基础上，请读者耐心阅读以下代码。

```
def book(name):
    return "the name of my book is {0}".format(name)
```

```
def p_decorate(func):
    def wrapper(name):
        return "<p>{0}</p>".format(func(name))
    return wrapper

my_book = p_decorate(book)     #⑩
result = my_book("PYTHON")
print(result)
```

函数book是一个普通的函数，函数p_decorate()则是嵌套函数。注意外层函数的参数func引用的对象必须可执行，并且是func(name)样式，正好函数book可以满足。根据对嵌套函数的理解，⑩得到的是写在函数p_decorate中的wrapper函数对象，然后用my_book("PYTHON")来执行这个对象，得到最终结果，并打印。

程序运行结果如下：

```
$ python3 decorate.py
<p>the name of my book is PYTHON</p>
```

对上面的程序，如果换一种写法，会感到很神奇。

```
def p_decorate(func):
    def wrapper(name):
        return "<p>{0}</p>".format(func(name))
    return wrapper

@p_decorate                #⑪
def book(name):
    return "the name of my book is {0}".format(name)

#my_book = p_decorate(book)
#result = my_book("PYTHON")
result = book("PYTHON")     #⑫
print(result)
```

这段程序中，⑪是非常特别的一种书写方式，它的名称是“装饰器”。比较两段程序，都定义了函数p_decorate，并且两个程序中这两个函数完全一样。函数p_decorate称为“装饰器”函数。现在这段程序的⑪表示的就是用装饰器函数来装饰函数book，然后在⑫中直接调用函数book，而没有使用上面那段程序中的方式（注释掉的两行就是原来的调用方式）。这样做之后，程序执行效果与前面一样。

```
$ python3 decorate.py
<p>the name of my book is PYTHON</p>
```

从⑫中可以看出，使用⑪的样式，能够使代码更简洁了。“装饰器”的作用在下面的程序中或许显得更优雅。

```
def p_decorate(func):
    def wrapper(name):
        return "<p>{0}</p>".format(func(name))
    return wrapper

def div_decorate(func):
    def wrapper(name):
        return "<div>{0}</div>".format(func(name))
    return wrapper
```

```
@div_decorate
@p_decorate
def book(name):
    return "the name of my book is {0}".format(name)

result = book("PYTHON")
print(result)
```

执行结果如下：

```
$ python3 decorate.py
<div><p>the name of my book is PYTHON</p></div>
```

【例题 5-2-2】 编写一个用于测试函数执行时间的装饰器函数。

代码示例

```
#coding:utf-8
'''
    the time of executing  a function.
    filename: timing.py
'''
import time

def timing_func(func):
    def wrapper():
        start = time.time()
        func()
        stop = time.time()
        return (stop - start)
    return wrapper

@timing_func
def test_list_append():
    lst = []
    for i in range(0, 100000):
        lst.append(i)

@timing_func
def test_list_compre():
    [i for i in range(0, 100000)]

a = test_list_append()
c = test_list_compre()
print("test list append time:", a)
print("test list comprehension time:", c)
print("append/compre:", round(a/c, 3))
```

程序执行结果（不同计算机，以下结果的数值可能有所不同）如下：

```
$ python3 timing.py
test list append time: 0.014234066009521484
test list comprehension time: 0.006075859069824219
append/compre: 2.343
```

这个例题的结果充分说明，列表解析的执行速度要快很多。

5.3 特殊函数

在 Python 中有“内置函数”，还可以“自定义函数”，还有一些“特殊函数”。本节介绍几个常用的特殊函数，恰当使用它们，可以让程序更优雅，而且运行速度令人满意。

5.3.1 lambda 函数

lambda 函数是一个只用一行就能解决问题的函数。看下面的例子：

```
>>> def add(x):
...     x += 3
...     return x
...
```

在函数 add()中实现了对输入对象的增加。如果用 lambda 函数来实现这个功能，就这样写：

```
>>> lam = lambda x: x+3
```

变量 lam 引用了一个 lambda 函数对象。那么，这个函数在应用上与前面的有什么区别？

```
>>> add(2)
5
>>> lam = lambda x: x+3
>>> lam(2)
5
```

没有什么差异。既然如此，lambda 有什么独特性？lambda 函数的基本结构如图 5-3-1 所示。从中可以看出，lambda 函数首先不需要命名，再者只需要一行代码。

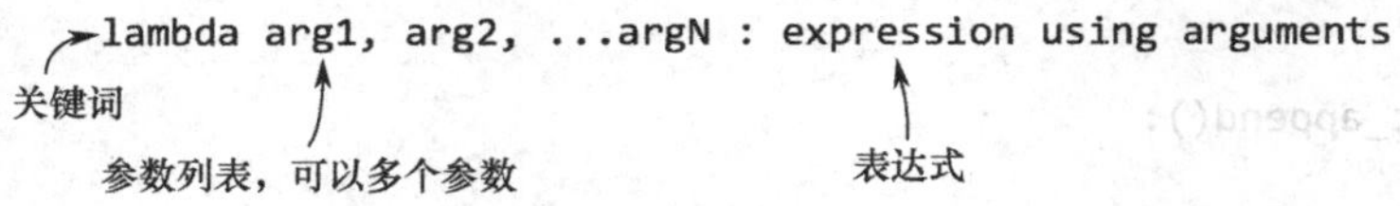

```
lambda arg1, arg2, ...argN : expression using arguments
```

关键词

参数列表，可以多个参数

表达式

图 5-3-1 lambda 函数基本结构

例如，在列表解析式使用函数 add，必须先定义此函数，然后才能使用。

```
>>> [add(i) for i in range(10)]
[3, 4, 5, 6, 7, 8, 9, 10, 11, 12]
```

如果改用 lambda 函数，就可以不需要提前定义，直接在列表解析里面定义并使用它。

```
>>> [(lambda x:x+3)(i) for i in range(10)]
[3, 4, 5, 6, 7, 8, 9, 10, 11, 12]
```

形式上的简洁为它提供了很多应用场景，特别是把它与某些函数综合使用的时候。

【例题 5-3-1】 用 lambda 函数判断 range(-5, 5)中的数是否大于 0。

代码示例

```
>>> [(lambda x: x>0)(n) for n in range(-5, 5) ]
[False, False, False, False, False, False, True, True, True, True]
```

如果不使用 lambda 函数，应该如何编写程序？请读者自行完成，并与 lambda 函数的形式对比。

5.3.2 map 函数

在 5.3.1 节中，以 lambda 函数和列表解析，实现过如下操作：

```
>>> [(lambda x:x+3)(i) for i in range(10)]
[3, 4, 5, 6, 7, 8, 9, 10, 11, 12]
```

同样的结果，还可以用函数 map()实现：

```
>>> m = map(lambda x: x+3, range(10))
>>> m
<map object at 0x10cf8c9b0>
>>> list(m)
[3, 4, 5, 6, 7, 8, 9, 10, 11, 12]
```

map 函数返回值是一个 map 对象，它是个迭代器（见 6.10 节）。如果要看里面的具体内容，可以使用 list 函数转换。

map 函数是 Python 的一个内置函数，它的基本格式如下：

```
map(func, *iterables) --> map object
```

func 是函数对象；iterables 表示可迭代对象，前面加“*”表示可以收集多个可迭代对象。在函数 map 中，第一个参数是函数对象（func），它以其他参数（iterables）的每个元素为参数。

请读者再理解下述示例：

```
>>> n = range(0, 20, 2)
>>> list(n)
[0, 2, 4, 6, 8, 10, 12, 14, 16, 18]
>>> r = map(lambda x: x**2, n)
>>> list(r)
[0, 4, 16, 36, 64, 100, 144, 196, 256, 324]
```

显然，上面的结论也可以使用列表解析的方式得到：

```
>>> [ i**2 for i in n]
[0, 4, 16, 36, 64, 100, 144, 196, 256, 324]
```

很多时候，列表解析都能替代函数 map，读者可以在实际应用中对二者进行选择。

【例题 5-3-2】 实现三个以整数为元素的列表的对应元素相加。

代码示例

```
>>> lst1 = [1, 2, 3, 4, 5]
>>> lst2 = [6, 7, 8, 9, 0]
>>> lst3 = [7, 8, 9, 2, 1]
```

方法 1：列表解析。

```
>>> [x + y + z for x, y, z in zip(lst1, lst2, lst3)]
[14, 17, 20, 15, 6]
```

方法 2：函数 map。

```
>>> r = map(lambda x, y, z : x + y + z, lst1,lst2,lst3)
>>> list(r)
[14, 17, 20, 15, 6]
```

方法 1 和方法 2 可以说各有千秋。

5.3.3 filter 函数

filter 的中文含义是“过滤器”，在 Python 中，它的作用也是如此。

filter 函数也是 Python 的内置函数，以 help(filter)可以查看其文档。

```
filter(function or None, iterable) --> filter object
```

第一个参数是函数对象，第二个参数是可迭代对象。执行 filter 函数，会把可迭代对象中的元素传给前面的函数对象。如果该函数返回的是 True，那么这个元素被放到一个名为“filter object”的迭代器中，即 filter 函数最后得到的就是这个迭代器对象。

通过下面的操作加深理解（回顾并比较例题 5-3-1）。

```
>>> numbers = range(-5, 5)
>>> f = filter(lambda x: x>0, numbers)
>>> f
<filter object at 0x10ccaf5f8>
>>> list(f)
[1, 2, 3, 4]
```

变量 f 引用的对象就是 filter 函数返回的 filter 对象，通过 list 函数转化之后看到所包含的内容，的确是根据所定义的 lambda 函数筛选之后的数值。

当然，时刻不要忘记，列表解析继续可用。

```
>>> [i for i in numbers if i > 0]
[1, 2, 3, 4]
```

练习和编程 5

1．编写函数，判断一个整数是否为素数，并用于寻找 100 以内的素数。

2．编写程序，在单词列表中查找包含所有元音字母 a、e、i、o、u 的单词（单词表可以到网上搜索，越大越好）。

3．编写判断某个年份是否为闰年的函数。闰年的判断方法：年份数值能被 4 整除但不能被 100 整除，或者能被 400 整除。并用这个函数找出 20 世纪所有的闰年年份。

4．编写函数，输入质量，返回对应的能量。质能方程 $E=mc^2$，采用国际基本单位制。

5．编写函数，返回两个自然数在某范围内的公倍数，如 3 和 10 在 100 内的公倍数。

6．小海龟作图是很多小朋友学习编程都会用到的。Python 的标准库中就有“一只小海龟”（https://docs.python.org/3.3/library/turtle.html?highlight=turtle）。利用标准库 turtle，写一个绘制五角星的函数。

7．林肯总统的《葛底斯堡演说》是著名的演讲（https://en.wikipedia.org/wiki/Gettysburg_Address），请通过网络获得演讲内容，并在程序中保存为字符串，然后完成如下功能：

（1）编写函数，统计演讲中所用的不重复单词。

（2）编写函数，统计每个不重复单词出现的次数，并按照次数从高到低排序。

8．编写计算平均数和标准差的函数，并且在程序中调用，实现如下功能：

（1）输入姓名和考试分数。　　（2）按照分数排序。

（3）计算平均数和标准差，并分别打印出来。

平均数和标准差都是数据统计中常用的量。如果读者不知道如何计算，请查阅有关专业书籍。

9．在 0～100 间随机取 10000 个整数，这些数组成一个列表。然后利用第 8 题所编写的两个函数，计算列表中整数的平均数和标注差。

10．编写函数，实现正整数的阶乘。

11．编写函数，计算平面直角坐标系中两点的距离，函数的参数是两点的坐标。

12．被称为“天才”的高斯，在 10 岁的时候计算出了 1～100 的整数相加的和，也有一种说法，认为 10 岁的高斯已经掌握了等差数列的求和方法。请编写一个函数，实现等差数列的求和。以此向高斯致敬。

13．编写函数，计算两个力的合力。注意：力是矢量，两个力的合力的合成方法符合平行四边形法则。

14．编写函数，判断某字符串中的字母是否含有指定集合中的字母。

15．编写一元二次函数，推荐应用 5.2.2 节的“嵌套函数”知识。

16．对于字符串的显示，有时候要做一些处理，如字符串"Laoqi QQ group: 26913719"。

（1）如果把 QQ 群的序号看做“隐私”，则不予显示，或者显示为“*”。

（2）可以指定删除字符串中的某些字符，或者保留字符串中的某些字符。

提示，使用字符串的 translate 和 maketrans 方法，推荐使用嵌套函数。

17．在字典类型对象中有 get()方法。但是，在列表中没有类似方法。比如，完成如下操作，就只能报错了。

```
>>> lst = ["a", "b"]
>>> lst[3]
Traceback (most recent call last):
  File "<stdin>", line 1, in <module>
IndexError: list index out of range
```

所以，要解决这个问题。请编写一个函数，对列表实现类似字典中的 get()方法。

18．编写函数，实现根据字典的键进行排序的功能，并保持原有的映射关系。

19．字符串含有大小写的字母。要求对字符串中的字母进行排序，但不区分大小写。比如字符串"LifeisShorYouNeedPython"，排序之后变成"deeefhhiiLNnoooPrSstuYy"。请编写函数，实现上述功能。

20．假设有若干文件，文件名放到了列表中，然后对文件名进行排序。例如：

```
>>> filenames = ["py1.py", "py2.py", "py10.py", "py14.py"]
>>> filenames.sort()
>>> filenames
['py1.py', 'py10.py', 'py14.py', 'py2.py']
```

显然，上面的排序结果令人很不满意，按照通常的习惯，正确的排序结果应该是['py1.py', 'py2.py', 'py10.py', 'py14.py']。请写一个函数，能够实现正确的排序结果。

21．编写函数，用于判断对象属于哪一种内置类型的对象，如果都不是，返回 False。

22．假设列表中有多个文件名，['a.py', 'b.jpg', 'c.gif', 'd.map', 'e.png', 'f.jpg', 'k.txt', 'f.gif', 'h.png', 'm.docx']。编写程序，从这些文件中选出图片文件，即扩展名分别是'.jpg'、'.gif'、'.png'的文件。

23．有列表[1, "a", 2, "b", 3, "c", 4, "d"]，要求交替使用列表中的元素作为字典的键和值，创建一个字典，即得到字典{1: "a", 2: "b", 3: "c", 4: "d"}。

第6章 类

“class”即“类”，初学者听到这个名词会感觉怪怪的，因为不是很符合现代汉语的习惯。在汉语中，常见的是说“鸟类”“人类”等词语。在计算机中还有很多不舒服的翻译，造成这种现象的原因很多，建议读者以“英汉结合”的方式来理解。

知识技能导图

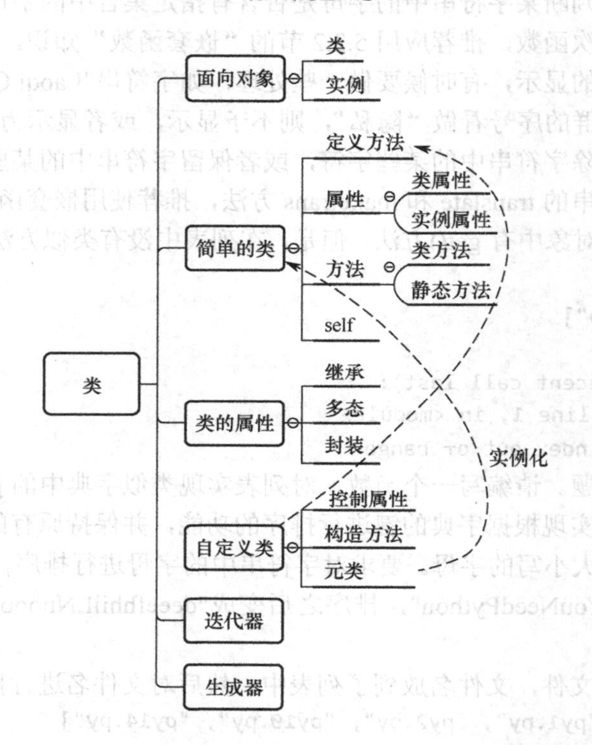

6.1 面向对象

在3.1节中曾经简单了解过“对象”的概念，并且通过前述各章节的学习，读者已经对Python中的对象有了初步认识，本章开始从更深入的角度来理解对象。

6.1.1 对象和面向对象

引用《维基百科》中“对象”的词条内容：

对象（Object）是面向对象（Object Oriented）中的术语，既表示客观世界问题空间（namespace）中的某个具体的事物，又表示软件系统解空间中的基本元素。

“面向对象”领域中的大师 Grandy Booch 给“对象”也做了完整的定义，其要点包括。

- ❖ **对象（Object）**：一个对象有自己的状态、行为和唯一的标识；所有相同类型的对象所具有的结构和行为在它们共同的类中被定义。
- ❖ **状态（State）**：包括这个对象已有的属性（通常是类里面已经定义好的），再加上对象具有的当前属性值（这些属性往往是动态的）。
- ❖ **行为（Behavior）**：指一个对象如何影响外界及被外界影响，表现为对象自身状态的改变和信息的传递。
- ❖ **标识（Identity）**：指一个对象所具有的区别于所有其他对象的属性（本质上指内存中所创建的对象的地址）。

普通学习者可以把上述要点简化理解，即：对象应该具有属性、方法和标识。因为标识是内存中自动完成的，所以平时不用怎么管理它，主要就是属性和方法。

任何一个对象都要包括这两部分，即属性（是什么）和方法（能做什么）。

面向对象是现在编程的主流思潮。还是引用《维基百科》中词条内容：

面向对象程序设计（Object-oriented programming，OOP）是一种程序设计范型，同时是一种程序开发的方法。对象指的是类的实例。它将对象作为程序的基本单元，将程序和数据封装其中，以提高软件的重用性、灵活性和扩展性。

至于怎么实现“面向对象”编程，不是说说理论就能理解的，关键是在实践中练习。

前面各章节中学习了 Python 内置的对象，并且 Python 中把函数也看做对象。但是，在面对实际问题的时候，仅仅有这些对象还是不够用，常常需要新生成一些对象。

6.1.2 类的概述

类就是用来创建对象的。在目前流行的高级编程语言中，类是必须的，《维基百科》中这样描述它：

在面向对象程式设计中，类（class）是一种面向对象计算机编程语言的构造，是创建对象的蓝图，描述了所创建的对象共同的属性和方法。在此说明中涉及类的要点如下。

- ❖ “蓝图”，一种比喻说法，意思是根据“类”可以得到对象。好比汽车制造工厂，有了生产汽车的设计（包含图纸和生产线），根据这个设计可以生产出很多汽车。“设计”（或“蓝图”）相当于“类”，“汽车”相当于根据“类”而创建的“对象”，也称为“实例”（instance）。根据“类”得到“实例”的过程叫做“实例化”或者“创建实例”。
- ❖ 在“类”中要定义“属性”和“方法”。

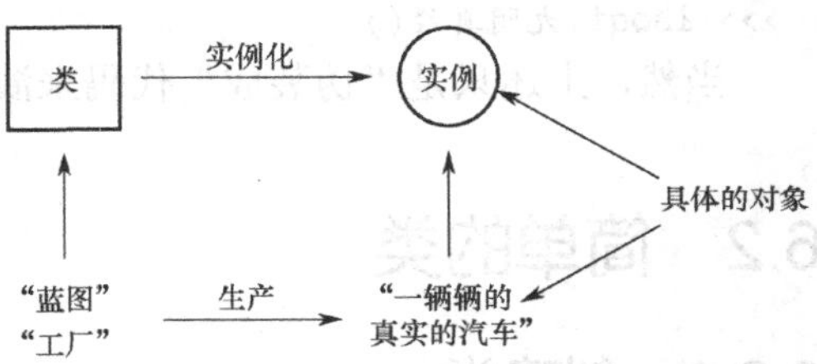

图 6-1-1 表示了类和对象的关系，请读者暂且牢记，在后续的学习中，将反复理解此间关系。“工厂中汽车的设计蓝图”通常不是白纸一张，其中规定了很多关于未来要造出来的“汽车对象”的“属性”和“方法”，如车的颜色、车的性能等。如果抽象来看“类”也是如此，要在类中规定好经过实例化而创建的实例应该具有的属性和方法。

图 6-1-1 类和实例的关系

例如，把江湖上的一等一的大侠的特点总结一下，发现他们有很多共同之处（以下皆为杜撰，若有雷同，纯属巧合，请勿对号入座）：

❖ 都会“九阴真经”。

❖ 都吃过毒蛤蟆或者被毒蛇咬过，因此“百毒不侵”。

❖ 都不是单身。

❖ 都是男的。

❖ 都不使用阴招。

假设达到这个标准的——“蓝图”——就是大侠，那么在写小说的时候，给某个人物赋予上述各项内容——创建实例，这个人物就是大侠。

为了让生产“大侠”的过程“数据”化，在表述上就更精准，所以要把上述大侠的各项特征写到“类”里面——设计“蓝图”。比如：

```
class 大侠:
    性别 = 男
    是否单身 = 否
    中毒 = 百毒不侵
    是否阴狠 = 否
    九阴真经()
```

在这个“大侠”类中有“属性”——描述大侠的特征，即是什么，如“性别 = 男”，“性别”是属性，“男”是此属性的值；还有“方法”——描述大侠会什么功夫，即做什么，用形如“九阴真功()”的表示。“方法”类似前面学习过的函数，表示它可以被调用——功夫当然是要用来执行的。

那么，接下来就可以生产“大侠”了，如果不是在文学作品中，而是在编程语言中生产“大侠”，就可以这样做：

```
laoqi = 大侠()
```

这样就应用“大侠”类创建了一个实例（对象），即一个具体的人物，他具有“大侠”类中所规定的各项属性和方法，并且用变量 laoqi 引用。

现在已经塑造了 laoqi 这个大侠（其实是变量 laoqi 引用了一个对象，跟前面学习赋值语句一样，这里是简化说法），那么这个大侠的属性怎么访问？先想想以前学过的内置对象属性怎么访问？基本格式是“对象.属性”，然后得到它的值。此处也是如此，例如：

```
>>> laoqi.中毒
百毒不侵    #这个是上述属性返回值
```

还可以使用大侠具有的武功：

```
>>> laoqi.九阴真经()
```

当然，上述只是“伪装成”代码来演示。真正在 Python 中定义类，自有其严格规定。

6.2 简单的类

6.2.1 创建类

本书讲述的是 Python 3 中类的创建方法，因为 Python 在历史上还有一个 Python 2，两个版本在定义类的时候稍有差别，如果读者看到 Python 2 写的代码，请注意区分。

在 Python 中创建一个“大侠”类。

```
class SuperMan:                          #①
    '''                                  #②
    A class of superman
    '''
    def __init__(self, name):            #③
        self.name = name                 #④
        self.gender = 1                  #⑤ 1: male
        self.single = False
        self.illness = False

    def nine_negative_kungfu(self):      #⑥
        return "Ya! You have to die."
```

这是一个具有“大众脸”的类，下面对它进行逐条解释，阅读下述说明的同时参考图 6-1-2 的示意。

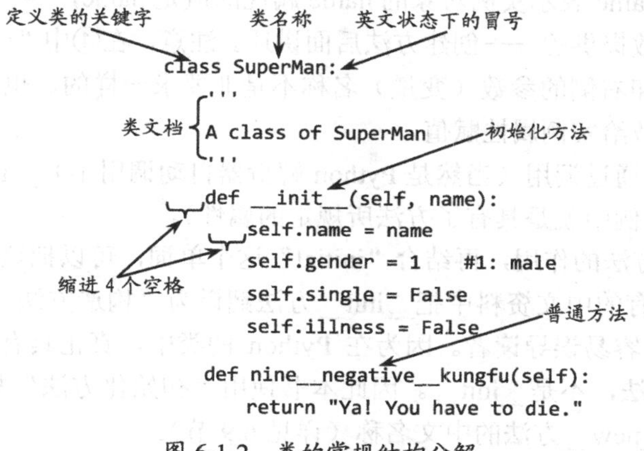

图 6-1-2 类的常规结构分解

①是类的头部，以关键词 class 来声明此处要创建一个类，就如同创建函数所用的关键词 def 效果一样。“SuperMan”是这个类的名称，通常，类名称的命名中每个单词的首字母要大写，如果是多个单词组合，单词之间不插入其他符号。切记，“代码通常是给人看的”，类的名称也尽可能本着“望文生义”的原则命名。类的名称后面紧跟英文状态的“:”。这里没有圆括号，圆括号会在后面讲到“继承”（详见 6.5 节）的时候出现。

①以下的是类的代码块，跟函数中的代码块一样，类中的代码块也要相对于定义类的那一行左端缩进 4 个空格。

②的三引号以及后面的配对三引号，这之间是关于当前类的文档，不是必须的。在通常的工程项目中都要写，原因依然是“代码通常是给人看的”——与函数的文档作用一样。

③和⑥所定义的是“类的方法”。它们都是由 def 关键词定义的，其实就是函数，只不过写在类中罢了。习惯上，把写在类中或者实例对象所具有的那个由 def 所定义的内容称为方法。与函数本质一样，称为函数也无妨，只要大家知你所指即可。

不过，仔细观察类中的方法，其参数有一个特别的要求：第一个参数必须是 self，而且必须要有，即每个方法至少要有一个名为 self 的参数。self 这个参数名称不是强制的，可以用别的名称，但使用 self 是惯例。

既然方法与函数本质一样，那么方法的名称命名及其内部代码书写规范，就与函数一样了，此处不再赘述，读者可以复习第 5 章关于函数的知识。

认真比较③和⑥，这两处所定义的方法虽然本质一样，但形式和命名还有差别。

③中的方法名称是“__init__”，注意写法，以双下画线开始和结尾。在类中，除了“__init__”，还有其他以双下划线开头和结尾的方法，这些方法统称为“特殊方法”。每个特殊方法都有各自的特殊性。那么，__init__方法的特殊性体现在哪里？

根据英文知识容易知晓，__init__方法的名称“init”是来自单词“initial”。它的作用是在用类创建实例的时候，首先访问这个方法（如果它存在的话），通过这个方法让实例具有其中所规定的特性。比如④：

- self 表示实例化时创建的实例对象。
- self.name 表示这个实例对象具有名称为 name 的属性。
- self.name = name 表示实例对象的 name 属性的值是 name，“=”右边的 name 则是由实例化的参数提供的——创建方法后面讲述。注意，在④中“=”左侧所表示的实例属性的名称和右侧的参数（变量）名称不是非要求一样的。也可以使用⑤所示的那样，不用参数给实例属性赋值。

实例创建之初，通过调用（当然是 Python 解析器自动调用了）__init__方法，让实例具有了基本的特性（本例中就是具有了方法所规定的属性）。

了解了__init__方法的作用，再结合“initial”这个单词，可以把这个方法翻译为“初始化方法”。注意，在有的中文资料中把__init__方法翻译为“构造方法”。本书作者认为这种翻译比较拙劣，并且容易误导读者。因为在 Python 的类中，真正具有“构造”作用的方法是名为__new__的方法，不是__init__。因此本书使用“初始化方法”与__init__方法对应，而“构造方法”是__new__方法的中文名称（详见 6.9 节）。

对于“初始化方法”，最后提示读者注意的是，它没有返回值，不要写 return 语句，如果非要写，那就是“return None”。

⑥所定义的则是一个普通方法，除了必须有 self 参数，并且将此参数放在参数列表第一个，其他方面与第 5 章学过的函数没有差别。

SuperMan 类已经创建好了，“类是实例的工厂”，用它可以塑造无限多个“超人”。

6.2.2 实例

6.2.1 节创建的 SuperMan 类写在名为 superman.py 文件中，然后创建实例。以下是完整的程序文件内容。

```
# coding:utf-8
'''
    create a class
    filename: superman.py
'''

class SuperMan:
'''
    A class of superman
```

```
    '''
    def __init__(self, name):
        self.name = name
        self.gender = 1                                        #1: male
        self.single = False
        self.illness = False

    def nine_negative_kungfu(self):
        return "Ya! You have to die."

zhangsan = SuperMan("zhangsan")                                    #⑦
print("superman's name is:", zhangsan.name)                        #⑧
print("superman is:(0-female, 1-male) ", zhangsan.gender)          #⑨
result = zhangsan.nine_negative_kungfu()                           #⑩
print("If superman playsnine negative kungfu, the result is:")
print(result)
```

在这段程序中，⑦就是本节要重点说明的。当它顺利执行，则实现了依据 SuperMan 类创建一个实例，或说成“实例化”。

先回忆在第 5 章提到的表示“执行函数”的方法。仅仅是函数名称或者引用函数对象的变量名称，代表的是该函数对象。要想表示“执行函数”或者“调用函数”，必须在函数对象后面增加圆括号（其中可以有参数），如下所示。

```
>>> lam = lambda x: x + 7
>>> lam
<function <lambda> at 0x10cf6d158>
>>> lam(3)
10
```

简单概括，就是“名称表示对象，圆括号才是执行”。

对于类 SuperMan 而言，它也是一个对象。类也是对象，Python 中万物皆对象。

为了理解“类也是对象”，可以在交互模式下做如下操作：

```
>>> class Foo:
...     def __init__(self):
...         self.f = "foo"
...
>>> Foo
<class '__main__.Foo'>
>>> type(Foo)
<class 'type'>
>>> id(Foo)
140310421611416
```

刚才定义的比较简单的类 Foo，从返回值可以看出，类 Foo 也具有以往学习过的对象的类似特征（虽然具体值不同）。

```
>>> int
<class 'int'>
>>> type(int)
<class 'type'>
>>> id(int)
```

```
4498974384
```

这是类 int 的各项返回值。请仔细对比类 Foo 和类 int 在上述操作中的返回值，有些内容后续会用到。从上述比较中不难看出，类 Foo 与类 int 是地位一样的。int 是内置对象（也是对象类型），用类比的思想，可以不严格地推断类 Foo 也是对象。

那么，Foo 就是类的名称，它引用了一个类对象。既然如此，如果要在后面增加一个圆括号，就应该表示“执行类”了，“类是实例的工厂”，“类是实例的蓝图”，执行类就意味着产生实例。

```
>>> Foo()
<__main__.Foo object at 0x10cac5470>
```

返回值说明，Foo()是一个实例对象。

⑦就是执行类 SuperMan，从而得到实例对象。但是后面的“( )”中要有参数。这是因为 SuperMan 类的初始化方法的参数除了 self，还有一个 name，那么实例化（或者说“创建实例”）的时候，要为参数 name 传一个对象引用。

注意，在实例化的时候，不需要给初始化方法中的 self 参数传对象引用。⑦执行后，创立的实例已经被 self 所引用，这是由 Python 解释器完成的，这个过程通常称为“隐式传递”。当执行⑦时，首先调用初始化方法，并执行此方法中的代码。本例中创建了实例对象的一些属性并完成相应的赋值。例如，实例的 name 属性值是“zhangsan”，gender 属性值是 1。

再看⑧、⑨，分别通过 zhangsan.name 和 zhangsan.gender 获取两个属性的值。

⑩则是调用了实例的 nine_negative_kungfu 方法，因为方法本质就是函数，所以调用方式和函数一样，除了名称，在名称后面要紧跟圆括号。在类 SuperMan 中，这个方法的第一个参数是 self，但是在⑩通过实例调用此方法的时候，不需要在圆括号中为 self 提供对象引用。还是因为 Python 解释器以“隐式传递”的方式为 self 参数引用了 zhangsan 这个实例对象（严格说法是变量 zhangsan 引用的实例对象）。

容易理解，运用⑦的语句方式，还可以创建非常多个实例，它们都是依据类 SuperMan 而创建的，可能 name 属性的值不同，但其他属性和方法都一样。这就是“类是实例工厂”的含义，工厂可以根据一个生产模型生产出很多产品，如汽车制造厂生产汽车。根据类可以创建无数个实例对象。

【例题 6-2-1】 编写一个程序，判断学生是否已经完成作业。如果完成，教师会给出表扬，否则批评。

解题思路 在这个问题中有两个对象，一个是学生，一个是教师。他们分别有不同的属性和方法，例如与本题相关的，学生有写作业的方法，教师有表扬或者批评的方法。可以分别创建不同对象的类，然后实例化，生成具体的学生和教师对象。

代码示例

```
#coding:utf-8
'''
    The students and teachers work together.
    filename: schoolwork.py
'''

class Student:
    def __init__(self, name, grade, subject):
        self.name = name
```

```
        self.grade = grade
        self.subject = subject
    def do_work(self, time):
        if self.grade > 3 and time > 2:
            return True
        elif self.grade < 3 and time > 0.5:
            return True
        else:
            return False

class Teacher:
    def __init__(self, name, subject):
        self.name = name
        self.subject = subject
    def evaluate(self, result = True):
        if result:
            return "You are great."
        else:
            return "You should work hard."

stu_zhang = Student('zhang', 5, 'math')                    #⑪
tea_wang = Teacher('wang', 'math')                         #⑫
teacher_said = tea_wang.evaluate(stu_zhang.do_work(1))    #⑬
print("Teacher {0} said: {1}, {2}".format(tea_wang.name, stu_zhang.name, teacher_said))

stu_newton = Student('Newton', 6, 'physics')
teacher_newton = tea_wang.evaluate(stu_newton.do_work(4))
print("Teacher {0} said: {1}, {2}".format(tea_wang.name, stu_newton.name, teacher_newton))
```

⑪创建了类 Student 的实例对象，⑫创建了类 Teacher 的实例对象。在⑬中，首先使用了 stu_zhang.do-work(1)方法，根据前面的程序可知，会返回布尔值，并把返回值作为 tea_wang.evaluate()的参数，从而最终实现教师对学生的评价。

上述示例中创建了两个类 Student 的实例，分别显示出教师对不同学生的评价结果。

程序执行结果：

```
$ python3 schoolwork.py
Teacher wang said: zhang, You should work hard.
Teacher wang said: Newton, You are great.
```

【例题 6-2-2】 计算任意两个日期之间的天数、周数。

解题思路 这个问题可以使用函数解决。但是，如果创建一个类，会让程序显得更简洁、优雅。假设有了这样一个类，通过两个日期实现了类的实例化，输出天数和周数都可以看做这个实例的方法。

代码示例

```
#coding:utf-8
'''
    Calculate days, weeks between two dates.
    filename: betweendates.py
'''
import datetime
```

```
from dateutil import rrule

class BetDate:
    def __init__(self, start_date, stop_date):
        self.start = datetime.datetime.strptime(start_date, "%Y, %m, %d")      #⑭
        self.stop = datetime.datetime.strptime(stop_date, "%Y, %m, %d")

    def days(self):
        d = self.stop - self.start
        return d.days if d.days > 0 else False                                  #⑮

    def weeks(self):
        weeks = rrule.rrule(rrule.WEEKLY,dtstart=self.start, until=self.stop)   #⑯
        return weeks.count()                                                    #⑰

fir_twe = BetDate("2018, 5, 1", "2018, 5, 25")                                  #⑱
d = fir_twe.days()
w = fir_twe.weeks()
print("Between 2018-5-1, 2018-5-25:")
print("Days is:", d)
print("Weeks is:", w)
```

在上述程序中，使用了标准库中的 datetime 模块和第三方库的 dateutil 模块。datetime 集成了关于日期和时间的常用函数，dateutil 是对 datetime 的扩展，没有集成到标准库，所以需要安装。安装方法如下（切换到可以输入命令行的终端）：

```
$ sudo pip3 install python-dateutil
```

关于第三方库的安装问题详见 7.4 节。

在类 BetDate 的初始化方法中，要求提供开始和结束两个日期，并将其作为实例的两个属性。⑭实现的是将字符串类型的日期转化为 datetime 类型数据，如⑱实例化的是提供的参数。在 days()中计算两个日期之间的天数，⑮对计算结果进行判断，如果大于零，则返回数值，否则返回 False。在 weeks()中计算两个日期之间的周数时使用了 dateutil 提供的 rrule 模块，此模块的完整说明请参考 http://dateutil.readthedocs.io/en/stable/rrule.html。

⑯建立了一种周期规则，除了 WEEKLY，在 rrule 模块中还许可 YEARLY、MONTHLY、DAILY、HOURLY、MINUTELY、SECONDLY。显然，在 days()中也可以使用类似⑯的方式计算天数。⑰得到了包含的“星期”个数。注意，如果不足一周，也按一周计算。

⑱创建了类 BetDate 的实例，然后分别用这个实例的 days()和 weeks()两个方法得到了此实例的天数和周数。

程序执行结果如下：

```
$ python3 betweendates.py
Between 2018-5-1, 2018-5-25:
Days is: 24
Weeks is: 4
```

6.3 属性

Python 中的对象属性（attribute）可以划分为实例属性和类属性。6.2 节演示的初始化方法中定义的属性都属于实例属性。本节对类属性和实例属性进行深入阐述。

6.3.1 类属性

在交互模式下创建一个简单的类。

```
>>> class Foo:
...     lang = 'python'                    #①
...     def __init__(self, name):
...         self.name = name
...
```

这里定义的类 Foo 比前面定义的类多了赋值语句即①，这个赋值语句中的变量 lang 称为类 Foo 的类属性。类属性可以通过类名称访问。

```
>>> Foo.lang                               #②
'python'
```

特别注意，从本质上看，①是赋值语句，因此可以理解为 Foo.lang 这个变量引用了字符串对象'python'。那么，②是显示该变量引用的对象。

在创建实例的时候，类属性会自动配置到每个实例中，即：通过实例也可以访问类属性。但它不是实例属性，只是通过实例能够访问。切记！

```
>>> f = Foo('rust')
>>> b = Foo('ruby')
>>> f.lang
'python'
>>> b.lang
'python'
```

在初始化方法中定义的属性是实例属性，每次实例化的时候都要重新建立实例属性。并且，不同的实例，通常其实例属性或者实例属性的值可以不同（即使值相同，也不是同一个对象）。

```
>>> f.name
'rust'
>>> b.name
'ruby'
```

在类 Foo 中，name 是在初始化方法中规定的实例属性，不是类属性。

```
>>> Foo.name
Traceback (most recent call last):
  File "<stdin>", line 1, in <module>
AttributeError: type object 'Foo' has no attribute 'name'
>>> dir(Foo)
['__class__', '__delattr__', '__dict__', '__dir__', '__doc__', '__eq__', \
'__format__', '__ge__', '__getattribute__', '__gt__', '__hash__', '__init__', \
'__init_subclass__', '__le__', '__lt__', '__module__', '__ne__', '__new__', \
'__reduce__', '__reduce_ex__', '__repr__', '__setattr__', '__sizeof__', \
'__str__', '__subclasshook__', '__weakref__', 'lang']
```

观察上述结果，类 Foo 的类属性 lang 在返回结果中，实例中的属性 name 没有在其中。

对象的属性都可以进行修改、增加和删除操作，类属性也不例外。

```
>>> Foo.lang = 'pascal'                    #③
>>> Foo.lang
'pascal'
```

③还是一个赋值语句。所以，“属性值修改”可以理解为变量Foo.lang引用了另一个对象。

通过类对象修改了类属性的值，如果用实例访问这个属性，发现其值也已经变化了。

```
>>> f.lang
'pascal'
>>> b.lang
'pascal'
```

再次说明，属性lang不是在实例化的时候创建的，而是随着类的创建而存在的。

还可以为类对象增加属性。

```
>>> Foo.teacher = "laoqi"
>>> hasattr(Foo, 'teacher')              #判断对象Foo是否有属性teacher
True
>>> f.teacher
'laoqi'
>>> b.teacher
'laoqi'
```

类增加了属性，所增加的属性依然通过实例可以访问。

删除类属性可以使用del。

```
>>> del Foo.teacher
>>> hasattr(Foo, 'teacher')
False
```

Foo.teacher属性已经删除，通过实例当然也访问不到这个属性了。

```
>>> f.teacher
Traceback (most recent call last):
  File "<stdin>", line 1, in <module>
AttributeError: 'Foo' object has no attribute 'teacher'
```

在Python中，不论什么对象，其属性都在“__dict__”中。“__dict__”是双下划线开始和结束的属性。

```
>>> Foo.__dict__
mappingproxy({'__module__': '__main__', 'lang': 'pascal', '__init__': \
<function Foo.__init__ at 0x10d0d1268>, '__dict__': <attribute '__dict__' of \
'Foo' objects>, '__weakref__': <attribute '__weakref__' of 'Foo' objects>, \
'__doc__': None})
```

在返回结果中，以类字典的方式列出了对象Foo的所有属性，'lang': 'pascal'也在其中。而如果访问实例的__dict__，则有所不同。

```
>>> f.__dict__
{'name': 'rust'}
```

这里只有在实例中定义的属性。

6.3.2 实例属性

继续沿用6.3.1节中定义的类Foo和创建的两个实例b和f，再探讨一番实例属性。

在类 Foo 实例化的时候通过类的初始化方法创建了 name 属性，但是不同实例的这个属性值不同，或者说不同的实例化过程生成了不同的实例属性，这种属性也称为“动态属性”，对应类属性的“静态”特征。

```
>>> b.name
'ruby'
>>> f.name
'rust'
```

通过实例对象，可以对实例属性进行各项操作，例如：

```
>>> b.name = 'java'                    #④
>>> b.name
'java'
>>> f.name
'rust'
```

④在本质上还是赋值语句，即变量 b.name 引用了一个新的对象。在表象上，可以认为是修改了实例 b 的 name 属性值，但是变量 f.name 还引用了原来的对象，就是另一个实例 f 的同名属性值没有变化。

```
>>> b.book = 'Programming Python'      #⑤
>>> b.__dict__
{'name': 'java', 'book': 'Programming Python'}
>>> f.__dict__
{'name': 'rust'}
```

⑤为实例 b 增加了一个属性，同样没有影响另一个实例。

接下来删除属性——本质上是解除变量和对象的引用关系。删除某个实例的属性绝不会影响另一个实例的属性。从变量和对象的引用关系角度理解，这是理所当然的。

```
>>> del b.name
>>> b.__dict__
{'book': 'Programming Python'}
>>> f.__dict__
{'name': 'rust'}
```

6.3.1 节中为类 Foo 创立了类属性 lang，通过实例也能访问。

```
>>> b.lang
'pascal'
```

但是因为 lang 属性不是实例属性，所以不会出现在 b.__dict__中，只不过是通过实例能够访问罢了。这样做的好处在于节省内存空间。在编写对象类型的时候，可以将所有实例都用到的属性作为类属性，就不需要每次创建实例的时候都重复创建该属性了。

```
>>> b.lang = "c++"                     #⑥
>>> b.lang
'c++'
```

注意⑥的操作，看似修改了 lang 属性，实际上呢？

```
>>> b.__dict__
{'book': 'Programming Python', 'lang': 'c++'}
```

⑥的实际效果是为实例 b 增加了一个实例属性，只不过这个实例属性的名称与原来的类属性名称相同。当使用实例访问 lang 属性的时候，就返回了此实例属性的值。那么，这时候原来的类属性受到什么影响了吗？

```
>>> Foo.lang
'pascal'
>>> f.lang
'pascal'
```

原来的类属性并没有被⑥影响，并且通过另一个实例 f 访问 lang 属性的值，也还是类属性的结果。

⑥所创建的实例属性因为与类属性重名，“遮盖了”类属性，从而不能通过实例 b 访问类属性了。既然如此，是否可以将此属性删除呢？因为重名，如果删除此实例属性，是否会连累到类属性？

```
>>> del b.lang
>>> b.__dict__
{'book': 'Programming Python'}
>>> b.lang
'pascal'
>>> Foo.lang
'pascal'
```

显然，不需要多虑。

本质上讲，不论类属性还是实例属性，都可以看做变量，这些变量引用某个对象。前面演示中所引用的对象是不可变对象。如果引用了可变对象，结果会如何？

```
>>> class Bar:
...     lst = []
...
>>> m, n = Bar(), Bar()             #⑦
>>> m is n
False
>>> m.lst.append(7)                 #⑧
>>> m.__dict__
{}
>>> n.__dict__
{}
```

⑦创建了两个实例，通过这两个实例可以访问类属性。不过，类属性 lst 引用的对象是一个列表——可变对象。

⑧的操作显然不同于⑥，而是对原来 m.lst 所引用的对象进行修改，但是 lst 并没有成为实例属性，依然是类属性。

```
>>> m.lst
[7]
>>> n.lst
[7]
>>> Bar.lst
[7]
>>> m.lst is n.lst
True
>>> m.lst is Bar.lst
True
```

这里通过实例修改了类属性的值。根源在于类属性引用的对象类型是可变的，并且 m.lst 和 Bar.lst 引用的对象是同一个。

而在⑥之前，虽然 b.lang 和 Foo.lang 引用了同一个对象——不可变的字符串，但是当⑥之后，变量 b.lang 引用了新的字符串。所以：

```
>>> b.lang is Foo.lang          #注意，此处操作是在 del b.lang 之前进行的
False
```

关于属性问题，在后续的学习和操作中还会不断遇到。请读者在实践中增长见识和加深理解。

通过实例访问属性是一种常见的方式。图 6-3-1 显示了访问属性的顺序。

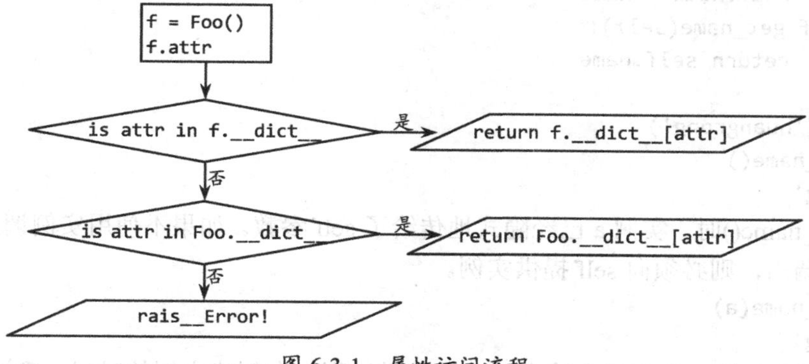

图 6-3-1　属性访问流程

6.3.3　self 的作用

前面所写的类中的方法，第一个参数必须是 self，并且是不可缺少的。当然，如果不使用这个名称也可以，self 只是 Python 中的惯例。但是，惯例还是遵守为妙。

下面写一个专门研究 self 是什么的类。

```
>>> class P:
...     def __init__(self, name):
...         self.name = name
...         print(self)                  #⑨
...         print(type(self))            #⑩
...
```

当创建实例时，首先执行初始化方法__init__，同时打印 self 引用的对象和它的类型，即⑨和⑩。结果如下：

```
>>> a = P('guojing')
<__main__.P object at 0x10d0de588>       #⑪
<class '__main__.P'>                     #⑫
```

⑪说明 self 就是类 P 的实例；⑫说明 self 引用的对象的类型是 P（注意，类也是类型，读者可以根据内置对象类和类型理解，或者参阅 6.8 节）。

```
>>> a
<__main__.P object at 0x10d0de588>
>>> type(a)
<class '__main__.P'>
```

再看实例 a，与前面的结果对比，可以有如下结论：self 和 a 引用了同一个实例对象。简单说，self 就是实例对象。

当创建实例的时候，实例作为第一个参数，被 Python 解释器传给了 self，所以初始化方法中的 self.name 就是实例的属性。

```
>>> a.name
'guojing'
```

为了进一步理解 self 与实例的对应关系，可以将类 P 增加一个方法。

```
>>> class P:
...     def __init__(self, name):
...         self.name = name
...     def get_name(self):
...         return self.name
...
>>> a = P('huangrong')
>>> a.get_name()
'huangrong'
```

在 a.get_name()时，实例 a 已经隐式地传给了 self 参数。如果不使用实例调用这个方法，改用类名称调用，则必须向 self 提供实例。

```
>>> P.get_name(a)
'huangrong'
```

结合图 6-3-2 进一步理解方法中的参数传递过程。在创建实例的时候，❶被传给了参数 name，而实例对象（实例名称所引用）传给了参数 self，如❹所示。当用此实例调用方法的时候，实例也被隐式地作为第一个参数传给该方法，如❸和❷所示。

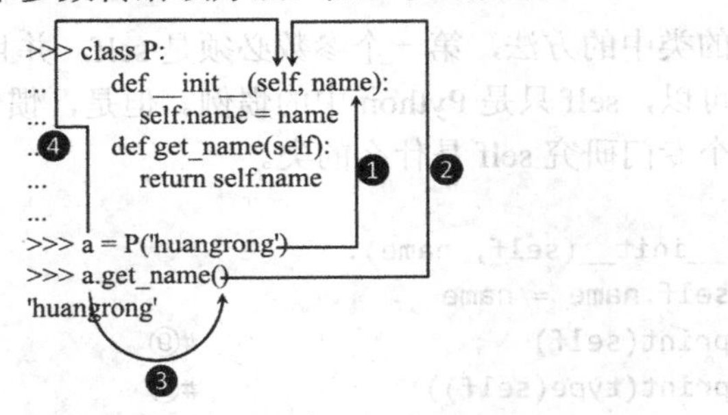

图 6-3-2 self 的作用

总之，读者应该理解，定义类的时候，参数 self 就是预备用来实例化后引用实例的变量。

【例题 6-3-1】 在网上购买商品，除了要支付商品总额，还要支付快递费用（显然不在“包邮区”）。假设某网上书店与某快递公司签订了固定的快递费用，即每件（不论大小）都是 5 元。而对于买家，商家往往会在购买金额超过一定限额的时候免快递费。

请编写类，根据图书的单价、购买数量以及快递费，计算买家应支付的总额。

代码示例

```
#coding:utf-8
'''
    The total price of books and delivery.
    filename: books.py
'''
```

```
class Book:
    prices = {"A":45.7, "B":56.7, "C":67.8, "D":78.9, "E":90.1}
    shipping = 5

    def __init__(self, book_name, num, free_ship):
        self.book_name = book_name
        self.num = num
        self.free_ship = free_ship

    def totals(self):
        price = Book.prices.get(self.book_name)
        if price:
            t = price * self.num
            return (t + Book.shipping) if t < self.free_ship else t
        return "No this book."
book_a = Book('A', 2, 100)
a_total = book_a.totals()
print(a_total)
```

上述程序中定义了类属性 prices 和 shipping 及其值。在方法 totals 中分别通过类名称使用了这两个类属性。

程序执行结果参考：

```
$ python3 books.py
96.4
```

6.4 类的方法

类中写方法，对此读者已经熟悉，也认识到方法与以前学过的函数类似。是不是在类中写的所有方法就如同函数的那样呢？非也。世界复杂多变，用来解决复杂问题的编程语言也不能太“单纯”。

6.4.1 方法和函数的异同

函数和方法都已经学过，此处把它们放到一起，比较异同，加深印象，强化理解。

函数和方法有很多相似的地方，如都是使用 def 关键词来定义，除了某些特殊方法，普通方法和函数一样，都使用 return 语句作为结束。

除了相同之处，两者的区别要特别关注。

函数是由函数名引用的一个独立对象，通过函数名称可以调用这个对象，不依赖于其他。

```
>>> def func(x):
...     return x + 7
...
>>> func
<function func at 0x100660ea0>
>>> type(func)
<class 'function'>
```

```
>>> func(4)
11
```

在调用函数的时候，如果函数有参数，必须明确地（或者说“显式地”）给每个参数提供对象引用——通俗地不严谨地说，就是每个参数都要传给数据。

而方法必须依赖于对象，因为它写在了类中，如果要调用它，就要使用某个对象。前面已经学习过的知识是使用类的实例对象调用它。

```
>>> class Foo:
...     def my_method(self, x):
...         return x ** 2
...
>>> f = Foo()
>>> f.my_method(3)
9
```

在类 Foo 中定义的方法 my_method 其实有两个参数。参数 self 是类的实例，通过实例调用方法的时候，不再显式地传入。

```
>>> Foo.my_method(f, 3)             #①
9
```

如果不用实例调用该方法，必须显式地提供实例参数。

```
>>> f.my_method
<bound method Foo.my_method of <__main__.Foo object at 0x10199eda0>>
```

用实例调用方法，f.my_method 后面没有“( )”，也表示了它所引用的对象。这个对象在 Python 中叫做“绑定方法”对象，含义是当前调用的方法绑定在了一个实例上。而如果不用实例，用类对象调用的方法名称，返回的是：

```
>>> Foo.my_method
<function Foo.my_method at 0x1019a0a60>
```

在 Python 3 中没有了“非绑定方法”的称呼，而是 Foo.my_method 引用的对象看做函数。事实上，①与前面演示的函数，在参数传递方式上没有什么区别了。所有参数都要显式地传入，只是“函数名称”有点特殊罢了。

但是，类的方法还有新的定义方式。

6.4.2　类方法

在例题 6-3-1 的代码示例中定义了类属性 prices、shipping。在类的方法中，如果使用这个类属性，当时是以 Book.prices 的方式调用的。在编程界，通常把这种写法称为“硬编码”（hard code），即类的名称被“写死”了。如果因为某种需要，修改了定义类那一行的类名称，这里就必须修改，一旦忘记就会报错——忘记又是经常发生的。所以，通常要避免这种“硬编码”。

Python 中提供了一种称为类方法的装饰器，可以解决“硬编码”的问题。

```
#coding:utf-8
'''
    learn class method.
    filename: clsmethod.py
'''
```

```
class Message:
    msg = "Python is a smart language."                    #②

    def get_msg(self):
        print("the self is:", self)                        #③
        print("attrs of class(Message.msg):", Message.msg)

    @classmethod                                           #④
    def get_cls_msg(cls):
        print("the cls is:", cls)                          #⑤
        print("attrs of class(cls.msg):", cls.msg)

mess = Message()
mess.get_msg()
print("-" * 10)
mess.get_cls_msg()
```

④用装饰器装饰了一个名为 get_cls_msg 的方法，这个方法的参数使用了 cls。这也是惯例，使用其他参数名称亦可，不过还是遵守惯例较好。这个方法——被装饰器@classmethod 装饰的方法——中如果调用类属性，使用 cls.msg 的样式。那么，这个方法中的 cls 是什么呢？

执行程序，通过打印结果查看。

```
$ python3 clsmethod.py
the self is: <__main__.Message object at 0x10229e320>
attrs of class(Message.msg): Python is a smart language.
----------
the cls is: <class '__main__.Message'>
attrs of class(cls.msg): Python is a smart language.
```

③打印了 self，它是实例对象；⑤打印了 cls，它是“<class '__main__.Message'>”，即类 Message（类也是对象），所以从效果上看，cls.msg 和 Message.msg 是一样的。

以上程序中，像④那样，通过装饰器@classmethod 装饰的方法称为“类方法”。类方法的参数有且至少有一个，并且第一个参数通常命名为 cls，它引用的就是当前所在的类对象。

【例题 6-4-1】 在类中只能有一个初始化方法，而在某些情况下，需要在方法中再次使用初始化方法，以便实现更多样化的实例。例如，创建一个以姓名和年龄为初始化方法参数的类，但是还要允许以出生年份来创建实例。

代码示例

```
#coding:utf-8
'''
    The example of class method.
    filename: agebirth.py
'''

import datetime

class Person:
    def __init__(self, name, age):
```

```
        self.name = name
        self.age = age

    @classmethod
    def by_birth(cls, name, birth_year):
        this_year = datetime.date.today().year
        age = this_year - birth_year
        return cls(name, age)                           #⑥

    def get_info(self):
        return "{0}'s age is {1}".format(self.name, str(self.age))

newton = Person('Newton', 26)                           #⑦
print(newton.get_info())

hertz = Person.by_birth("Hertz", 1857)                  #⑧
print(hertz.get_info())
```

程序运行结果如下：

```
$ python3 agebirth.py
Newton's age is 26
Hertz's age is 161
```

在代码示例中所定义的类Person，根据初始化方法的参数，使用⑦创建实例。但是，如果使用出生年份来创建实例，则⑦的样式不再支持了。因为初始化方法中的参数age代表的是年龄。要解决这个问题，又不破坏初始化方法，就可以使用类方法装饰器，定义by_birth方法。在这个方法中，计算了age后，再次以⑥创建实例对象。注意，⑥中不需要使用Person类名称，而是使用cls代表当前类名称。⑧则直接通过类名称调用类方法。

特别注意，⑧通过类名称调用类方法。本来在类中所定义的类方法有三个参数，第一个是cls，它引用的就是当前类对象。那么在⑧中调用这个方法的时候，不再显式地在参数列表中传入类对象，Person.by_birth()就表示类Person作为第一个参数传给了cls。

6.4.3 静态方法

在本节之前，所定义的类中的方法，或者是用self作为第一个参数——引用实例对象，或者是用cls作为第一个参数——引用类对象，专用于类方法。是否存在一种情况，方法中不需要实例对象，也不需要类对象。如果这样，在什么情况下使用？下面探讨这个问题。

写一个关于猫的类，正常的猫都有两只耳朵和四条腿，这可以作为其共有的属性，即类属性。不同的猫，颜色可能不同，所以这个属性应该是实例属性。另外，正常的猫都会叫，所以在猫的类中要有一个方法。但是，不管什么猫，叫声都一样（假设是这样）。那么，这个方法就应该做特殊处理了。

代码示例如下：

```
>>> class Cat:
...     ears = 2
...     legs = 4
...     def __init__(self, color):
...         self.color = color
...     @staticmethod                                   #⑨
```

```
...     def speak():                                 #⑩
...         print("Meow, Meow")
...
```

⑩定义了一个方法，这个方法没有以 self 或者 cls 作为参数。当然，如果仅仅这样写，在类中是不允许的，必须有⑨这个装饰器来装饰⑩。⑨是静态方法装饰器，⑩定义的就是静态方法。

```
>>> black_cat = Cat("black")
>>> white_cat = Cat("white")
>>> black_cat.speak()
Meow, Meow
>>> white_cat.speak()
Meow, Meow
>>> white_cat.speak is black_cat.speak                 #⑪
True
>>> Cat.speak()
Meow, Meow
>>> Cat.speak is black_cat.speak                       #⑫
True
>>> Cat.speak
<function Cat.speak at 0x102621488>
>>> black_cat.speak
<function Cat.speak at 0x102621488>
```

观察上述执行结果，特别是⑪和⑫，说明对于静态方法，不论是通过实例还是通过类，都可以调用它，而且都是同一个对象。

【例题 6-4-2】 创建一个类，当这个类实例化的时候，自动将数据集中的偶数和奇数分别用两个属性引用。

解题思路 本题的解法有多种，在下面的代码示例中，演示使用静态方法解决此问题。判断一个数是奇数还是偶数，此方法与实例无关，所以在类中可以写成静态方法。

代码示例

```
#coding:utf-8
'''
    classify number set.
    filename: classifynum.py
'''

class OddEven:
    def __init__(self, numbers):
        self.odds = [i for i in numbers if self.is_odd(i)]
        self.evens = [i for i in numbers if i not in self.odds]

    @staticmethod
    def is_odd(x):
        if x % 2 == 1:
            return True
        return False

n = [1, 5, 7, 9, 2, 4, 10, 3]
```

```
r = OddEven(n)
print(r.odds)
print(r.evens)
```

程序执行结果如下：

```
$ python3 classifynum.py
[1, 5, 7, 9, 3]
[2, 4, 10]
```

6.5 继承

继承（inheritance）是面向对象编程中的重要概念，也是类的三大特性之一（另两个特性分别是多态和封装）。

面向对象编程中的“继承”概念和人类自然语言中的“继承”含义相仿。当对象C继承了对象P，C就具有了对象P的所有属性和方法。通常C和P都是类对象，那么C就被称为“子类”，P被称为“父类”。

```
>>> class P:
...     p = 2
...
>>> class C(P):                                  #①
...     pass
...
```

定义类P，其中只有一个类属性。然后定义类C。为了能够让类C实现对类P的继承，在类C的名称后面紧跟“( )”，其中写父类的名字。

```
>>> dir(C)
['__class__', '__delattr__', '__dict__', '__dir__', '__doc__', '__eq__', \
'__format__', '__ge__', '__getattribute__', '__gt__', '__hash__', '__init__', \
'__init_subclass__', '__le__', '__lt__', '__module__', '__ne__', '__new__', \
'__reduce__', '__reduce_ex__', '__repr__', '__setattr__', '__sizeof__', \
'__str__', '__subclasshook__', '__weakref__', 'p']
```

在子类C中没有写任何代码块。用dir(C)查看子类对象C的属性和方法，会发现它的父类P中所定义的类属性也在其中。

```
>>> C.p
2
```

以上操作显示，子类继承父类之后，不需要再次编写相同的代码，实现了代码重用的目的。另外，子类继承父类的同时，也可以重新定义某些属性或方法，即用同名称的属性和方法覆盖父类的原有的对应部分，使其获得与父类不同的功能。

从继承方式而言，Python中的继承可以分为“单继承”和“多继承”。

6.5.1 单继承

单继承就是只从一个父类那里继承。①所实现的继承就是单继承。

```
>>> C.__base__
<class '__main__.P'>
```

“__base__”属性可以得到当前类的父类，上述操作显示类C的父类是类P。

```
>>> P.__base__
<class 'object'>
```

作为父类的P，也有上一级，那就是object。在Python 3中，所有的类都是object的子类，所以不用在定义类的时候写这个“公共的父类”了。

为了全面理解继承，且看下面的代码示例。

```
class Person:
    def __init__(self, name, age):                  #②
        self.name = name
        self.age = age

    def get_name(self):
        return self.name

    def get_age(self):
        return self.age

class Student(Person):
    def grade(self, n):
        print("{0}'s grade is {1}".format(self.name, str(n)))

stu1 = Student("Galileo", 27)                       #③
stu1.grade(99)                                      #④
print(stu1.get_name())                              #⑤
print(stu1.get_age())                               #⑥
```

程序执行结果如下：

```
$ python3 person.py
Galileo's grade is 99
Galileo
27
```

上述程序是一个典型的单继承示例。

首先定义类Person，然后定义类Student，这个类继承了类Person。

在子类Student中只写了一个方法grade。因为继承了类Person，子类Student就拥有了父类Person中的全部方法和属性。所以，在子类Student中可以使用self.name，虽然没有在子类Student中显式地创建这个属性。

③实例化类Student，因为继承了类Person，类Student中也具有了与Person同样的初始化方法，所以在实例化的时候要提供两个与②对应的参数。

④通过实例调用了类Student中定义的方法；⑤和⑥调用的则是父类Person中定义的方法。

读者可以对照执行结果，进一步理解“继承”——把父类的属性和方法都拿到了子类中。

在所定义的子类Student中，没有定义与父类中名称一致的属性和方法。但是在某种情况下，可能不得不定义与父类重名的方法或属性。例如，在子类Student需要定义的学校属性，可以在初始化方法中实现（以下重写子类Student的部分代码）。

```
class Student(Person):
    def __init__(self, school):          #相对原来，新增初始化方法
        self.school = school
```

```
    def grade(self, n):
        print("{0}'s grade is {1}".format(self.name, str(n)))
```

既然类 Student 的初始化方法覆盖了类 Person 的初始化方法，在创建实例的时候，当然要遵循类 Student 中初始化函数的要求了。

```
stu1 = Student("Soochow University")                    #⑦
stu1.grade(99)
print(stu1.get_name())
print(stu1.get_age())
```

⑦是按照类 Student 中的初始化方法进行实例化。然后执行：

```
$ python3 person.py
Traceback (most recent call last):
  File "person.py", line 27, in <module>
    stu1.grade(99)
  File "person.py", line 24, in grade
    print("{0}'s grade is {1}".format(self.name, str(n)))
AttributeError: 'Student' object has no attribute 'name'
```

报错！

在程序开发中，有报错很正常。遇到错误不可怕，可怕的是没有耐心阅读报错信息。从上述信息中不难看出，错误在于类 Student 中没有属性 name。

从前面的程序中可知，属性 name 出现在类 Person 中。此前因为子类 Student 继承了父类 Person，此属性自然出现在了子类 Student 中。现在新写的类 Student 虽然继承了类 Person，但因为增加了__init__()，父类中的同名方法就被覆盖了，导致其不能被子类继承，所以在子类中就没有了父类 Person 中的__init__()中规定的实例属性。

如果在子类中还继续使用被覆盖的父类方法或属性，可以这样修改子类代码（父类 Person 的代码不变）：

```
class Student(Person):
    def __init__(self, school, name, age):              #⑧
        self.school = school                            #⑨
        Person.__init__(self, name, age)                #⑩

    def grade(self, n):
        print("{0}'s grade is {1}".format(self.name, str(n)))

stu1 = Student("Soochow University", "Galieo", 27)     #⑪
stu1.grade(99)
print(stu1.get_name())
print(stu1.get_age())
print(stu1.school)
```

⑧为子类 Student 的初始化方法，注意其参数，不仅有供⑨所用的参数，还要有供⑩调用父类的同名方法所用的参数。

⑩是一种在子类中调用父类同名方法的操作方式。

⑪实现创建子类 Student 的实例。

执行此程序，结果如下：

```
$ python3 person.py
Galieo's grade is 99
```

```
Galieo
27
Soochow University
```

虽然⑩实现了对父类被覆盖方法的调用，但是这种调用方式属于“硬编码”，在开发中应尽可能避免。一种比较值得提倡的方法是使用 super()（以下只显示子类 Student 部分代码，其他未显示代码不变化）。

```
class Student(Person):
    def __init__(self, school, name, age):
        self.school = school
        #Person.__init__(self, name, age)
        super().__init__(name, age)                    #⑫
```

⑫替换了原来调用父类中被覆盖方法的方式。注意这时的参数列表不要再增加 self。

如此修改之后，再次调试程序，与前述结果一样。

【例题 6-5-1】 物理学家是指受物理学训练并以探索物质世界的组成和运行规律（即物理学）为目的科学家。研究范畴可小至构成一般物质的微细粒子，大至宇宙的整体，不同的范围都会有相对的专家。物理学分为理论物理学和实验物理学，物理学家也可以分为理论物理学家和实验物理学家。物理学中，理论和实验都是必不可缺的组成部分，所以有时候这样的分类很难界定，只不过在一个物理学家更偏重理论的情况下，被称为理论物理学家，如爱因斯坦、海森堡、狄拉克、埃尔温·薛丁格、尼尔斯·波耳、杨振宁等；若偏重实验，则称为实验物理学家，如艾萨克·牛顿、法拉第、亨利·贝克勒、尼古拉·特斯拉、马克思·冯·劳厄、约瑟夫·汤姆森、欧内斯特·劳伦斯、吴健雄、威廉·肖克利、朱棣文等。

请编写“物理学家”的类，并将其作为“理论物理学家”和“实验物理学家”两个类的父类。

代码示例

```
#coding:utf-8
'''
    about. physicists
    filename: physicist.py
'''

class Physicist:
    def __init__(self, name, iq=120, looks='handsom', subject='physics'):
        self.name = name
        self.iq = iq
        self.looks = looks
        self.subject = subject

    def research(self, field):
        print("{0} research {1}".format(self.name, field))

    def speak(self):
        print("My name is ", self.name)
        print("I am ", self.looks)
        print("Intelligence is ", self.iq)
        print("I like ", self.subject)
```

```
class ExperimentalPhysicist(Physicist):
    def __init__(self, main_study, name, iq = 120, looks = 'handsom', subject = 'physics'):
        self.main_study = main_study
        super().__init__(name, iq, looks, subject)

    def experiment(self):
        print("{0} is in Physics Lab.".format(self.name))

class TheoreticalPhysicist(Physicist):
    def __init__(self, theory, name, iq = 120, looks = 'handsom', subject = 'physics'):
        self.theory = theory
        super().__init__(name, iq, looks, subject)

    def research(self, field, base):
        super().research(field)
        print("My theory is {0}, it is based on {1}".format(self.theory, base))
einstein = TheoreticalPhysicist('Relativity', 'Albert Einstein', iq=160, looks = 'Hair is messy but handsome')
einstein.research('Black Hole', 'General relativity')
einstein.speak()
print("*" * 20)
wu = ExperimentalPhysicist('Nuclear Physics', 'Chien-Shiung Wu', 160,
'beautiful and wisdom')
wu.experiment()
wu.speak()
```

程序执行结果如下：

```
$ python3 physicist.py
Albert Einstein research Black Hole
My theory is Relativity, it is based on General relativity
My name is  Albert Einstein
I am  Hair is messy but handsome
Intelligence is  160
I like  physics
********************
Chien-Shiung Wu is in Physics Lab.
My name is  Chien-Shiung Wu
I am  beautiful and wisdom
Intelligence is  160
I like  physics
```

6.5.2 多继承

前面所学习的继承，子类只有一个父类，即单继承。与“单”相对的是“多”，所谓“多继承”，是指某一个子类的父类不止一个，而是多个。比如：

```
>>> class P1:
...     p1 = 1
...
>>> class P2:
...     p2 = 2
```

```
...
>>> class C(P1, P2):
...     pass
...
>>> dir(C)
['__class__', '__delattr__', '__dict__', '__dir__', '__doc__', '__eq__', \
'__format__', '__ge__', '__getattribute__', '__gt__', '__hash__', '__init__', \
'__init_subclass__', '__le__', '__lt__', '__module__', '__ne__', '__new__', \
'__reduce__', '__reduce_ex__', '__repr__', '__setattr__', '__sizeof__', \
'__str__', '__subclasshook__', '__weakref__', 'p1', 'p2']
```

子类 C 继承了两个父类 P1 和 P2，它就具有了两个父类的属性和方法。

如果一个子类继承了多个父类，并且每个父类有同样的方法或者属性，那么在实例化子类后，所调用的那个方法或属性是属于哪个父类的呢？

这是一个“继承顺序”的问题，下面的程序演示 Python 中多继承的顺序。

```
# coding: utf-8
'''
    the order of multiple inheritance in Python.
    filename: mulinheritance.py
'''

class K1:
    def foo(self):
        print("K1-foo")

class K2:
    def foo(self):
        print("K2-foo")
    def bar(self):
        print("K2-bar")

class J1(K1, K2):
    pass

class J2(K1, K2):
    def bar(self):
        print("J2-bar")

class C(J1, J2):
    pass

print(C.__mro__)
m = C()
m.foo()
m.bar()
```

这段代码保存后运行结果如下：

```
$ python3 mulinheritance.py
(<class '__main__.C'>, <class '__main__.J1'>, <class '__main__.J2'>, \
<class '__main__.K1'>, <class '__main__.K2'>, <class 'object'>)
K1-foo
```

```
J2-bar
```

C.__mro__显示的是类的继承顺序。在 Python3 中，采用了“C3 方法”来确定顺序（关于“C3 方法”，请参阅 https://en.wikipedia.org/wiki/C3_linearization）。

【例题 6-5-2】 人拥有 23 对不同的染色体，其中有一对染色体决定性别，称为“性染色体”，即 X 染色体和 Y 染色体，女性染色体的组成为 XX，男性染色体的组成为 XY。根据生物学研究，在自然状态下，夫妇生男生女就是双方的染色体随机组合的结果。若含 X 染色体的精子与卵子（含有 X 染色体）结合，受精卵性染色体为 XX 型，就会发育成女胎；若含 Y 染色体的精子与卵子结合，受精卵性染色体为 XY 型，就会发育成男胎。

请用类和类的继承表示上述生理过程。

代码示例

```
#coding:utf-8
'''
    Judge having a boy or girl by sex chromosome.
    filename: chromosome.py
'''
import random

class Father:
    def __init__(self):
        self.father_chromosome = 'XY'

    def father_do(self):
        print("Make money.")

class Mother:
    def __init__(self):
        self.mother_chromosome = "XX"

    def mother_do(self):
        print("Manage money.")

class Child(Father, Mother):
    def __init__(self):
        Father.__init__(self)
        Mother.__init__(self)

    def child_gender(self):
        fat = random.choice(self.father_chromosome)
        mot = 'X'
        chi = fat + mot
        if "Y" in chi:
            return 1
        return 0

p  = Child()
if p.child_gender():
    print('is a BOY.')
else:
    print("is a GIRL.")
```

执行此程序，或许每次执行结果不完全一致。

```
$ python3 chromosome.py
is a GIRL.
```

6.6 多态

多态（polymorphism）是面向对象编程的重要概念。为了更好地理解这个概念，有必要借用权威人士的说明。

《Thinking in Java》的作者 Bruce Eckel 在 2003 年 5 月 2 日发表了一篇题为《Strong Typing vs. Strong Testing》（https://docs.google.com/document/d/1aXs1tpwzPjW9MdsG5dI7clNFyYayFBkcXwRDo-qvbIk/preview）的博客，其将 Java 和 Python 的多态特征进行了比较。请读者注意此文章的发表时间，本书作者认为 Bruce Eckel 在该文章中已经非常明确地阐述了多态的基本含义。

先来欣赏 Bruce Eckel 在文章中所撰写的一段 Java 代码：

```
// Speaking pets in Java:
interface Pet {
    void speak();
}
class Cat implements Pet {
    public void speak() { System.out.println("meow!"); }
}
class Dog implements Pet {
    public void speak() { System.out.println("woof!"); }
}
public class PetSpeak {
    static void command(Pet p) { p.speak(); }
    public static void main(String[] args) {
        Pet[] pets = { new Cat(), new Dog() };
        for(int i = 0; i < pets.length; i++)
        command(pets[i]);
    }
}
```

如果读者没有学习过 Java，那么对上述代码理解可能不是很顺畅，不过这不重要，主要观察 command(Pet p)，这种写法意味着函数 command()能接受的参数类型必须是 Pet 类型，其他类型不行。所以，必须创建 interface Pet 这个接口并且让类 Cat 和 Dog 继承它，然后才能 upcast them to the generic command() method（原文：I must create a hierarchy of Pet, and inherit Dog and Cat so that I can upcast them to the generic command() method）。

与上面的代码相对应，大师提供了 Python 代码，如下所示：

```
# Speaking pets in Python:
class Pet:
    def speak(self): pass
```

```
class Cat(Pet):
    def speak(self):
        print "meow!"

class Dog(Pet):
    def speak(self):
        print "woof!"

def command(pet):
    pet.speak()

pets = [Cat(), Dog()]

for pet in pets:
    command(pet)
```

注意这段 Python 代码中的 command 函数，其参数 pet 并没有要求必须是前面的 Pet 类型（注意区分大小写），仅仅是一个名字为 pet 的对象引用罢了。Python 不关心引用的对象是什么类型，只要该对象有 speak()方法即可。注意，因为历史原因（2003 年），Bruce Eckel 当时写的是针对 Python 2 的旧式类，不过适当修改之后在 Python 3 下也能“跑”，如将 print "meow!"修改为 print("meow!")。

根据已经学习过的知识，不难发现，上面代码中的类 Pet 其实是多余的。Bruce Eckel 也这么认为，只是因为当时完全模仿 Java 程序而写。随后，Bruce Eckel 修改了上面的代码。

```
# Speaking pets in Python, but without base classes:
class Cat:
    def speak(self):
        print "meow!"

class Dog:
    def speak(self):
        print "woof!"

class Bob:
    def bow(self):
        print "thank you, thank you!"
    def speak(self):
        print "hello, welcome to the neighborhood!"
    def drive(self):
        print "beep, beep!"

def command(pet):
    pet.speak()

pets = [Cat(), Dog(), Bob()]

for pet in pets:
    command(pet)
```

不仅去掉了类 Pet，也增加了一个新的类 Bob，这个类根本不是 Cat 和 Dog 那样的类型，只是它碰巧也有一个名字为 speak()的方法罢了。但是，依然能够在 command 函数中被调用。

这就是 Python 中的多态特点，大师 Brue Eckel 通过非常有说服力的代码阐述了 Java 和 Python 的区别，并充分展示了 Python 中的多态特征。

诚如前面所述，Python 不检查传入对象的类型，这种方式被称为“隐式类型”（Laten Typing）或者“结构式类型”（Structural Typing），也被通俗地称为“鸭子类型”（Duck Typeing）。其含义在《维基百科》中被表述为：

在程序设计中，鸭子类型（Duck Typing）是动态类型的一种风格。在这种风格中，一个对象有效的语义不是由继承自特定的类或实现特定的接口决定，而是由当前方法和属性的集合决定。这个概念的名字来源于由 James Whitcomb Riley 提出的鸭子测试。“鸭子测试”可以这样表述：“当看到一只鸟走起来像鸭子，游起泳来像鸭子，叫起来也像鸭子时，那么这只鸟就可以被称为鸭子。”

鸭子类型意味着可以向任何对象发送任何消息，语言只关心该对象能否接收该消息，不强求该对象是否为某一种特定的类型——该对象的多态表现。这种特征其实在前面的函数部分就已经有所体现了。

```
>>> lam = lambda x, y: x + y
>>> lam(2, 3)
5
>>> lam("python", "-book")
'python-book'
```

对于 Python 的这种特征，有一批程序员不接受，他们认为在程序被执行的时候，可能收到错误的对象，而且这种错误可能潜伏在程序的某个角落。因此，在编程领域就有了“强类型”（如 Java）和“弱类型”（如 Python）之争。

对于此类争论，大师 Brue Eckel 在上面提到的博客中给出了非常明确的回答。原文恭录于此：

Strong testing, not strong typing.

So this, I assert, is an aspect of why Python works. C++ tests happen at compile time (with a few minor special cases). Some Java tests happen at compile time (syntax checking), and some happen at run time (array-bounds checking, for example). Most Python tests happen at runtime rather than at compile time, but they do happen, and that's the important thing (not when). And because I can get a Python program up and running in far less time than it takes you to write the equivalent C++/Java/C# program, I can start running the real tests sooner: unit tests, tests of my hypothesis, tests of alternate approaches, etc. And if a Python program has adequate unit tests, it can be as robust as a C++, Java or C# program with adequate unit tests (although the tests in Python will be faster to write).

读完大师的话，犹如醍醐灌顶，豁然开朗，再也不去参与那些浪费口舌的争论了。

对于多态问题，最后告诫读者，类型检查是毁掉多态的利器，如 type、isinstance 及 isubclass 函数，所以一定要慎用这些类型检查函数。

6.7 封装和私有化

在程序设计中，封装（Encapsulation）是对具体对象的一种抽象，即将某些部分隐藏起来，在程序外部看不到，其含义是其他程序无法调用（不是人用眼睛看不到那个代码）。

在 Python 中，封装就是实现对某些方法和属性的“私有化”，将其应用权限限制在某个区域之内，外部无法调用。

Python 中实现私有化的方法也比较简单，在准备私有化的对象名字前面加双下划线。例如：

```
>>> class Foo:
...     __name = "laoqi"                          #①
...     book = 'python'                           #②
...
>>> f = Foo()
>>> dir(f)
['_Foo__name', '__class__', '__delattr__', '__dict__', '__dir__', '__doc__', \
'__eq__', '__format__', '__ge__', '__getattribute__', '__gt__', '__hash__', \
'__init__', '__init_subclass__', '__le__', '__lt__', '__module__', '__ne__', \
'__new__', '__reduce__', '__reduce_ex__', '__repr__', '__setattr__', '__sizeof__',\
'__str__', '__subclasshook__', '__weakref__', 'book']
```

类 Foo 中有两个类属性：①的名称比较特殊，是用双下划线开始的；②就是通常见到的类属性命名。然后创建实例 f，用 dir(f)来看这个实例的属性和方法，发现其中只有属性 book，没有属性__name。

如果用实例对象来调用属性：

```
>>> f.book
'python'
>>> f.__name
Traceback (most recent call last):
  File "<stdin>", line 1, in <module>
AttributeError: 'Foo' object has no attribute '__name'
```

这说明①所定义的类属性在类的外面无法被调用，对外是不可见的，或称为“私有化”了。

```
>>> class Foo:
...     __name = "laoqi"
...     book = "python"
...     def get_name(self):
...         return Foo.__name                     #③
...
>>> f = Foo()
>>> f.get_name()
'laoqi'
```

③中通过类调用了私有化的属性，因为是在类中，所以成功了。于是，f.get_name()方法可以得到其结果。

下面的代码是一个比较完整的示例，请读者认真阅读，并体会“私有化”的作用。

```
# coding=utf-8
'''
    the example code of encapsulation
    filename: private.py
'''

class ProtectMe:
```

```
    def __init__(self):
        self.me = "qiwsir"
        self.__name = "laoqi"

    def __python(self):                                   #④
        print("I love Python.")

    def code(self):
        print("Which language do you like?")
        self.__python()                                   #⑤

p = ProtectMe()
p.code()
print(p.me)
#print(p.__name)                                          #⑥
p.__python()                                              #⑦
```

执行程序，看看效果：

```
python3 private.py
Which language do you like?
I love Python.
qiwsir
Traceback (most recent call last):
  File "private.py", line 23, in <module>
    p.__python()
AttributeError: 'ProtectMe' object has no attribute '__python'
```

在上述程序中，④定义了一个方法，此方法的名称前面也是双下划线，表示该方法为“私有方法”，即被封装在类空间中，只能在类内部⑤使用，不能被外部调用。所以在⑦调用它的时候，会出现如上面那样的错误信息。当然，如果调用了类内部所定义的私有化属性，如在⑥调用时也会报错。

用“双下划线”实现了名称引用的对象“私有化”，从而该对象也被封装了。这样做能够保证该对象绝对安全。但是，有时也有点过分。比如，前面定义的类 Foo 中①所定义的属性__name 在外部不能调用，另一个属性 book 在外部不仅可以调用，还可以修改。

```
>>> f.book
'python'
>>> f.book = "java"
>>> f.book
'java'
```

这两种情况就是两个极端。在程序开发中会遇到中间情况，即某个属性在外部可以调用（就不能是私有化的了），但是不能修改（就不能类似上面的属性 book 那样了）。为了解决这个问题，Python 中提供了一个名为 property 的函数。

property 函数是 Python 的内置函数，读者在交互模式中使用 help(property)可以查看它的帮助文档，以下完整形式就来自于帮助文档。

```
property(fget = None, fset = None, fdel = None, doc = None) -> property attribute
```

其中，参数 fget 是用于获取属性值的函数；参数 fset 是设置属性值的函数；参数 fdel 是删除属性值的函数。

利用这个函数，写一个能够实现“中庸目标”的程序。

```
#coding:utf-8
'''
    How to use property() in programming.
    filename: propertyfunc.py
'''

class Book:
    def __init__(self, book_name = 'python'):
        self.__book_name = book_name

    def get_name(self):                          #⑧
        print('Getting book name.')
        return self.__book_name

    def set_name(self, name):                    #⑨
        print('Setting book name.')
        self.__book_name = name

    name = property(get_name)                    #⑩

b = Book()                                       #⑪
print(b.name)
```

在类 Book 中定义了⑧和⑨两个方法，通过这两个方法可实现对私有属性__book_name 的读取和修改，如利用⑪所创立的实例对象，b.get_name()可得到属性__book_name 的值，b.set_name('Rust')可以将属性__book_name 的值修改为'Rust'。如果要“中庸”，就不提供⑨方法。

但这种操作不是属性的操作。

⑩使用了 property 函数，并将得到的对象用变量 name 引用。这样相当于在类中有了一个名为 name 的类属性。

执行程序，结果如下：

```
$ python3 propertyfunc.py
Getting book name.
python
```

这个结果说明 b.name 就如同执行 b.get_name()。

由 property 函数的帮助文档内容可知，还可以将方法 set_name 作为其参数，将⑩修改为如下形式：

```
name = property(get_name, set_name)              #⑫
```

并将之后的程序调用方式也进行适当修改：

```
b = Book()
print(b.name)
b.name = 'Rust'
print(b.name)
```

再次执行此程序，结果如下：

```
$ python3 propertyfunc.py
Getting book name.
python
Setting book name.
```

```
Getting book name.
Rust
```

从执行结果中可以获悉，⑫中增加了方法 set_name 后，实现了对私有属性的修改。

⑫得到的 property 对象有 3 个方法，分别是 getter()、setter()和 deleter()，它们与 property 函数中的 3 个参数 fget、fset 和 fdel 分别对应。所以，⑫还可以用下面的语句替代：

```
name = property()
name = name.getter(get_name)
name = name.setter(set_name)
```

执行结果与前面一样。

property 函数除了这样使用，还可以用装饰器函数的方式使用（参考 5.2.3 节）。

```
class Book:
    def __init__(self, book_name='python'):
        self.__book_name = book_name

    @property                                   #⑬
    def name(self):
        print('Getting book name.')
        return self.__book_name

    @name.setter
    def name(self, name):
        print('Setting book name.')
        self.__book_name = name

    #name = property(get_name, set_name)
    #name = property()
    #name = name.getter(get_name)
    #name = name.setter(set_name)

b = Book()
print(b.name)
b.name = 'Rust'
print(b.name)
```

这个程序的执行结果与前面仍旧一样。

通常，要实现“中庸目标”可以使用⑬的方式，则以属性的形式访问私有属性值，但不能修改。

6.8 自定义对象类型

定义类，就是定义了新的对象类型。但是，按照以前的方式所定义的类，从表现形式上，与曾经熟悉的那些内置对象类型还有差距，本节的任务是把差距尽量缩小。

6.8.1 简单的对象类型

先看如下代码示例：

```
#coding:utf-8
```

```
'''
    define a new object type.
    filename: roundfloat.py
'''
class RoundFloat:
    def __init__(self, val):
        self.value = round(val, 2)

    def __str__(self):                                  #①
        return "{0:.2f}".format(self.value)

    __repr__ = __str__                                  #②

r = RoundFloat(3.1)                                     #③
print(r)                                                #④
print(type(r))
```

程序执行结果：

```
$ python3 roundfloat.py
3.10                                                    #⑤
<class '__main__.RoundFloat'>
```

以上程序中创建了类 RoundFloat，③实例化了这个类，变量 r 引用实例对象，从④的执行结果⑤可以看出，这时候得到的实例对象与以往学习过的浮点数非常类似，只不过无论在③初始化用什么参数，最终打印出来的都是保留两位小数的浮点数。可以与熟悉的浮点数对象进行比较：

```
>>> a = 2.34
>>> print(a)
2.34
>>> type(a)
<class 'float'>
```

下面再来看看类 RoundFloat 的代码组成。

初始化方法是毋庸置疑一定要有的。创建实例的时候，它会首先被执行。在此方法中创建实例属性 value，其值以 round()实现小数点后保留两位小数。当然，这里没有检验参数类型，如果实例化时提供的参数不能满足 round()的要求，就会报错。

再看类 RoundFloat 中的第二个方法，①定义的是一个特殊方法，在解释这个特殊方法之前，先解释两个函数。一个是 str 函数，这个比较好理解了，就是将对象转化为字符串。另一个是 repr 函数，它的作用一样。不过，两个还是稍有区别的。

str 函数意味着返回一个用户易读的表达形式，而 repr 函数意味着产生一个解释器易读的表达形式。类中的两个特殊方法__str__和__repr__就分别调用了这两个内置函数。在交互模式中来看一个例子。

```
>>> class Foo:
...     def __repr__(self):
...         return "I am in REPR"
...     def __str__(self):
...         return "I am in STR"
...
```

这个类就是为了显示这两个方法的区别而设计的。

```
>>> f = Foo()
>>> f
I am in REPR
```

这种方式输出的是__repr__中的内容，即所谓对“解释器友好”。

如果是print(f)实例 f，显然是要个人看的，则是：

```
>>> print(f)
I am in STR
```

显示了__str__中的内容。

在刚才定义的类 RoundFloat 中没有区分这两个特殊方法，就是不管用什么方式，显示的结果都是一样的。所以，在①定义了__str__后，直接用②规定了两个特殊方法“相等”。

在特殊方法__str__中以字符串格式化的方式，强制显示（返回）的浮点数有两位小数。

如此这般，就定义了一个新的对象类型或者新的对象。

【例题 6-8-1】 分数的表示形式如 3/2 这样，但是这种形式在 Python 中是按照除法进行处理。Python 的内置对象类型中又没有分数类型（不仅 Python 没有，相当多的高级语言都没有），所以有必要自定义一个相关的类型。

代码示例

```
#coding: utf-8
'''
    define a type of fraction
    filename: fraction.py
'''

class Fraction:
    def __init__(self, number, denom = 1):
        self.number = number
        self.denom = denom

    def __str__(self):
        return str(self.number) + '/' + str(self.denom)

    __repr__ = __str__

f = Fraction(2, 3)
print(f)
```

程序执行结果：

```
$ python3 fraction.py
2/3
```

例题 6-8-1 定义的分数其实比较“粗糙”，如没有考虑分子、分母约分的情况。读者可以在上述基础上进一步优化程序。

继续对分数问题进行研究——分数相加。1/2 + 1/3 = 5/6，分数的加法计算，其计算过程如下：通分，即分母为原来两个分数的分母的最小公倍数，得到 3/6 + 2/6；然后分子相加，得到上述两个分数的和。

据此可知，计算分数加法的关键点是“通分”，而通分的关键是找出两个整数的最小公倍数。

如何找最小公倍数？步骤如下：

<1> 计算两个数 a 和 b 的最大公约数，最大公约数（Greatest Common Divisor）用 $gcd(a, b)$表示。

<2> 最小公倍数和最大公约数的关系是：$lcm(a, b) = |a \times b| / gcd(a, b)$，$lcm(a, b)$表示这两个数的最小公倍数（Lowest Common Multiple）。

图 6-8-1 展示了上述思考过程。

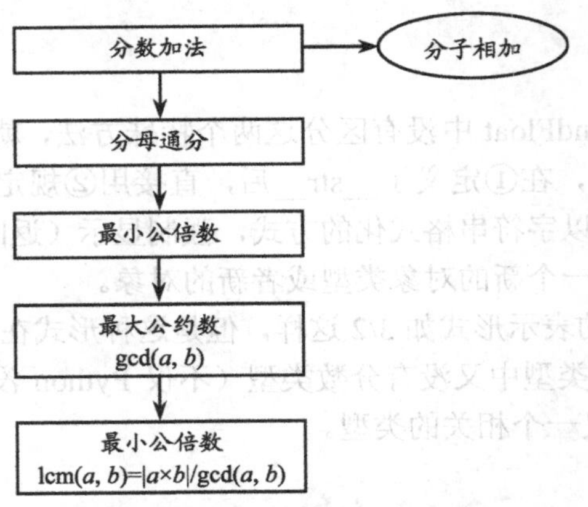

图 6-8-1　分数加法计算过程

像图 6-8-1 所示这样解决问题的方法称为“分治法”。将一个复杂的问题分解为若干简单问题，然后把简单问题组合起来，就解决了那个复杂问题——分而治之。

于是，在例题 6-8-1 的 Fraction 类中，增加计算最大公约数和最小公倍数的静态方法。欲实现“加法”功能，则需重写特殊方法__add__。详细代码示例如下：

```
#coding: utf-8
'''
    add upfractions.
    filename: fraction.py
'''

class Fraction:
    def __init__(self, number, denom=1):
        self.number = number
        self.denom = denom

    def __str__(self):
        return str(self.number) + '/' + str(self.denom)

    __repr__ = __str__
    @staticmethod
    def gcd(a, b):
        if not a > b:
            a, b = b, a
        while b != 0:
            remainder = a % b
            a, b = b, remainder
```

```
        return a

    @staticmethod
    def lcm(a, b):
        return (a * b) / Fraction.gcd(a, b)

    def __add__(self, other):
        lcm_num = Fraction.lcm(self.denom, other.denom)
        number_sum = (lcm_num / self.denom * self.number) + (lcm_num /
other.denom * other.number)
        return Fraction(number_sum, lcm_num)

m = Fraction(1, 3)
n = Fraction(1, 2)
s = m + n
print(s)
```

程序执行结果如下：

```
$ python3 fractionadd.py
5.0/6.0
```

在 Python 中，如果要实现某种运算，就必须有运算符。这些运算符能够被使用，是因为有相应的方法才得以实现的。表 6-8-1 中列出了几种常见运算符对应的特殊方法，供读者参考。

表 6-8-1　运算符和方法名称

运算符	特殊方法
+	__add__, __radd__
-	__sub__, __rsub__
*	__mul__, __rmul__
/	__div__, __rdiv__, __truediv__, __rtruediv__
//	__floordiv__, __rfloordiv__
%	__mod__, __rmod__
**	__pow__, __rpow__
<<	__lshift__, __rlshift__
>>	__rshift__, __rrshift__
&	__and__, __rand__
==	__eq__
!=, <>	__ne__
>	__get__
<	__lt__
>=	__ge__
<=	__le__

以“+”为例，不论是实现“1 + 2”还是“'abc' + 'xyz'”都是执行 1.__add__(2)或者'abc'.__add__('xyz')操作。也就是说，两个对象是否能进行加法运算，首先要看相应的对象是否有__add__方法（读者不妨在交互模式中使用 dir()，看一看整数、字符串是否有__add__()方法）。一旦相应的对象有__add__()方法，即使这个对象从数学上不能做“加法”运算（如“字符串”），也可以用“+”来表达 obj.__add__()方法所定义的操作。运算符具有简化书写的功能，但它要依靠特殊方法实现。

所以，在类 Fraction 中，为了实现分数加法，重写了__add__()，也可以称为运算符重载（对于 Python 是否支持重载，也是一个争论话题）。

这样解决了分数相加的问题。

但上述加法并不是很完美，还有很多需要优化的地方，如分数结果要化成最简分数等。真正要做好一个分数运算的类，还有很多工作要做。

在 Python 中，其实不用自己动手，标准库中就有相应模块可以解决此问题。

```
>>> from fractions import Fraction
>>> m, n = Fraction(1, 3), Fraction(1, 2)
>>> m + n
Fraction(5, 6)
```

```
>>> print(m + n)
5/6
>>> a, b = Fraction(1, 3), Fraction(1, 6)
>>> print(a + b)
1/2
```

Python 的魅力之一就是它强大的标准库和第三方库，可以省心、省力。因此，一般情况下，如果需要定制某对象类型，首先搜索一下，看有没有“现成的开源工具”。如果别人已经做好了，就秉持“拿来主义”吧。

6.8.2 控制属性访问

对象的属性是程序开发中要经常遇到的。下面演示两个与属性相关的特殊方法，也是自定义对象时经常用到的。

```
>>> class A:
...     def __getattr__(self, name):
...         print("You use getattr")
...     def __setattr__(self, name, value):
...         print("You use setattr")
...         self.__dict__[name] = value          #⑥
...
```

这个类中重写了两个特殊方法__getattr__和__setattr__，它们的作用是什么呢？请继续看下面的操作。

```
>>> a = A()
>>> a.x
You use getattr
```

显然，实例 a 没有 x 这个属性。这时要访问这个属性，就是访问一个不存在的属性时，需要调用__getattr__方法。

```
>>> a.x = 7
You use setattr
```

当要建立一个属性并给属性赋值的时候，就访问__setattr__方法。注意⑥的含义，self.__dict__存储了实例属性，⑥的目的是接收 a.x = 7 所创建的属性 x，x 为实例属性。

```
>>> dir(a)
['__class__', '__delattr__', '__dict__', '__dir__', '__doc__', '__eq__', \
'__format__', '__ge__', '__getattr__', '__getattribute__', '__gt__', \
'__hash__', '__init__', '__init_subclass__', '__le__', '__lt__', \
'__module__', '__ne__', '__new__', '__reduce__', '__reduce_ex__', '__repr__', \
'__setattr__', '__sizeof__', '__str__', '__subclasshook__', '__weakref__', 'x']
```

这时候就看到新建的属性 x 了。如果再访问这个属性：

```
>>> a.x
7
```

因为 x 这个属性已经存在了，就不再访问__getattr__()。

上述演示说明，如果访问不存在的属性或者为其创建新属性，会分别访问这两个特殊方法。换个角度，也可以认为在上述两种情况下，这两个特殊方法“拦截”了对属性的访问。

下面使用这两个特殊方法，再自定义一个新的对象。

```
class NewRectangle:
    def __init__(self):
        self.width = 0
        self.length = 0
    def __getattr__(self, name):
        if name == "size":                                   #⑦
            return self.width, self.length
        else:
            raise AttributeError

    def __setattr__(self, name, value):
        if name == "size":                                   #⑧
            self.width, self.length = value
        else:
            self.__dict__[name] = value                      #⑨

rect = NewRectangle()                                        #⑩
rect.width = 3                                               #⑪
rect.length = 4                                              #⑫
print(rect.size)                                             #⑬
print("--"*10)
rect.size = 30, 40                                           #⑭
print("width:", rect.width)
print("length:", rect.length)
```

程序执行结果如下：

```
$ python3 rectangle.py
(3, 4)                                                       #⑮
--------------------
width: 30
length: 40
```

类NewRectangle是一个关于矩形形状的对象（类型）。⑩创建了一个矩形实例，此时尚未确定矩形的长和宽。然后给实例的width属性和length属性赋值，即得到此矩形实例的形状——由方法__setattr__中的⑨完成。

矩形实例还许可访问属性size，表示矩形的形状，即返回属性width和length的值。如⑬，其结果如⑮所示，实现此结果的就是方法__getattr__中的⑦及其条件分支下的语句。

⑭是通过属性size给矩形实例的形状赋值，实现__setattr__方法中⑧的操作。

从以上各示例不难看出，恰当地自定义对象类型能够让代码更紧凑、简洁且意义明确。

【例题6-8-2】 创建表示温度的对象类型。

温度是表示物体冷热程度的物理量，温度的测量只能通过物体随温度变化的某些特性间接进行，用来度量物体温度数值的标尺叫做温标。热力学温标也称为开尔文温标，对应单位是开尔文，用符号K表示。它是基本物理量之一。此外，生活中常用的还有摄氏温标和华氏温标，对应的单位就是摄氏度和华氏度。

解题思路 温度的对象应该具有如下功能：

① 能够通过所创建的类得到一个具体的温度实例。类的名称是Temperature，就可以通

过 t = Temperature(c = 23)这样的方式创建一个 23 摄氏度的实例。

② 通过上面的实例，能够得到 23 摄氏度对应的其他温标的数值。如 f 是表示华氏度的属性，访问 t.f 就能得到 23 摄氏度转化为华氏度之后的温度值。

③ 可以通过修改实例的属性，如 t.f = 40，设置了属性的华氏度的值，然后根据别的属性获得相应温标下的数值，如 t.c 就得到了摄氏度的值。

④ 不同温标之间的数值转换应该有一个中介，就是所有温标在类中都应该以它为基准。按照物理学的要求，宜采用热力学温标。通过属性设置的温度，在类中保存为热力学温标的数值。如果访问表示某温标的属性，再以热力学温标为基础进行转化。

代码示例

```
#coding:utf-8
'''
    The typeof temperature.
    filename: temperature.py
'''

class Temperature:
    coefficient = {"c": (1.0, 0.0, -273.15), "f": (1.8, -273.15, 32.0)}
    def __init__(self, **kargs):
        assert set(kargs.keys()).intersection("kfcKFC"), "invalid arguments {0}".format(kargs)    #⑯
        name, value = kargs.popitem()
        name = name.lower()
        setattr(self, name, float(value))                                                         #⑰

    def __getattr__(self, name):
        try:
            eq = self.coefficient[name.lower()]
        except KeyError:
            raise AttributeError(name)
        return (self.k + eq[1]) * eq[0] + eq[2]

    def __setattr__(self, name, value):
        name = name.lower()
        if name in self.coefficient:
            eq = self.coefficient[name]
            self.k = (value - eq[2]) / eq[0] - eq[1]
        elif name == 'k':
            object.__setattr__(self, name, value)                                                 #⑱
        else:
            raise AttributeError(name)

    def __str__(self):
        return "{0}K".format(self.k)

    def __repr__(self):
        return "Temperature(K = {0}".format(self.k)

t = Temperature(c = 64)
print("c = 64, f = ", t.f)
```

```
t.f = 23
print("f = 23, c = ", t.c)
```

程序运行示例如下：

```
$ python3 temperature.py
c=64, f= 147.2
f=23, c= -5.0
```

类属性 coefficient 的值是字典对象，每个键值对的值可用于华氏温标与开尔文温标之间换算的系数。

在初始化方法__init__中，⑯是“断言”语句（详见 8.3 节）。如果参数是“kfcKFC”中的一员，则不会报错。显然，这里是判断参数中温标类型，即开尔文、摄氏和华氏。

断言语句的关键词是 assert（中文含义有“断言”“宣称”之意），也就是说，这个语句是对什么东西做出判断，相当于条件语句，基本样式是：assert condition。如果 condition 是 False，就抛出错误。

```
>>> assert True
>>> assert False
Traceback (most recent call last):
  File "<stdin>", line 1, in <module>
AssertionError
>>> assert False, "it is FALSE"
Traceback (most recent call last):
  File "<stdin>", line 1, in <module>
AssertionError: it is FALSE
```

⑰中使用了内置函数 setattr，它的功能是对当前实例增加属性和值。

两个“拦截属性”的特殊方法的基本使用方式与前面的一样。

在方法__getattr__中使用了“try ... except”语句，这是用于捕获错误的语句，即如果 try 分支下的语句出现了错误，就执行 except 分支下的语句。

在两个方法中都有 raise 作为关键词的语句，它的作用是强制抛出异常（含异常信息）。

关于异常问题，详见第 8 章。

⑱的写法需要特别注意，这样写主要是为了避免无限循环。如果使用 self.__dict__[name] = value 的形式，就是访问 self.__dict__，只要访问这个属性就会调用__getattribute__方法，这样会导致无限递归下去（死循环），所以要避免。

```
>>> class B:
...     def __getattribute__(self, name):
...         print("you are useing getattribute")
...         return object.__getattribute__(self, name)
>>> b = B()
>>> b.y
you are useing getattribute
Traceback (most recent call last):
  File "<stdin>", line 1, in <module>
  File "<stdin>", line 4, in __getattribute__
AttributeError: 'B' object has no attribute 'y'
```

当访问属性 y 的时候，特殊方法__getattribute__被调用，虽然最后还是要报错。

```
>>> b.y = 8
>>> b.y
you are useing getattribute
8
```

当给其赋值后，就意味着其已经在__dict__中了。再调用，依然被“拦截”。但是由于已经在__dict__中，因此会把结果返回。所以要采用⑱的写法。

在 Python 中，能控制属性的方法不仅仅上述两个，下面将几个特殊方法列出，供读者参考。

- __setattr__(self, name,value)：如果给 name 赋值，就调用这个方法。
- __getattr__(self, name)：如果 name 被访问，但同时它不存在，那么此方法被调用。
- __getattribute__(self, name)：当 name 被访问时自动被调用，无论 name 是否存在，都要被调用。
- __delattr__(self, name)：如果要删除 name，则这个方法被调用。

6.8.3 可调用对象

前面已经反复提及，任何对象，如果只写名称，表示的是该名称所引用的对象本身，只有在后面增加了“( )”，才是执行（或调用）这个对象。那么，是什么决定了一个对象是否可以被执行，或者说，是否可以调用呢？

```
>>> def func(x):
...     return x + 3
...
```

对于函数对象，有一个名为__call__的特殊方法，正是因为它的存在，才让对象可以调用（或执行）。

```
>>> '__call__' in dir(func)
True
>>> '__call__' in dir('python')                    #字符串没有__call__方法
False
>>> 'python'()
Traceback (most recent call last):
  File "<stdin>", line 1, in <module>
TypeError: 'str' object is not callable
```

在对象的属性和方法列表中（用 dir()查看），如果没有特殊方法__call__，则该对象不可调用。

```
>>> class Foo:
...     def __init__(self, n):
...         self.n = n
...     def __call__(self, m):
...         return self.n + m
...
```

类 Foo 中定义了特殊方法__call__，则意味着通过它所创建的实例是可调用的。

```
>>> f = Foo(2)
>>> dir(f)
['__call__', '__class__', '__delattr__', '__dict__', '__dir__', '__doc__', \
```

```
'__eq__', '__format__', '__ge__', '__getattribute__', '__gt__', '__hash__', \
'__init__', '__init_subclass__', '__le__', '__lt__', '__module__', '__ne__', \
'__new__', '__reduce__', '__reduce_ex__', '__repr__', '__setattr__', \
'__sizeof__', '__str__', '__subclasshook__', '__weakref__', 'n']
```

从 dir(f)的结果中可以看到__call__方法，那么实例对象 f 就是可调用的。于是在 f 后面跟上“( )”，执行此对象。

```
>>> f()
Traceback (most recent call last):
  File "<stdin>", line 1, in <module>
TypeError: __call__() missing 1 required positional argument: 'm'
```

注意查看报错信息，仅写“( )”还不行，因为在类 Foo 中定义的方法__call__有两个参数：第一个是 self，毋庸置疑，它是实例；第二个是参数 m。在使用 f()的方式执行（调用）实例对象的时候，需要给参数 m 提供对象引用。

```
>>> f(5)
7
```

由此可得出结论，特殊方法__call__旨在让对象可调用（执行）。

6.8.4 对象的类索引操作

什么是类索引操作？

```
>>> lst = ["python", "java", "c++", "rust"]
>>> lst[0]
'python'
>>> dct = {"name": "Laoqi", "lang": "python", "city": "Soochow"}
>>> dct['city']
'Soochow'
```

在上述操作中，不论是 lst[0]还是 dct['city']，都是对象后面使用了“[]”，这个操作符称为“类索引操作符”。不论是序列类型的对象（如列表），还是具有映射关系的对象（如字典）都可以通过“[]”操作符实现某种操作。从操作的本质上，就是通过映射关系得到相应的值，如上述 lst 对象可以理解为索引与列表中的元素的映射关系，dct 对象显然是键值对的映射了。

那么，能不能自定义可以实现“[]”操作符的对象？

```
>>> class Bar:
...     def __init__(self, total):
...         self.num = [None] * total
...     def __setitem__(self, n, data):
...         self.num[n] = data
...     def __getitem__(self, n):
...         return self.num[n]
...
```

在类 Bar 中出现了两个新的特殊方法，请读者跟随操作，理解这两个方法的效用。

```
>>> b = Bar(3)
>>> b.num
[None, None, None]
```

这是初始化方法__init__所实现的效果。

```
>>> b[1] = 'python'
>>> b.num
[None, 'python', None]
```

执行上述操作的就是特殊方法__setitem__。注意，此处并没有单独去做 b.__setitem__(1, 'python')的操作，而是用类似列表中根据索引修改对应元素或者字典中根据键修改值的方式操作。

```
>>> b.__setitem__(2, 'python')
>>> b.num
[None, 'python', 'python']
```

虽然这样操作也可以，但是不如用“[]”更符合习惯。

```
>>> b[2] = 'java'
>>> b[0] = 'c'
>>> b[3] = 'rust'
Traceback (most recent call last):
  File "<stdin>", line 1, in <module>
  File "<stdin>", line 5, in __setitem__
IndexError: list assignment index out of range
>>> b.num
['c', 'python', 'java']
```

创建实例 b = Bar(3)的时候已经确定好此对象的“长度”是 3，所以 b[3] = 'rust'会报错。

通过上述操作不难发现，类 Bar 是一个类列表对象类型，通过它所创建的实例都是类列表对象。

```
>>> b[0]
'c'
>>> b[2]
'java'
>>> for i in b:
...     print(i)
...
c
python
java
>>> len(b)
Traceback (most recent call last):
  File "<stdin>", line 1, in <module>
TypeError: object of type 'Bar' has no len()
```

当然，类 Bar 实现的类列表对象操作还比较少，如刚才的 len(b)就报错了，为此可以增加一个特殊方法。

```
#coding:utf-8
'''
    an object type similar to list type.
    filename: simlist.py
'''

class SimLst:
    def __init__(self, total):
```

```
        self.__num = [None] * total
    def __setitem__(self, n, data):
        self.__num[n] = data
    def __getitem__(self, n):
        return self.__num[n]
    def __len__(self):
        return len(self.__num)

slst = SimLst(3)
print(len(slst))
```

程序运行结果如下：

```
$ python3 simlist.py
3
```

除了可以定义类列表对象，还可以定义类字典对象。

```
#coding:utf-8
'''
    define a type that is similar to dictionary.
    filename: simdict.py
'''

class SimDit:
    def __init__(self, k, v):
        self.dct = dict([(k, v)])

    def __setitem__(self, k, v):
        self.dct[k] = v

    def __getitem__(self, k):
        return self.dct[k]
    def __len__(self):
        return len(self.dct)

    def __delitem__(self, k):
        del self.dct[k]

d = SimDit('name', 'Laoqi')
d['lang'] = 'python'
d['city'] = 'Soochow'
print(d['city'])
print(len(d))
del d['city']
print(d.dct)
```

程序执行结果如下：

```
$ python3 simdict.py
Soochow
3
{'name': 'Laoqi', 'lang': 'python'}
```

上述程序示例中又增加了__delitem__方法，它实现了类似字典中删除键/值对的操作。

下面的例题对 6.8.3 节和 6.8.4 节的知识进行综合运用。

【例题 6-8-3】 创建一种对象类型，能够将指定字符从某个字符串中选出。

代码示例

```
#coding:utf-8
'''
    keep speical charactersin a string.
    filename: keeper.py
'''

class Keeper:
    def __init__(self, keep):
        self.keep = set(map(ord, keep))

    def __getitem__(self, n):                        #⑲
        if n not in self.keep:
            return None
        return chr(n)

    def __call__(self, s):                           #⑳
        return s.translate(self)

vowels = Keeper("aeiouy")                            #㉑
print(vowels("you raise me up."))                    #㉒
```

程序运行结果如下：

```
$ python3 keeper.py
youaieeu
```

㉑创建了实例对象，其参数的含义是在某个字符串中找出所指定的字符。㉒中则调用（执行）了这个对象，并打印返回结果——就如同调用函数那样。如前所述，之所以㉒中该实例对象能够调用，皆因⑳的__call__方法存在。

⑳所定义的__call__方法中使用了字符串对象的 translate()，因其有一定的特殊性，这里需要专门介绍，以免不知其所以然。

在字符串的方法中，常常把 maketrans 和 translate 两个方法联合使用。

```
>>> d = str.maketrans("abc", "123")
>>> d
{97: 49, 98: 50, 99: 51}
>>> ord("1")
49
>>> ord("a")
97
```

maketrans 方法用于创建字符映射的转换表，第一个参数（字符串）表示需要转换的字符，第二个参数（字符串）表示转换的目标。且两个字符串的长度必须相同。

返回结果是以字典的形式，创建了两个字符串中字符之间的对应的关系，并且字典中都是使用的 ASCII 编码。

假设有字符串"adefb"，如果根据这个映射关系，字符串中的字符“a”被“1”替换，“b”则变为“2”，其他字符因为在上述映射关系中没有涉及，所以不变。这个过程的具体操作如下：

```
>>> value = "adefb"
```

```
>>> result = value.translate(d)                     #d作为translate的参数
>>> result
'1def2'
```

以上就是字符串的 maketrans 和 translate 方法的基本应用。

还可以用这两个方法，从某个字符串中删除某些内容。

```
>>> table = str.maketrans("12", "ab", "3")
```

跟前面有所区别，多了一个参数。本来前两个是用来建立映射关系的，后面又多了一个"3"，它的作用是什么？文档中对此有所描述，请注意阅读：

> If there is a third argument, it must be a string, whose characters will be mapped to None in the result

既然第三个参数表示的含义是它与 None 形成映射，就意味着忽略或者删除原字符串中的该字符。操作示例如下：

```
>>> s = "12345"
>>> result = s.translate(table)
>>> result
'ab45'
```

字符串 s 中的"12"被翻译为"ab"，"3"被移除。这就是上面的 str.maketrans("12", "ab", "3")中第三个参数的作用。

熟悉上述内容，再来理解⑳所定义的方法中的使用意图就容易了。请读者自行思考并解释。

在 Keeper 类中，⑲定义的__getitem__特殊方法已经在前面有所阐述。如果读者注意查看字符串的 translate 方法的文档（help(str.translate)），会看到如下表述：

> The table must implement Lookup/indexing via __getitem__, for instance a dictionary or list, Mapping Unicode ordinals to Unicode ordinals, strings, or None.

所以，在__call__方法中使用了 s.translate(self)。self 是当前的实例，要通过实例的__getitem__方法执行映射表，类似通过 maketrans 方法创建了字典类型的映射表一样。

在 Python 开发中，使用类似本节这些方法——还有本节没有介绍的方法——自定义对象类型，这些方法被笼统称为"Magic Method"（中文翻译为"魔术方法""黑魔法方法""魔法方法"等）。也有资料把这种名称泛化为所有以双下划线开头和结尾的方法，如__init__方法。本书作者认为，冠以什么名称不重要，重要的是读者能够恰当使用这些方法定义对象。

Python 的官方网站提供了对自定义对象的说明，以及更多特殊方法，请参阅 https://docs.python.org/3/reference/datamodel.html

6.9 构造方法

本节要讲述的"构造方法"也是用于自定义类型的特殊方法，其名称是__new__。6.2.1 节中已经对__init__和__new__的翻译问题做了解释，请读者参阅。

6.9.1 基本应用

根据以前的知识可知，当用类创建实例对象的时候，会首先调用类中的__init__方法。

```
>> class Bar:
...     def __init__(self, a):
...         print("__init__ is called")
...         self.a = a
...         print("self is ", self)
...
>>> b = Bar("python")
__init__ is called
self is  <__main__.Bar object at 0x105eeacc0>
>>> b.a
'python'
```

明显，初始化方法中的第一个参数 self 是当前的实例。这都是读者应该已知的，如果感觉生疏，请及时复习本章相关内容。

再来看构造方法__new__。

```
>>> class Foo:
...     def __new__(cls, *args, **kwargs):                        #①
...         print("__new__ is called")
...         print("cls is ", cls)
...         print(args)
...         print(kwargs)
...
>>> f = Foo()                                                     #②
__new__ is called
cls is  <class '__main__.Foo'>
()
{}
```

类中的__new__方法的定义格式与其他特殊方法无异。①的参数列表中，“*args”和“**kwargs”是参数收集方式，应该注意的是第一参数 cls。当然，用其他名称亦可，只不过这里使用 cls 是惯例。

②依然创建实例，从返回结果中可以看出，此时执行了__new__方法，并且打印出了 cls 的引用对象“<class '__main__.Foo'>”，这说明 cls 引用的是当前类，不是实例。

```
>>> ff = Foo("python", "rust", name="laoqi", city="Soochow")     #③
__new__ is called
cls is  <class '__main__.Foo'>
('python', 'rust')
{'name': 'laoqi', 'city': 'Soochow'}
```

在实例化的时候也可以提供参数。上述结果显示，所提供的参数都被参数列表中的 args 和 kwargs 收集。

虽然以上操作结果类似类 Bar 实例化过程，但最终结果大大出乎意料。

```
>>> print(ff)
None
>>> dir(ff)
['__bool__', '__class__', '__delattr__', '__dir__', '__doc__', '__eq__', \
'__format__', '__ge__', '__getattribute__', '__gt__', '__hash__', '__init__', \
'__init_subclass__', '__le__', '__lt__', '__ne__', '__new__', '__reduce__', \
```

```
'__reduce_ex__', '__repr__', '__setattr__', '__sizeof__', '__str__', '__subclasshook__']
```

③试图创建一个实例，但是即使创建了一个实例，也只能说这个实例是None，或者说，虽然有了③的操作，但是没有创建实例。注意，在Python中，None也是对象。

```
>>> dir(None)
['__bool__', '__class__', '__delattr__', '__dir__', '__doc__', '__eq__', \
'__format__', '__ge__', '__getattribute__', '__gt__', '__hash__', '__init__', \
'__init_subclass__', '__le__', '__lt__', '__ne__', '__new__', '__reduce__', \
'__reduce_ex__', '__repr__', '__setattr__', '__sizeof__', '__str__', '__subclasshook__']
```

之所以会这样，是因为__new__方法必须有返回值，与__init__不同，如果没有返回值，则会return None。而且，构造方法__new__的返回值必须是所创建的实例。

如果在类中有构造方法__new__和初始化方法__init__，实例化类的时候会先调用构造方法__new__，然后将构造方法的返回值（实例）传给初始化方法__init__。

```
>>> class Test:
...     def __new__(cls, *args, **kwargs):
...         print("__new__ is called")
...     def __init__(self):
...         print("__init__ is called")
...
>>> Test()
__new__ is called
```

的确先调用了构造方法，但是没有调用初始化方法，就是因为在构造方法中没有返回实例对象。

```
>>> class A:
...     def __new__(cls, *args, **kwargs):
...         result = super().__new__(cls)              #④
...         print(result)
...         result.subject = 'physics'                 #⑤
...         return result
...     def __init__(self, name):
...         print("__init__ is called")
...         self.name = name                           #⑥
...
```

在类A中的__new__方法中，以④的方式得到实例对象，这是构造方法中的典型应用。特别注意，如果在类中定义了__new__和__init__，在④中得到实例对象的时候，除了cls，不要再传入其他参数。本质上，这是在类中重写了父类（object）的两个同名方法。

④也可以写成“result = object.__new__(cls)”，因为Python中所有类都默认继承了类object，④中的super()所指的父类就是object。

⑤创建了当前实例的一个属性，在初始化方法中的⑥也创建了实例的属性。

```
>>> a = A("laoqi")
<__main__.A object at 0x105eeac18>
__init__ is called
>>> a
<__main__.A object at 0x105eeac18>
>>> a.name
```

```
'laoqi'
>>> a.subject
'physics'
```

创建实例，从打印的信息可以知晓，④中创建的实例就是当前的实例 a，并且分别在构造方法和初始化方法中创建的实例属性均可以通过当前实例访问。

在类 A 中，__new__方法返回的是④所创建的当前实例，还可以返回其他实例。

```
>>> class B:
...     def __new__(cls, *args, **kwargs):
...         return 7
...     def __init__(self, a):
...         self.a = a
...
>>> b = B(100)                              #⑦
```

类 B 的__new__方法返回了一个实例（整数 7，它是 int 类的实例），⑦完全是依照类 B 中初始化方法__init__的要求进行实例化，但是得到的实例对象却是：

```
>>> b
7
```

这已经充分说明，“构造”实例的是__new__方法。

上述示例也说明，__new__方法返回的实例对象可以是任何实例对象。

```
>>> class One: pass
...
>>> class Two:
...     def __new__(cls, *args, **kwargs):
...         return object.__new__(One)         #⑧
...
>>> two = Two()
>>> two
<__main__.One object at 0x105eeae10>         #⑨
```

⑧返回的实例对象是类 One 的实例，虽然__new__方法在类 Two 中，实例化后，⑨显示当前实例是类 One 的实例。

【例题 6-9-1】 对于质量单位，现实中有两套体系：一套体系是“官方”的，如千克、克；另一套是“民间”的，如斤、两。有的超市的价格标签常用“xx 元/500 克”，这算是照顾了两套体系，因为 500 克=1 斤。

编写一个使用构造方法的类，用于实现“民间”体系向“官方”体系的转换，即以“1 斤”实例化，则得到“500 克”的实例。

代码示例

```
#coding:utf-8
'''
    Convert from jin to gram.
    filename: convert2g.py
'''
class ToGram(float):
    def __new__(cls, jin=0.0):
        gram = jin / 2 * 1000
```

```
        return float.__new__(cls, gram)             #⑩

jin = 2.3
value = ToGram(jin)
print("{0}jin = {1:.2f}g".format(jin, value))
```

程序运行结果如下：

```
$ python3 converttog.py
2.3jin = 1150.00g
```

在定义类 ToGram 的时候继承了类 float，所以构造方法的返回值使用了⑩所示的方式。从类的调用和程序运行结果来看，实现了题目所要求的。

6.9.2 单例模式

在软件设计模式中有一种“单例模式”，其主要目的是某个类只有一个实例存在。“类是实例工厂”，一个类可以创建无数个实例，在计算机中，每个实例都会占用一定的内存空间。但是，有时没有必要这样做，甚至绝对不能这样做。

比如，某个服务器程序的配置信息存放在一个文件中，客户端通过一个名为 AppConfig 的类来读取配置文件的信息。如果在程序运行期间，有很多地方需要使用配置文件的内容，也就是说，很多地方需要创建 AppConfig 对象的实例，就导致系统中存在多个 AppConfig 的实例对象。这样会严重浪费内存资源，尤其是在配置文件内容很多的情况下。

需要“单例模式”的情景还有很多，如对某个共享文件（如日志文件）的控制，对计数器的同步控制等。这些情况都要求“只有一个实例”，才能实现真正的“同步”。

在 Python 中实现单例模式的方式也比较多，其中重写__new__是一种方式。

```
#coding:utf-8
'''
    singleton type by rewriting __new__
    filename: singleton.py
'''
class Singleton:
    _instance = None                                    #⑪
    def __new__(cls, *args, **kwargs):
        if not cls._instance:
            cls._instance = super().__new__(cls)        #⑫
        return cls._instance

class MyClass(Singleton):
    a = 1

x = MyClass()
y = MyClass()

print(x)
print(y)
print("x is y: ", x is y)
```

程序运行结果如下：

```
$ python3 singleton.py
```

```
<__main__.MyClass object at 0x10311e358>
<__main__.MyClass object at 0x10311e358>
x is y:  True
```

在实现单例的类 Singleton 的⑪新建立一个类属性，并赋值为 None；再用⑫以实例返回值对类属性赋值（符合判断条件）。

类 MyClass 继承类 Singleton。当然，在实际情况下，这个类中还要写其他方法。

利用类 MyClass 创建了实例 x 和 y，并对两个实例是否为同一个对象进行判断。从运行结果中可以发现，这两个实例其实是同一个对象。如此实现了“单例模式”。

初始化方法除了在“单例模式”中使用，在定义“元类”（见 6.12 节）还会看到其作用。

6.10 迭代器

读者已经熟知，列表、字符串、字典等这些内置对象是“可迭代的”，并且使用 hasattr() 可以判断一个对象是否为“可迭代的”。

```
>>> hasattr(list, '__iter__')
True
```

通常，我们用“可迭代的”这个词来指具有__iter__方法的对象。

除了“可迭代的”，还有一个概念，此前也遇到过。

```
>>> m = map(lambda x, y: x + y, [1,2,3], [6,7,8])
>>> m
<map object at 0x105ecebe0>
```

如果读者还记得 map 对象（忘记了也没关系，使用 help 函数查看），它是一个 iterator（中文翻译为“迭代器”）。“迭代器”对象一定是“可迭代的”，但“可迭代的”对象不一定是“迭代器”。

如何定义“迭代器”对象？一种最简单的方式是用内置函数 iter（请读者自行查看其帮助文档）。

```
>>> lst = [1, 2, 3, 4]
>>> iter_lst = iter(lst)
>>> iter_lst
<list_iterator object at 0x00000000034CD6D8>
```

从返回结果中可以看出，iter_lst 引用的是迭代器对象。那么，iter_lst 和 lst 这两个对象有何异同？

```
>>> hasattr(lst, "__iter__")
True
>>> hasattr(iter_lst, "__iter__")
True
```

它们都有__iter__，这是相同点，说明它们都是可迭代的。

不同点呢？

```
>>> hasattr(lst, "__next__")
False
>>> hasattr(iter_lst, "__next__")
True
```

有无__next__方法是 iter_lst 和 lst 两个对象的差别，迭代器对象必须有__next__方法。

```
>>> iter_lst.__next__()
1
>>> iter_lst.__next__()
2
>>> iter_lst.__next__()
3
>>> iter_lst.__next__()
4
>>> iter_lst.__next__()                                         #①
Traceback (most recent call last):
  File "<stdin>", line 1, in <module>
StopIteration
```

每执行一次__next__方法，迭代器中的一个元素就被读入内存（在控制台显示，说明被读入内存了）。列表则不然，其所有元素是一次性被读入内存的。这说明迭代器 iter_lst 比列表 lst 节省了内存。所以，对于元素数量很大或者每个元素比较大的对象，迭代器的优势就相当明显了。

当循环到最后一个元素后，再执行__next__方法，会抛出 StopIteration 异常，如①所示。

```
>>> for i in iter_lst:                                          #②
...     print(i)
...
```

如果承接前面的操作，对 iter_lst 使用 for 循环——迭代器当然是“可迭代的”，因为 for 循环语句会自动捕获并处理 StopIterraion 异常，所以不会如同①那样抛出异常。但是②操作没有打印出任何内容，这是因为“迭代器”循环到最后一个对象后，不会自动回到最开始。

为了理解迭代器的这个特点，可以假想有一个“指针”，当这个指针指向迭代器什么位置，该位置的元素就可以被读取。每次执行__next__方法就是将指针向后移动一个元素的位置。那么，执行到①的时候，则意味着指针已经移动到最后一个元素的后面了，并且指针没有自动回到最开始，所以再执行②，自然什么也得不到了。

```
>>> iter_lst = iter(lst)                   #重新加载了此迭代器对象，指针指向了第一个元素
>>> for i in iter_lst:
...     print(i)
...
1
2
3
4
```

在 Python 中有一个与迭代器对象类似的内置方法 next，它的作用就是返回迭代器对象中指针位置的元素，并向后移动。

```
>>> next(iter_lst)                         #承接前面操作，所以报异常
Traceback (most recent call last):
  File "<stdin>", line 1, in <module>
StopIteration
>>> iter_lst = iter(lst)
>>> next(iter_lst)
```

```
1
>>> next(iter_lst)
2
```

图 6-10-1 以图示方式演示了迭代器的作用。

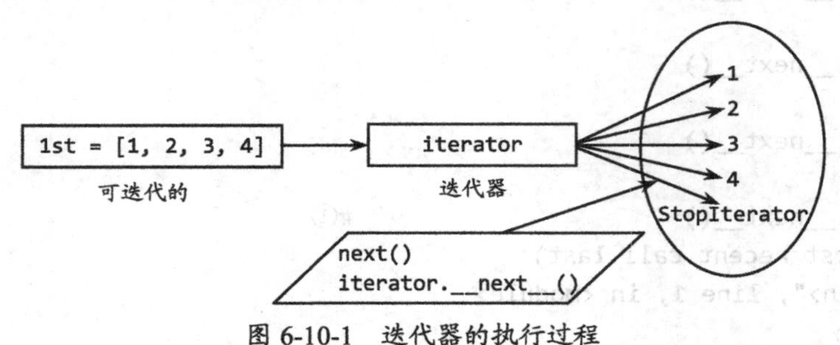

图 6-10-1　迭代器的执行过程

在理解迭代器的基础上就可以更深刻理解 for 循环了。

```
>>> lst
[1, 2, 3, 4]
>>> import dis                                    #④
>>> dis.dis("for i in lst: pass")
  1           0 SETUP_LOOP              12 (to 14)
              2 LOAD_NAME                0 (lst)
              4 GET_ITER
>>    6 FOR_ITER                 4 (to 12)
              8 STORE_NAME               1 (i)
             10 JUMP_ABSOLUTE            6
>>   12 POP_BLOCK
>>   14 LOAD_CONST               0 (None)
             16 RETURN_VALUE
```

④引入了标准库 dis，用它观察 for 循环的细节。

“GET_ITER”的作用等同于“iter(lst)”，“FOR_ITER”相当于使用 next()依次获取每个元素。

一个对象欲称为迭代器，必须有__iter__和__next__两个方法。据此，如果在类中定义这两个方法，就可以定义迭代器对象（类型）了。

```
#coding:utf-8
'''
an iterator
    filename: iterator.py
'''
class MyRange:
    def __init__(self, n):
        self.i = 1
        self.n = n

    def __iter__(self):
        return self

    def __next__(self):
```

```
        if self.i <= self.n:
            i = self.i
            self.i += 1
            return i
        else:
            raise StopIteration()

print("rang(7):", list(range(7)))
print("MyRange(7):", [i for i in MyRange(7)])
```

程序执行结果如下：

```
$ python3 iterator.py
rang(7): [0, 1, 2, 3, 4, 5, 6]
MyRange(7): [1, 2, 3, 4, 5, 6, 7]
```

类 MyRange 的实例对象有点类似 range 函数返回的对象，但二者也有不同，通过比较执行结果容易看到区别。实现此区别的操作之一是在类 MyRange 的初始化方法中以 self.i = 1 确定以整数 1 作为计数起点，而不是 0。

另外，在__next__方法中以 self.i <= self.n 条件进行判断，从而将实例化参数值也包含在了迭代器返回值范围。

【例题 6-10-1】 编写斐波那契数列的迭代器对象。

代码示例

```
#coding: utf-8
'''
    the iterator inFibonacci sequence.
    filename: fibsiterator.py
'''

class Fibs:
    def __init__(self, max):
        self.max = max
        self.a = 0
        self.b = 1
    def __iter__(self):
        return self
    def __next__(self):
        fib = self.a
        if fib > self.max:
            raise StopIteration
        self.a, self.b = self.b, self.a + self.b
        return fib
fibs = Fibs(100000)                                    #③
lst = [ fibs.__next__() for i in range(10)]
print(lst)
```

运行结果如下：

```
$ python3 fibsiterator.py
[0, 1, 1, 2, 3, 5, 8, 13, 21, 34]
```

③所创建的斐波那契数列对象包含了很多元素（参数为最大值）。但是，因为迭代器的特点，那些数字在执行下面的列表解析之前没有被读入内存。只有执行了下面的列表解析之后，才有指定个数的元素被读入内存，并组合成了一个列表。

刚才的 Fibs 类型的对象有上限，下面演示无限的。

```
>>> import itertools                                        #④
>>> counter = itertools.count(start = 7)                    #⑤
>>> next(counter)
7
>>> next(counter)
8
>>> next(counter)
9
```

④引入标准库 itertools，⑤创建了从整数 7 开始直到无限的迭代器对象。因为是迭代器对象，此时内存中并没有读入无限多个整数，而是每次执行 next 函数之后才读入了一个。

```
>>> colors = itertools.cycle(["red", "yellow", "green"])    #⑥
```

对于迭代器而言，如果循环到最后，要报异常。而⑥创建的迭代器打破了这个限制。

```
>>> next(colors)
'red'
>>> next(colors)
'yellow'
>>> next(colors)
'green'
>>> next(colors)
'red'
```

6.11 生成器

在“迭代器”之后，学习“生成器”会有一种感觉，原来这才是优雅的。定义生成器（generator）的方法非常简单，只要使用 yield 关键词即可。yield 即“生产”“出产”之意，在 Python 中，它作为一个关键词，是生成器的标志。

```
>>> def g():
...     yield 0
...     yield 1
...     yield 2
...
>>> ge = g()
>>> ge
<generator object g at 0x10432ef10>
>>> type(ge)
<class 'generator'>
```

执行所定义的函数 g，得到了一个类型为“generator”的对象，这个对象就是“生成器”对象。

```
>>> dir(ge)
```

```
['__class__', '__del__', '__delattr__', '__dir__', '__doc__', '__eq__', \
'__format__', '__ge__', '__getattribute__', '__gt__', '__hash__', '__init__', \
'__iter__', '__le__', '__lt__', '__name__', '__ne__', '__new__', '__next__', \
'__qualname__', '__reduce__', '__reduce_ex__', '__repr__', '__setattr__', \
'__sizeof__', '__str__', '__subclasshook__', 'close', 'gi_code', 'gi_frame', \
'gi_running', 'gi_yieldfrom', 'send', 'throw']
```

这里看到了__iter__和__next__，虽然函数体中并没有显式写出__iter__和__next__，仅写了yield语句，但它就已经成为迭代器了。

既然如此，当然可以进行如下操作：

```
>>> ge.__next__()
0
>>> ge.__next__()
1
>>> ge.__next__()
2
>>> ge.__next__()
Traceback (most recent call last):
  File "<stdin>", line 1, in <module>
StopIteration
```

刚才定义的函数g是生成器函数，调用它能够得到生成器对象。

在生成器函数中，yield 语句的作用是返回指定对象。读者一定会想到，此前函数中都有的return发起的语句，也是返回指定对象，它与yield有什么区别？

为了搞清楚这两者的区别，先写一个普通函数。

```
>>> def r_return(n):
...     print("You took me.")
...     while n > 0:
...         print("Before return")
...         return n
...         n -= 1                              #①
...         print("After return")
...
>>> rreturn = r_return(3)                       #②
You took me.
Before return
>>> rreturn
3
```

用以往的函数知识不难理解最后的结果。函数定义后，执行②即调用该函数，函数体内的语句就开始执行了，遇到 return，将值返回，并结束函数体内的执行。所以，return 后面的①以及之后的语句根本没有执行。

将return改为yield：

```
>>> def y_yield(n):
...     print("You took me.")
...     while n > 0:
...         print("Before yield")
...         yield n
```

```
...         n -= 1
...         print("After yield")
...
>>> yyield = y_yield(3)                     #③
>>> yyield.__next__()                       #④
You took me.
Before yield
3                                           #⑤
>>> yyield.__next__()                       #⑥
After yield
Before yield
2
>>> yyield.__next__()
After yield
Before yield
1
>>> yyield.__next__()                       #⑦
After yield
Traceback (most recent call last):
  File "<stdin>", line 1, in <module>
StopIteration
```

③调用了生成器函数，但是函数体内的语句并没有执行，而是到④执行生成器对象的__next__方法才开始执行函数体内语句。从返回结果中可以看出，执行到 yield 语句，返回了此时的结果（如⑤）。但是此时并没有跳出函数体，当⑥再次执行的时候，在函数体中，从上次 yield 的位置继续向下执行。

这说明 yield 的作用不仅仅是返回指定对象，还有一个作用是让函数“暂停”，可以形象地说是“挂起”，但不是结束函数。当再次“激活”，就从“挂起”位置继续执行了。

⑦显示当 n 不再满足循环条件的时候结束函数，并报异常。此异常与迭代器中的异常相同。

【例题 6-11-1】 内置函数 range 的参数必须是整数。请编写一个迭代器函数，以浮点数为参数（开始值，结束值，步长），生成某范围的序列。

代码示例

```
#coding:utf-8
'''
   Generate a sequence of parameters with floating-point numbers.
   filename: floatrange.py
'''
import itertools

def frange(start, end = None, step = 1.0):
   if end is None:
      end = float(start)
      start = 0.0
   assert step
   for i in itertools.count():
```

```
        next = start + i * step
        if (step > 0.0 and next >= end) or (step < 0.0 and next <= end):
            break
        yield next

f = frange(1.2, 9)
print(list(f))
```

程序运行结果如下：

```
$ python3 floatrange.py
[1.2, 2.2, 3.2, 4.2, 5.2, 6.2, 7.2, 8.2]
```

【例题 6-11-2】 编写用于生成斐波那契数列的生成器函数。

代码示例

```
#coding:utf-8
'''
    the generator of Fibonacci sequence.
    filename: fibsgenerator.py
'''

def fibs():
    prev, curr = 0, 1
    while True:
        yield prev
        prev, curr = curr, prev + curr

import itertools
print(list(itertools.islice(fibs(), 10)))     #⑧
```

运行结果如下：

```
$ python3 fibsgenerator.py
[0, 1, 1, 2, 3, 5, 8, 13, 21, 34]
```

⑧中执行了函数 fibs，从而得到斐波那契数列。注意，没有提供任何参数，其实得到的是包含了无限多项的斐波那契数列生成器。itertools.islice 是常见的从无限序列中截取有限序列的函数。然后使用 list 函数将得到的生成器转化为列表，这就是最终打印的结果。

在 Python 中，除了通过写生成器函数，然后通过执行生成器函数得到生成器对象，还可以使用“生成器解析”得到生成器对象。

```
>>> [ x ** 2 for x in range(10) ]
[0, 1, 4, 9, 16, 25, 36, 49, 64, 81]
```

这是列表解析，得到的是一个列表，不是生成器对象。

```
>>> gt = ( x ** 2 for x in range(10) )        #⑨
>>> gt
<generator object <genexpr> at 0x105e9ee60>
```

仅仅把列表解析中的“[]”改为“()”就得到了生成器对象。但是注意，通常不称⑨为“元组解析”，而称为“生成器解析”，虽然还有与列表解析类似的“集合解析”“字典解析”（详见 4.4.3 节的讲述）。

```
>>> gt.__next__()
0
>>> gt.__next__()
```

```
1
>>> gt.__next__()
4
>>> list(gt)
[9, 16, 25, 36, 49, 64, 81]
```

用“生成器解析”的方式得到的生成器对象，与之前的生成器对象完全一样。

生成器很强大，它允许使用较少的中间变量和数据结构编写流代码，让内存效率更高。当然，代码行数也可以少点。

【例题 6-11-3】 窗口函数是信号分析中经常使用的。比如，分析股票数据以 5 天为一个“窗口”，计算每个“窗口”的某种数据（如计算“窗口”内收盘价的平均值）。在数据分析的有关库（如 pandas）中通常有专门的窗口函数。

对于字符串而言，也可以有“窗口”，如"abcde"。如果以它创建一个“两个字符宽”的“窗口”，那么这个窗口从左向右移动，就可以分别得到如下结果。

```
>>> s = "abcde"
>>> r = (s[i::3] for i in range(3))                    #⑩
>>> list(r)
['ad', 'be', 'c']
```

虽然⑩实现了“窗口”移动，但是它仅适用于针对类似字符串这样的能够进行切片操作的对象，而对于某些其他对象，如字典，虽然是可迭代对象，但因为不能进行切片操作，就无法使用⑩实现窗口移动的操作。

请写一个实现上述功能的函数。

代码示例

```
#coding:utf-8
'''
    window moving function
    filename: windowfunc.py
'''

import itertools

def spliter(iterable, n):
    result = [[] for x in range(n)]                    #⑪
    resiter = itertools.cycle(result)                  #⑫
    for item, sublist in zip(iterable, resiter):       #⑬
        sublist.append(item)                           #⑭
    return result

s = "abcde"
print(spliter(s, 3))                                   #⑮
d = {"a":1, "b":2, "c":3, "d":4, "e":5, "f":6, "g":7, "h":8}
print(spliter(d, 3))
```

程序执行结果如下：

```
$ python3 windowfunc.py
[['a', 'd'], ['b', 'e'], ['c']]
[['a', 'd', 'g'], ['b', 'e', 'h'], ['c', 'f']]
```

⑮调用这个函数的方式是 spliter(s, 3)，其中参数 n=3 意味着将对象 s 分为 3 段，即“2

个字符”为宽度创建窗口。为此，⑪中准备了一个列表，列表中的每个元素对应当前对象被划分的每份，即相当于一个窗口。

⑫的执行效果是得到一个生成器对象。在这个生成器对象中，将⑪创建的列表中的子列表（代表窗口的子列表）首尾连接起来。如果根据⑮提供的参数，⑪中生成的列表中有 3 个子列表，这 3 个子列表首尾连接。图 6-11-1 把循环连接方式画成了直线，就是无限延展下去。

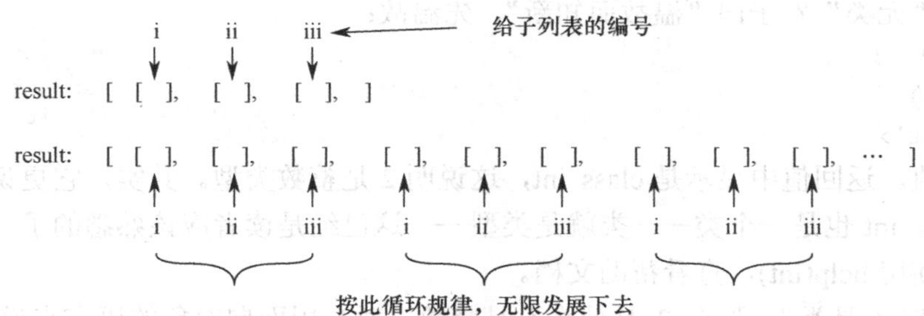

图 6-11-1　创建无限项的生成器对象

⑬中通过 zip 函数，实现可迭代对象 s 的各元素与 resiter 列表中的每个元素（就是空列表）的映射关系，映射结果如图 6-11-2 所示。

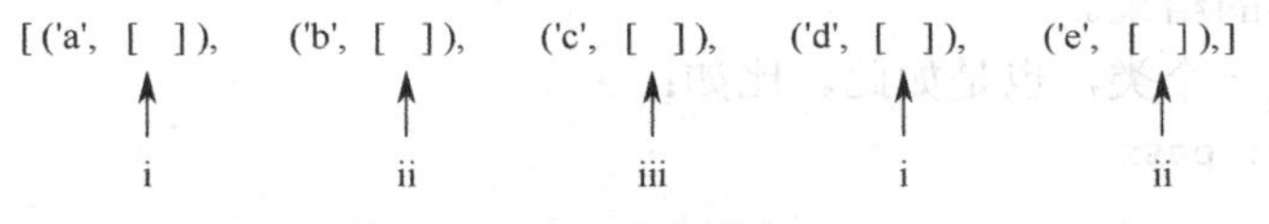

图 6-11-2　zip()结果演示

因为 resiter 中的元素是按照 result 中的子列表元素的顺序循环而成，所以 s 中字符'a'与 resiter 中的子列表元素“i”对应，以此类推。当创建了'c'与子列表元素“iii”的对应关系之后，resiter 中的子列表元素又从“i”开始循环，所以字符'd'与“i”对应，'e'与“ii”对应。这就是图 6-11-2 的含义。

然后通过 for 循环，获得每组映射关系中的两个元素，⑭将字符元素追加到对应的子列表元素中，注意子列表元素每经过三个元组就重复一次。

a. 字符'a'追加到子列表“i”；b. 字符'b'追加到子列表“ii”；c. 字符'c'追加到子列表“iii”。又循环到子列表“i”，则：d. 字符'd'追加到子列表“i”；e. 字符'e'追加到子列表“ii”。

以上过程可以参考图 6-11-3 所示。如此就实现了不用切片操作的“窗口”功能。

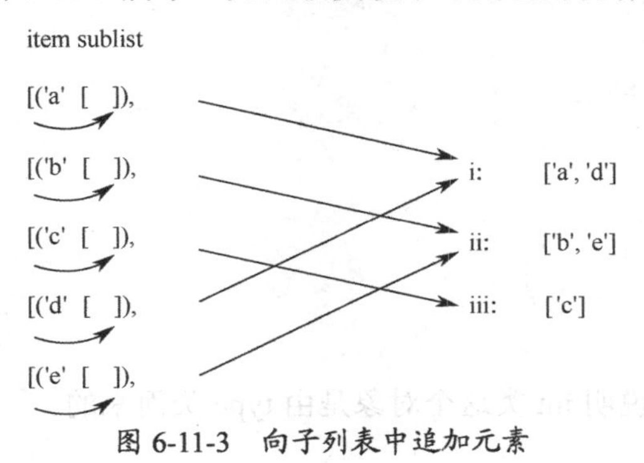

图 6-11-3　向子列表中追加元素

6.12 元类

6.8 节已经通过多种方式实现了“自定义对象类型”。本节讲述的“元类”（metaclass）本质上是用它自定义对象类型，只不过是“更深层次”的自定义了。

什么是“元类”？子曰“温故而知新”，先温故：

```
>>> a = 2
>>> type(a)
<class 'int'>
```

请关注返回值。返回值中显示是 class int，这说明 2 是整数类型。其实，它更说明的是 2 是 int 类的实例。int 也是一个类——类就是类型——这已经是读者应该熟悉的了。如果不确定此认识，请使用 help(int)，查看帮助文档。

如果说“int 是类”，那么 2 是什么？是整数。对！用面向对象的语言来说，2 就是 int 类的实例。查看某个实例是由哪个类而来，还有一个属性。

```
>>> a.__class__
<class 'int'>
```

其实，返回值与 type 函数返回的结果一样——还是因为类就是类型，所以不管查看类还是类型，都是同样的结果。

如果自定义一个类，也是如此。比如：

```
>>> class K(): pass
...
>>> k = K()
>>> type(k)
<class '__main__.K'>
>>> k.__class__
<class '__main__.K'>
```

总结一句：实例对象是由类实例化而来的。

这些就是我们要温的“故”。在所“温”之“故”的基础上进一步思考。

Python 中万物皆对象，类也是对象。是的，类也是对象。那么，作为对象的类是由什么而来的呢？这就好比思考原子由电子和原子核组成，那么原子核还有结构吗？

可以这样试试：

```
>>> type(a.__class__)
<class 'type'>
>>> a.__class__.__class__
<class 'type'>
```

或者：

```
>>> type(int)
<class 'type'>
>>> int.__class__
<class 'type'>
```

返回的是<class 'type'>，说明 int 类这个对象是由 type 类而来的。

```
>>> k.__class__.__class__
<class 'type'>
```

刚才定义的类 K 也是由 type 类而来的。

居然两个不同的类都是由一个叫做 type 的类生成的。再看看别的。

```
>>> b = "laoqi"
>>> b.__class__
<class 'str'>
>>> b.__class__.__class__
<class 'type'>
```

str 是类型，也是类，这个类也是 type 类生成的。

可以再试试别的。用不完全归纳法可以得出结论：类都是由 type 类而来的。

换个方式，能发现规律。

```
>>> isinstance(2, int)
True
>>> isinstance(int, type)
True
>>> isinstance(k, K)
True
>>> isinstance(K, type)
True
```

整数 2 是 int 类的实例，int 类是 type 类的实例；同理，后面创建的实例 k 是类 K 的实例，类 K 是 type 类的实例。图 6-12-1 表示了这种关系。

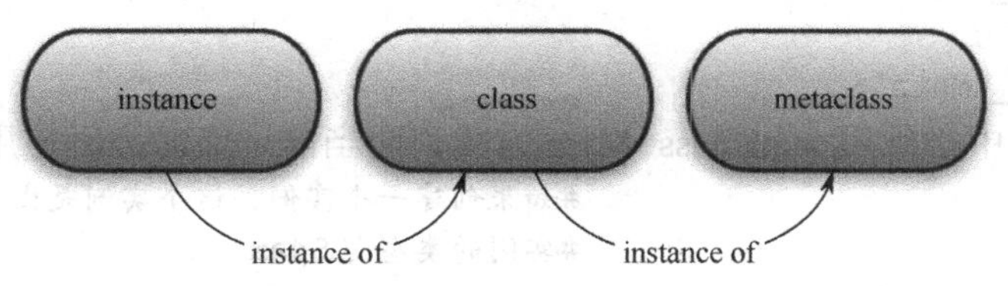

图 6-12-1　实例、类、元类的关系

一切最终归结到 type，它就是开始，就是最基本单元。在汉语中，描述这种特征的时候常用一个字："元"。元，从哲学上说，指世界统一的基础、世界的组织细胞、世界的具体存在和表现形式。那么，对于 type 而言，也可以用"元"来命名了。type 还是类，所以就把它称为"元类"（metaclass）。

读者如果好奇 type，可以用 help()查看帮助文档（因为重要，此处截取部分内容显示）。

```
>>> help(type)
class type(object)
 |  type(object_or_name, bases, dict)
 |  type(object) -> the object's type
 |  type(name, bases, dict) -> a new type
```

上述内容显示，type(name, bases, dict) 能得到新的类型（a new type），即新的类——类型就是类。

```
>>> Foo = type("Foo", (), {})              #①
```

这里定义的 Foo 就是一个新的类（类型），虽然它不是用 class 关键词定义的。

```
>>> f = Foo()
```

```
>>> f.__class__
<class '__main__.Foo'>
```

它与以往所定义的类一样，可以实例化。进一步考察，它也是 type 类型。

```
>>> type(Foo)
<class 'type'>
>>> Foo.__class__
<class 'type'>
```

根据 6.5 节中关于继承的知识可知，如果用 class 关键词自定义一个类，并且这个类继承 type 类，那么这个新的类就具有了元类（type）的特征。

```
>>> class Meta(type):
...     pass
...
```

具有 type 特征的类 Meta 也叫做元类，类是元类的实例，即根据元类可以创建类，其方式如下：

```
>>> class Spam(metaclass = Meta):
...     pass
...
```

这里定义的类 Spam 与以往所定义类的不同之处在于，类名称之后紧跟圆括号，圆括号中用参数 metaclass 说明元类，这样得到的类 Spam 就是根据元类 Meta 而建。还可以用如下语言格式描述上述过程：类 Spam 是元类 Meta 的实例；元类 Meta 实例化得到了类 Spam。

```
>>> Spam.__class__
<class '__main__.Meta'>
>>> type(Spam)
<class '__main__.Meta'>
```

注意：在参数中必须用 metaclass=Meta 方式声明当前定义的类所使用的元类。

```
>>> s = Spam()                      #如果创建一个实例，这个实例是由类Spam而得到的
>>> s.__class__                     #实例的类型是Spam
<class '__main__.Spam'>
>>> s.__class__.__class__           #实例的类型，就是我们刚刚定义的元类Meta了
<class '__main__.Meta'>
```

元类 Meta 里只有 pass，为了能够让所定义的元类具有某种特殊功能，也可以在元类中写各种属性和方法——元类也是类，所以此前定义类的各种方法在这里依然有效。

```
>>> class AuthorMeta(type):
...     def __new__(cls, name, bases, attrs):
...         print("AuthorMeta is called.")
...         attrs['__author__'] = "laoqi"          #②
...         return type.__new__(cls, name, bases, attrs)
...
```

6.9 节已经讲述过构造方法__new__，它不仅可以用在定义普通的类中，也可以用在元类中，其作用依然是“构造”所在类的结构，如属性。

注意，用元类来创建普通类，元类的“构造”会被带入到普通类中——普通类是元类的实例。

下面的代码示例就是创建元类的实例。注意，是在交互模式中。

```
>>> class Python(metaclass=AuthorMeta):
```

```
...     def __init__(self, bookname):
...         self.bookname = bookname
...     def author(self):
...         return self.__author__
...
AuthorMeta is called.
```

输入完毕类 Python 的所有代码后，会显示"AuthorMeta is called."。这说明只要类 Python 一创建，就调用了元类 AuthorMeta，并执行了其中的构造方法__new__。而在方法__new__中，②创建了属性"__author__"并赋值。这个属性会随着元类实例化传给类 Python。

```
>>> Python.__author__
'laoqi'
```

如果继续把类 Python 实例化：

```
>>> book = Python("python book")
>>> book.bookname
'python book'
>>> book.author()
'laoqi'
>>> book.__author__
'laoqi'
```

那么，在元类的初始化方法中定义的属性__author__是实例属性还是类属性？

```
>>> book.__dict__
{'bookname': 'python book'}
>>> Python.__dict__
mappingproxy({'__module__': '__main__', '__init__': <function Python.__init__
at 0x105ef0ae8>, 'author': <function Python.author at 0x105ef0b70>,
'__author__': 'laoqi', '__dict__': <attribute '__dict__' of 'Python' objects>,
'__weakref__': <attribute '__weakref__' of 'Python' objects>, '__doc__': None})
```

显然，属性__author__是类 Python 的属性。

为了理解这个结论，请再次看元类 AuthorMeta 的构造方法__new__，它返回一个实例对象，此处返回的是它实例化时创建的实例对象，就是类 Python，所以属性__author__是元类的实例的属性，也就是类 Python 的属性。从类 Python 层面看，就是类属性。

在元类中，除了使用__new__方法构造类，还会用到__call__方法（详见 6.8.3 节）。例如：

```
>>> class Meta(type):
...     def __call__(cls, *args, **kwargs):
...         print("__call__ of", cls)
...         return type.__call__(cls, *args, **kwargs)
...
>>> class MyKlass(metaclass=Meta):
...     def __init__(self, a, b):
...         self.a = a
...         self.b = b
...
>>> foo = MyKlass(1, 2)
__call__ of <class '__main__.MyClass'>
```

```
>>> foo.a
1
```

MyKlass是一个对象，对象后面增加圆括号，就是执行它。这里的MyKlass又是类，执行它就是实例化，创建实例。而元类中的__call__方法只有当它的实例——类MyKlass执行的时候才被调用。最终的表现就是当类MyKlass实例化时执行了元类中的方法__call__。

再观察元类中的方法__call__的参数列表，第一个参数cls是元类的实例MyKlass。这与在普通类中定义__call__方法时，第一个参数用self表示，表示当前类的实例，是相同的含义。

在元类中重写__call__方法，一个重要用途就是实现“单例模式”。6.9节中用构造方法__new__也实现过“单例模式”。

```
>>> class Singleton(type):
...     instance = {}
...     def __call__(cls, *args, **kwargs):
...         if cls not in cls.instance:
...             cls.instance[cls] = type.__call__(cls, *args, **kwargs)    #④
...         return cls.instance
...
>>> class Spam(metaclass=Singleton): pass                                  #⑤
...
>>> x = Spam()                                                             #⑥
>>> y = Spam()                                                             #⑦
>>> x is y
True
```

这个元类中定义了类属性instances，属性也成为元类的实例的属性，下面的__call__方法中的cls就对应着元类的实例，即根据元类创建的类。

当类Spam 被执行，也就是实例化的时候，调用元类中的__call__方法。这个方法中的核心是④，它实现了类属性instance的赋值，即确定③中字典的键/值对：以当前实例对象为键，即以Spam对象为键，值则是类type的__call__方法返回值。其中的cls，在⑤创建了类Spam之后，无论是⑥还是⑦，都引用的是Spam对象。

所以，不论是x = Spam()，还是y = Spam()，实则得到的是同一个对象，这样就实现了所谓单例模式。

元类是定义类的类，在实践中它的用途还很多。恰当应用，能让代码简洁紧凑，更优雅，并且调用某些类的时候非常方便。

练习和编程6

1．根据本章内容，并阅读其他有关资料，撰写关于“对象”和“面向对象”的博客，并发布到自己的技术博客中（见第1章的第5题）。

2．创建一个反映学生基本属性和方法的类，并实例化。

3．在6.2.2节的例题6-2-2基础上，继续编写，实现计算两个日期间的月份数量（不足一个月按一个月计算)。

4. 修改 6.3 节中的例题 6-3-1，一般情况下，快递费的收取是按照距离远近而定的，如划分“包邮区”“一类地区”“二类地区”“特远地区”，快递到每个地区的价格不一样。请据此修改例题 6-3-1 中的 totals 方法。

5. 创建一个反映“好学生”对象特点的类，并集成第 2 题中创建的“学生”类。在“好学生”类中，有关于“好学生”对象的属性和方法。

6. 写一个类，用阿拉伯数字实例化后，能够得到相应的罗马数字。

7. 写一个关于圆的类，以圆的半径作为创建实例的参数，可以通过实例方法得到周长和面积。

8. 编写一个类，用于判断点和圆的关系。

9. 创建类 SchoolKid，初始化小孩的姓名、年龄，并且有访问和修改属性的方法。然后创建类 ExaggeratingKid，继承类 SchoolKid，子类中覆盖父类中访问年龄的方法，并将实际年龄增加 2。

10. 创建计算支付金额的类 PayCalculator，拥有属性 pay_rate，表示每天的薪资数额。方法 compute_pay 计算某段时间内应支付的薪资。

11. 编写一个商品销售的类，必须具有的属性：销售数量、商品零售单价、商品批发折扣百分比、商品起批数量，并且拥有如下方法：记录商品销售数量，商品销售总额。

12. 某书店买书，每本书的价格固定，并且从不打折。编写一个类，实现如下功能：

(1) 书名和价格的映射关系是固定，作为类属性。

(2) 以书名作为实例化的参数。

(3) 调用实例方法，计算出购书应该支付的总额。

13. 编写一个迭代器，通过循环语句，实现对某个正整数的依次递减 1，直到 0。

14. 创建一个时间类，利用这个类创建时间实例，可以通过实例的方法实现如下功能：

(1) 输出格式为“hh:mm:ss”的当前实例化的时间。

(2) 计算实例化的时间与方法参数提供的其他时间之间的时间差（可以用正负表示相对实例化的时间的早晚）。

15. 定义一个直角坐标系中的点类，并且以特殊方法__add__实现两个点坐标的相加。

16. 对 6.8.1 节中的类 RoundFloat 进行改写，在原有基础上实现加法和乘法的方法。

17. 写一个关于名人名言的类，每个实例都按照类似如下的格式输出名人名言。

(1) 子曰：学而时习之，不亦乐乎。(2) 李白：安能摧眉折腰事权贵，使我不得开心颜。

18. 替换字符串中的某些部分，如“This is a book”字符串，将其中的“a”替换为“one”。（注意，不要用字符串的 replace 方法，因为它一次只能替换一个字符。）

提示：本题使用 Python 标准库中的正则表达式模块 re，请读者自行查看官方文档了解这个模块的使用。

19. 对于多层列表，如[1, 2, [3, 4, [5, 6], 7], 8, 9]，现在需要将它扁平化，即如同展开一个单层列表那样。写一个函数实现此功能。（提示：可以使用 yield from 语句）

20. 在内置对象类型中，列表、字典、元组等都是“容器”，在标准库的 collections 模块中有 Sequence 类，它能支持容器的常用操作。请使用 collections.Sequence 类定义一种新的容器，要求容器中的对象必须按照一定顺序排列。

21．一个房子，不管是 house 还是 apartment，都是由一个一个的房间（room）组成的。创建两个对象：一个是 Room，通过每个房间的长和宽得到房间面积；另一个是 House，由若干 Room 组成，并且各 Room 的面积和为 House 的总面积。根据总面积，可以比较不同的 House 的大小。

第 7 章　模块和包

不论读者所学的是什么专业，都要知道一个重要的物理规律：熵增加原理。

Python 的生态环境是开放的，所以它不会“热寂”，能够保持发展的活力。Python 中的模块和包就是其开放的重要体现之一，任何人都可以“造轮子”“用轮子”。

知识技能导图

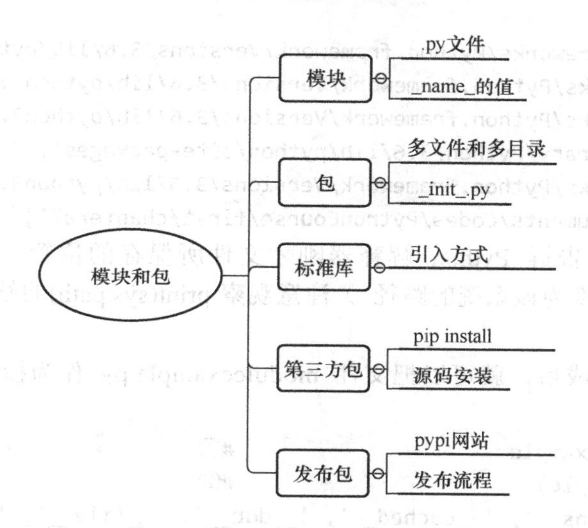

7.1　模块

Python 中的模块（module）就是扩展名为“.py”的文件。对于 Python 文件，读者虽然已经熟悉，但此处还是有必要举例说明，主要目的是体会“模块”概念。

```
#coding:utf-8
'''
    The module of Python.
    filename: moduleexample.py
'''

class Book:
    lang = "python"

    def __init__(self, author):
        self.author = author

    def get_name(self):
        return self.author
```

```
def foo(x):
    return x * 2

python = Book("laoqi")
python_name = python.get_name()

mul_result = foo(2)
```

把此文件保存，并命名为“moduleexample.py”，特别要确认文件所在的目录。比如，此处示例的目录是/Users/qiwsir/Documents/Codes/PythonCourse/first/chapter07。

然后进入到交互模式，按照下面的方式操作：

```
>>> import sys
>>> sys.path.append("/Users/qiwsir/Documents/Codes/PythonCourse/first/
chapter07")
>> print(sys.path)
['', '/Library/Frameworks/Python.framework/Versions/3.6/lib/python36.zip',
'/Library/Frameworks/Python.framework/Versions/3.6/lib/python3.6',
'/Library/Frameworks/Python.framework/Versions/3.6/lib/python3.6/lib-dynload',
'/Users/qiwsir/Library/Python/3.6/lib/python/site-packages',
'/Library/Frameworks/Python.framework/Versions/3.6/lib/python3.6/site-packages',
'/Users/qiwsir/Documents/Codes/PythonCourse/first/chapter07']
```

用这种方式就是告诉 Python 解释器刚才文件所保存的位置。（如果读者使用的是 Windows 系统，则更换为该系统的路径。）注意观察 print(sys.path)的结果中最后一项，就是刚才增加的目录。

以上准备工作完成后，就可以把文件 moduleexample.py 作为模块引入到当前交互模式中。

```
>>> import moduleexample                          #①
>>> dir(moduleexample)                            #②
['Book', '__builtins__', '__cached__', '__doc__', '__file__', '__loader__',
'__name__', '__package__', '__spec__', 'foo', 'mul_result', 'python', 'python_name']
```

前面创建的文件名是“moduleexample.py”，当它被当做模块引入的时候，只需要按照①的方式。特别注意：不要写扩展名“.py”。

跟以前使用其他模块一样，要想查看引入的模块 moduleexample 提供了哪些属性和方法，依然可以使用如②所示的 dir 函数实现。在返回的列表中，姑且不管特殊方法和属性，对照 moduleexample.py 文件，可以发现，在该文件中所定义的类、函数都已经作为模块的一部分显示出来。

```
>>> moduleexample.foo(2)                          #③
4
>>> book = moduleexample.Book("laoqi")            #④
>>> book.get_name()
'laoqi'
```

③通过模块名称 moduleexample 调用了 moduleexample.py 文件中的函数 foo；④通过模块名称 moduleexample 调用了 moduleexample.py 文件中的类 Book，从而创建了实例 book。这个实例如同在文件中实例化类 Book 所创建的实例那样，如 book.get_name()使用类中定义的方法。

认真观察②返回的结果，文件 moduleexample.py 中调用函数和类时的变量名称也呈现出来了，如 python、python_name、mul_result，而它们其实对于本模块没有任何用途，是多余的。所以，有一种方法是不要在作为模块的文件中调试程序。这种方法是无奈之举。实际上，因为模块本身就是文件，不让开发者在文件中调试程序，肯定是不可取的。所以，此问题有其他解法。

请读者修改 moduleexaple.py 文件。

```
#coding:utf-8
'''
    The module of Python.
    filename: moduleexample.py
'''

class Book:
    lang = "python"

    def __init__(self, author):
        self.author = author

    def get_name(self):
        return self.author

def foo(x):
    return x * 2

# python = Book("laoqi")
# python_name = python.get_name()

# mul_result = foo(2)

if __name__ == "__main__":                  #⑤
    python = Book("laoqi")
    python_name = python.get_name()
    print(python_name)

    mul_result = foo(2)
    print(mul_result)
```

原来调试程序的语句被注释了，新增了⑤，并且将原来的部分作为⑤以下的语句块。同样运行此程序：

```
$ python3 moduleexample.py
laoqi
4
```

做了如上修改之后，程序运行没有受到任何影响。

再看模块。因为 moduleexample.py 文件已经修改，需要重新加载该模块——这种情况在真正的程序开发中很少见，在本书的学习中也仅限于此。所以，本书作者建议读者采用最简单的方式：退出当前的交互模式后，休息片刻再进入交互模式——原来所加载的模块从内存中消失，从头开始。

```
$ python3
Python 3.6.5 (v3.6.5:f59c0932b4, Mar 28 2018, 03:03:55)
[GCC 4.2.1 (Apple Inc. build 5666) (dot 3)] on darwin
```

```
Type "help", "copyright", "credits" or "license" for more information.
>>> import sys
>>> sys.path.append('/Users/qiwsir/Documents/Codes/PythonCourse/first/chapter07')
>>> import moduleexample
>>> dir(moduleexample)                    #⑥
['Book', '__builtins__', '__cached__', '__doc__', '__file__', '__loader__',
'__name__', '__package__', '__spec__', 'foo']
```

比较⑥和②返回的结果，那些不该出来的在这里就不存在了。其中起作用的就是⑤，那么它是什么含义呢？

“__name__”是任何对象的属性，显示其名称。

```
>>> moduleexample.__name__
'moduleexample'
```

如果在当前运行环境中，“__name__”的值则是“__main__”。

```
>>> __name__
'__main__'
```

所以，⑤以条件语句限制了下面代码的执行。如果执行当前文件，可以运行；如果此程序文件作为模块引入了，因为其“__name__”值不再是“__main__”，自然⑤以下的语句块不再执行，也就在⑥的结果中不会显示了。

7.2 包

包（package），顾名思义，应该比模块“大”。通常，“包”有一定层次的目录结构，它由一些“.py”文件或者子目录组成，还包含一个名为“__init__.py”的文件。

下面是保存本章程序的目录，在其中增加了一个空文件__init__.py。权当这个空文件是一个标识，表示当前目录是一个包。

```
Chees-MacBook-Pro:chapter07 qiwsir$ tree
     .
     ├── __init__.py
     ├── __pycache__
     │   └── moduleexample.cpython-36.pyc
     └── moduleexample.py

1 directory, 3 files
```

注意，在名为“__pycache__”的目录中有一个扩展名是“.pyc”的文件，这个文件是moduleexample.py编译之后的文件。

1.3.1 节中介绍了将程序“翻译”为机器语言的两种方式：解释和编译。那么，Python程序属于哪种翻译方式呢？如果第一次执行某个Python程序，则该程序会被Python解释器逐行“翻译”，并同时生成一个扩展名是“.pyc”的文件。如果是单独使用python3 filename.py的方式，则“.pyc”文件不保存到硬盘中，而是在内存中；如果将程序文件视为模块调用，则会生成此处所示的目录结构，在__pycache__目录中有一个“.pyc”文件。下次再访问这个文件（当做模块），若文件没有修改，则不会再次“翻译”，而是直接访问“.pyc”文件；若文件被修改了，则会再次“翻译”。

这说明 Python 不是纯粹“解释”，也不是纯粹“编译”。

当目录 chapter07 中有了__init__.py 后，它就变成了一个“包”（package）。

注意以下操作的顺序。首先进入到 chapter07 目录的上一层目录，然后进入到交互模式，再按照下述方式进行操作。

```
$ ls
chapter02  chapter03   chapter04   chapter05   chapter06   chapter07
Chees-MacBook-Pro:first qiwsir$ python3
Python 3.6.5 (v3.6.5:f59c0932b4, Mar 28 2018, 03:03:55)
[GCC 4.2.1 (Apple Inc. build 5666) (dot 3)] on darwin
Type "help", "copyright", "credits" or "license" for more information.
>>> import chapter07.moduleexample
>>> from chapter07 import moduleexample
>>> moduleexample.foo(2)
4
```

“包”是含有__init__.py 文件及其他文件和子目录的目录。

如果一个“包”的目录下还有子目录，并且每个子目录都是“子包”，必须在每个子目录中也增加__init__.py 文件。如下显示了包 mypackage 的基本目录结构：

```
Chees-MBP:mypackage qiwsir$ tree
.
      ├── A
      │   ├── __init__.py
      │   ├── abasic.py
      │   └── apython.py
      ├── B
      │   ├── __init__.py
      │   └── brust.py
      └── __init__.py

2 directories, 6 files
```

然后对相关文件写入如下代码。

```
#coding:utf-8
'''
   path: ./mypackage/A/brust.py
   filename: brust.py
'''
rust = 'RUST'
```

```
#coding:utf-8
'''
   path: ./mypackage/A/apython.py
   firlename: apython.py
'''

def python():
   return "PYTHON"
```

```
#coding:utf-8
'''
```

```
    path: ./mypackage/A/abasic.py
    filename: abasic.py
'''
from . import apython              #①
from ..B import brust              #②

basic = "BASIC-" + apython.python() + "-" + brust.rust
```

①中的“.”表示该文件所在目录，意思是从当前目录中引入模块 apython。②表示从目录 B 中引入模块 brust，“..”表示上一级目录。

然后，在与 mypackage 目录同级的位置创建 exampleimport.py 文件，并输入如下代码：

```
#coding:utf-8
'''
    this file is in the directory of chapter07 as the directory of mypackage
    filename: exampleimport.py
'''

from mypackage.A import abasic

if __name__ == "__main__":
    r = abasic.basic
    print(r)
```

执行这个程序：

```
$ python3 exampleimport.py
BASIC-PYTHON-RUST
```

得到了上述执行结果，即表明①和②所示的引入方式生效。

这里将 mypackage 目录以及其子目录都看作包。注意，不能在包内的模块执行程序。例如，将./mypackage/A/abasic.py 文件修改如下：

```
#coding:utf-8
'''
    path: ./mypackage/A/abasic.py
    filename: abasic.py
'''

from . import apython
from ..B import brust

basic = "BASIC-" + apython.python() + "-" + brust.rust

#it will be Error!
if __name__ == "__main__":
    print(basic)
```

然后执行这个程序：

```
$ python3 abasic.py
Traceback (most recent call last):
  File "abasic.py", line 7, in <module>
    from . import apython
ImportError: cannot import name 'apython'
```

报错！特别注意，如果让包中的模块作为执行程序，在该程序中，Python 不支持相对路径的导入。可以使用绝对路径，如 import apython 是合法的。另一个解决方法是使用 sys 标准库中的 sys.path.append 函数将包的路径加入 Python 解析器。但这些方式在实际的编程中都不提倡。既然已经把 mypackage 作为包了，就要在包外面的程序中引入包，调用包中的模块、函数等。

7.3 标准库

库（library）听起来是一个比包（package）还要“大”的概念。事实上，这两个概念没有什么区别，“库”可以看作“包”的集合（当然，看作“模块”的集合也未尝不可）。

有一种观点值得读者关注。这种观点认为，“库”不是 Python 的概念，是编译型语言的概念，Python 中只不过是借用这个说法，其本质就是模块（module）。

本书只是列出不同的看法，供读者参考。因为在本书作者看来，这都不重要，重要的是怎么使用并解决问题。

姑且按照习惯，使用“库”的概念。那么，Python 中一个很重要的库——标准库，就必须介绍。Python 标准库包含大量有用的模块，并且随 Python 同时安装在本地。熟悉 Python 标准库非常重要，它们可以用于解决很多问题。每个 Python 开发者都应该了解标准库，包括但不限于：基本支持模块，操作系统接口，网络协议，文件格式，数据转换，线程和进程，数据存储……

Python 标准库既然已经安装到本地，那么应该有对应文件（“.py”）保存在自己的计算机中。的确如此，不过，可能不同的操作系统安装路径稍有不同。读者可以通过 sys.path 查看自己的计算机中标准库所在的目录。比如，本书作者所用计算机的标准库存储目录是：

/Library/Frameworks/Python.framework/Versions/3.6/lib/python3.6

在使用标准库的任何模块前，请读者务必完成如下操作：

```
>>> import this
The Zen of Python, by Tim Peters

Beautiful is better than ugly.
Explicit is better than implicit.
Simple is better than complex.
Complex is better than complicated.
Flat is better than nested.
Sparse is better than dense.
Readability counts.
Special cases aren't special enough to break the rules.
Although practicality beats purity.
Errors should never pass silently.
Unless explicitly silenced.
In the face of ambiguity, refuse the temptation to guess.
There should be one-- and preferably only one --obvious way to do it.
Although that way may not be obvious at first unless you're Dutch.
Now is better than never.
Although never is often better than *right* now.
```

```
If the implementation is hard to explain, it's a bad idea.
If the implementation is easy to explain, it may be a good idea.
Namespaces are one honking great idea -- let's do more of those!
```

import this 之后看到的文档是一首诗，或许不如“姑苏城外寒山寺，夜半钟声到客船”那样古韵，也不如“你在我的航程上，我在你的视线里”那样缠绵，但它的确是一首反映了 Python 语言特点的诗，中文译为《Python 之禅》——相当于 Python 语言的武功秘诀，一定要反复诵读，认真领会，切实贯彻。

下面选择几个标准库给予介绍，并以它们为示例，进一步演示如何学习和使用标准库。

7.3.1 sys

sys 是一个跟 Python 解释器关系密切的标准库，前面已经使用过：sys.path.append()。

```
>>> import sys
>>> print(sys.__doc__)
This module provides access to some objects used or maintained by the
interpreter and to functions that interact strongly with the interpreter.
……
```

显示了 sys 的基本文档，第一句话概括了本模块的基本特点。

1. sys.argv

sys.argv 是专门用来向 Python 解释器传递参数的，即“命令行参数”。

先解释什么是命令行参数。例如（注意：不是在交互模式下）：

```
$ python3 -h
usage: /Library/Frameworks/Python.framework/Versions/3.6/Resources
/Python.app/Contents/MacOS/Python [option] ... [-c cmd | -m mod | file | -]
[arg] ...
Options and arguments (and corresponding environment variables):
-b     : issue warnings about str(bytes_instance), str(bytearray_instance)
         and comparing bytes/bytearray with str. (-bb: issue errors)
-B     : don't write .pyc files on import; also PYTHONDONTWRITEBYTECODE=x
-c cmd : program passed in as string (terminates option list)
-d     : debug output from parser; also PYTHONDEBUG=x
-E     : ignore PYTHON* environment variables (such as PYTHONPATH)
-h     : print this help message and exit (also --help)
-i     : inspect interactively after running script; forces a prompt even
         if stdin does not appear to be a terminal; also PYTHONINSPECT=x
……（省略后面的内容）
```

在“$ python3 -h”中的“-h”就是“命令行参数”。

sys.argv 的作用是向解释器传递命令行参数，此参数可以用于 Python 程序使用。例如：

```
#coding:utf-8
'''
   understand sys.argv
   filename: sysparemeter.py
'''

import sys
```

```
print("file name:", sys.argv[0])
print("length of argument", len(sys.argv))
print("arguments are: ", str(sys.argv))
```

此程序名称为sysparemeter.py，依照以往的经验，执行这个程序。请注意观察执行效果。

```
$ python3 sysparemeter.py                        #①
file name: sysparemeter.py
length of argument 1
arguments are:  ['sysparemeter.py']
```

将结果与前面的代码对比，可以发现：

①中的“sysparemeter.py”是要运行的文件名，也是sys.argv要收集的命令行参数。sys.argv[0]表示第一个参数，即“sysparemeter.py”。

换一种方式试试：

```
$ python3 sysparemeter.py -p 314 -q
file name: sysparemeter.py
length of argument 4
arguments are:  ['sysparemeter.py', '-p', '314', '-q']
```

【例题7-3-1】 以命令行参数的形式向某程序文件提供数值，实现两个数值相加。

代码示例

```
#coding:utf-8
'''
   add two numbers in a command line
   filename: commandadd.py
'''

import sys

lam = lambda x, y: x + y

x = float(sys.argv[1])
y = float(sys.argv[2])
print("x + y = ", lam(x, y))
```

程序运行结果如下（注意观察操作中命令行参数的提供方式）。

```
$ python3 commandadd.py 2 3
x + y =  5.0
```

2. sys.exit()

sys.exit()的作用是退出当前程序。

```
#coding:utf-8
'''
   sys.exit() exit from the program.
   filename: exitprogram.py
'''

import sys

n = 10

while n > 0:
```

```
    n -= 1
    if n == 5:
        sys.exit()                              #②
    else:
        print(n)
```

程序运行结果如下：

```
$ python3 exitprogram.py
9
8
7
6
```

当执行到②时，程序中止，并返回到命令状态。

如果在交互模式中执行，则会退出当前交互模式。

```
>>> import sys
>>> sys.exit("I will come back")             #③
I will come back
Chees-MacBook-Pro:~ qiwsir$
```

如③所示，还可以在 sys.exit 函数中提供参数，该信息会被打印出来。最终还是要退出当前程序。

7.3.2 os

os 提供了访问操作系统的功能，包含的内容比较多。

```
>>> import os
```

建议读者用 dir 函数看一看标准库 os 中提供的各种函数。以下选择几个来讲述。

1．文件重命名

假设在目录/Users/qiwsir/Documents/Codes/PythonCourse/first/chapter07中有一个名为“python.txt”的文件，准备把这个文件名称改为“rust.txt”：

```
>>> import os
>>> os.rename("/Users/qiwsir/Documents/Codes/PythonCourse/first/chapter07/python.txt",
"/Users/qiwsir/Documents/Codes/PythonCourse/first/chapter07/rust.txt")
```

os.rename()接收两个参数，第一个文件是原文件名称（含路径），第二个是修改后的文件名（含路径）。

在上述操作中，写那么长的路径显然比较麻烦，为此可以进入到该文件所在目录：

```
Chees-MacBook-Pro:chapter07 qiwsir$ pwd
/Users/qiwsir/Documents/Codes/PythonCourse/first/chapter07
```

在当前目录中进入 Python 交互模式，再进行上述改名操作（因为前面已经把原来的“python.txt”修改为了“rust.txt”，下面把目前已有的“ruby.txt”重命名）。

```
Chees-MacBook-Pro:chapter07 qiwsir$ python3
Python 3.6.5 (v3.6.5:f59c0932b4, Mar 28 2018, 03:03:55)
[GCC 4.2.1 (Apple Inc. build 5666) (dot 3)] on darwin
Type "help", "copyright", "credits" or "license" for more information.
>>> import os
```

```
>>> os.rename('rust.txt', 'ruby.txt')              #④
```

在以后的操作中，如果出现了如④所示，即意味着当前交互环境和该文件在同一目录中。如何查看修改的结果？当然，退出交互模式去看是可以的，但是这样操作不 Python。

2．查看目录中的文件

```
>>> os.listdir()
['moduleexample.py', 'exitprogram.py', 'commandadd.py', '__init__.py',
'sysparemeter.py', '__pycache__', 'ruby.txt', '.vscode']
```

os.listdir()显示了当前所在目录的内容，可以看到④重命名后的文件 ruby.txt 就在当前目录中。

也可以指定要显示的目录：

```
>>> os.listdir('/Users/qiwsir/Documents/Codes/PythonCourse/first')
['chapter05', 'chapter02', 'chapter03', 'chapter04', '.DS_Store', 'chapter06', 'chapter07', '.vscode']
```

隐藏的内容（如“.vscode”）也一并显示出来。

3．删除文件

os.remove()是删除文件的函数。

```
>>> os.remove("ruby.txt")
```

删除当前所在目录的文件“ruby.txt”，再查看。

```
>>> os.listdir()
['moduleexample.py', 'exitprogram.py', 'commandadd.py', '__init__.py',
'sysparemeter.py', '__pycache__', '.vscode']
```

注意，os.remove()是删除文件，不能删除目录。

4．工作目录

与工作目录相关的函数有两个，os.getcwd()返回当前工作目录，os.chdir()改变工作目录。

```
>>> os.getcwd()
'/Users/qiwsir/Documents/Codes/PythonCourse/first/chapter07'
```

得到了当前的工作目录。

```
>>> os.chdir(os.pardir)                             #⑤
>>> os.getcwd()
'/Users/qiwsir/Documents/Codes/PythonCourse/first'
```

⑤中的 os.chdir()是进入指定的目录，os.pardir 表示当前位置的上一级目录。

以下操作显示再进入到另一个目录中。

```
>>> os.getcwd()
'/Users/qiwsir/Documents/Codes/PythonCourse/first'
>>> os.listdir()
['chapter05', 'chapter02', 'chapter03', 'chapter04', '.DS_Store', 'chapter06', 'chapter07', '.vscode']
>>> os.chdir("chapter05")
>>> os.getcwd()
'/Users/qiwsir/Documents/Codes/PythonCourse/first/chapter05'
```

5．新建目录

新建目录的函数是 os.makedirs()。

```
>>> os.listdir()
```

```
['moduleexample.py', 'exitprogram.py', 'commandadd.py', '__init__.py',
'sysparemeter.py', '__pycache__', '.vscode']
>>> os.makedirs('newdir')                    #⑥
>>> os.listdir()                             #⑦
['moduleexample.py', 'exitprogram.py', 'commandadd.py', '__init__.py',
'sysparemeter.py', '__pycache__', 'newdir', '.vscode']
```

⑥在当前工作目录中创建了一个子目录，可以在⑦返回的结果中看到这个子目录的名称。

6．删除目录

删除目录的函数是 os.removedirs()。

```
>>> os.getcwd()
'/Users/qiwsir/Documents/Codes/PythonCourse/first/chapter07'
>>> os.removedirs(os.getcwd())
Traceback (most recent call last):
  File "<stdin>", line 1, in <module>
  File "/Library/Frameworks/Python.framework/Versions/3.6/lib/python3.6/
os.py", line 238, in removedirs
    rmdir(name)
OSError: [Errno 66] Directory not empty: '/Users/qiwsir/Documents
/Codes/PythonCourse/first/chapter07'
```

从报错信息可知，要删除某个目录，它必须是空的。

```
>>> os.removedirs('newdir')
>>> os.listdir()
['moduleexample.py', 'exitprogram.py', 'commandadd.py', '__init__.py',
'sysparemeter.py', '__pycache__', '.vscode']
```

前面刚刚创建的“newdir”目录是空的，所以删除它就成功了。

要删除“非空”目录，怎么办？首先，这种操作有一定风险，不晓得目录中什么东西有用。如果确认要删除非空目录，可以使用标准库 shutil 模块提供的函数 rmtree。

例如，已经进入到以下目录。

```
>>> os.getcwd()
'/Users/qiwsir/Documents/Codes/PythonCourse/first/Removed_dir'
>>> os.listdir()
['python.py', 'php.py', 'rust.py']
```

当前所在的目录“Removed_dir”是非空的，要把它删除，进行如下操作：

```
>>> import shutil
>>> shutil.rmtree(os.getcwd())               #⑧
>>> os.getcwd()
Traceback (most recent call last):
 File "<stdin>", line 1, in <module>
FileNotFoundError: [Errno 2] No such file or directory
```

注意，⑧是承接了前面的操作，即当前工作目录是“Removed_dir”，⑧将“os.getcwd()”得到的值，即当前工作目录“Removed_dir”删除了。所以，再执行 os.getcwd()就报错了，因为“当前目录已经被删除了”。

7．执行操作命令

读者如果使用某种 UNIX 为基础的系统（如 Linux、macOS），或者 DOS，或者在 Windows 中用过 command，那么对输入命令不会陌生。通过命令来做事情的确是很酷的。比如：

```
Chees-MBP:chapter07 qiwsir$ ls
__init__.py          commandadd.py          moduleexample.py
__pycache__          exitprogram.py         sysparemeter.py
```

这里使用的“ls”就是一条命令，旨在显示当前目录的内容。

在标准库 os 中有一个函数，允许在 Python 中使用各种命令。

```
>>> os.listdir()
['chapter05', 'chapter02', 'chapter03', 'chapter04', '.DS_Store', 'chapter06', 'chapter07', '.vscode']
>>> command = "ls " + os.getcwd()              #⑨
>>> command
'ls /Users/qiwsir/Documents/Codes/PythonCourse/first'
>>> os.system(command)
chapter02  chapter03   chapter04   chapter05   chapter06   chapter07
0
```

⑨拼接了一个命令，然后使用 os.system()执行这个命令，即显示该目录下的内容。

注意，os.system()是在当前进程中执行命令，直到它执行结束。如果需要一个新的进程，则可以使用 os.exec 或者 os.execvp。对此有兴趣想详细了解的读者，可以查看帮助文档。另外，os.system()通过 shell 执行命令，执行结束后将控制权返回到原来的进程。但是 os.exec()及相关函数，则在执行后不将控制权返回到原进程，从而使 Python 失去控制。

关于 Python 对进程的管理，此处暂不过多介绍，读者可以查阅相关资料。

os.system()的用途很广。曾有网友咨询，是否可以用它来启动浏览器。的确可以。

```
>>> os.system("/Applications/Firefox.app/Contents/MacOS/firefox")
```

以上演示是在 macOS 操作系统中完成的，如果读者使用的是 Windows 系统，就要非常小心了。因为在 Windows 中，表示路径的斜杠跟上面显示的是相反的。在 Python 中，“\”代表转义。比较简单的方法是用原始字符串的方式表示。

凡是感觉麻烦的东西，必然会有另外简单的东西来替代。针对上述问题标准库就提供了专门打开指定网页的模块 webbrowser。

```
>>> import webbrowser
>>> webbrowser.open("http://www.itdiffer.com")
shell-init: error retrieving current directory: getcwd: cannot access parent
directories: No such file or directory
True
```

不管是什么操作系统，只要如上操作，就能用本机默认浏览器打开指定网页。

7.3.3 JSON

JSON（JavaScript Object Notation）是一种轻量级的数据交换语言，以文字为基础，且易于让人阅读。

Python 中有 JSON 标准库，主要是执行序列化和反序列化功能。

❖ 序列化（encoding）：把一个 Python 对象编码转化成 JSON 字符串。

❖ 反序列化（decoding）：把 JSON 格式字符串解码转换为 Python 数据对象。

```
>>> import json
>>> data = [{"name":"qiwsir", "lang":("python", "english"), "age":40}]
>>> data_json = json.dumps(data)
>>> data_json
'[{"lang": ["python", "english"], "name": "qiwsir", "age": 40}]'
```

序列化的操作比较简单，请注意观察 data 和 data_json 的不同：

```
>>> type(data_json)
<class 'str'>
>>> type(data)
<class 'list'>
```

反序列化的过程也像上面一样简单：

```
>>> new_data = json.loads(data_json)
>>> new_data
[{'name': 'qiwsir', 'lang': ['python', 'english'], 'age': 40}]
```

上面的 data 都不是很长，还能凑合阅读，如果很长，阅读就有难度了。所以，JSON 的 dumps 函数提供了可选参数，利用它们能在输出上对人更友好（这对机器是无所谓的）。

```
>>> data_j = json.dumps(data, sort_keys = True, indent = 2)
>>> print(data_j)
[
  {
    "age": 40,
    "lang": [
      "python",
      "english"
    ],
    "name": "qiwsir"
  }
]
```

sort_keys = True 是按照键的字典顺序排序；indent = 2 是让每个键值对显示的时候，以缩进两个字符对齐。这样的视觉效果好多了。

7.4 第三方包

标准库提供的模块已经非常多了，但是在实际问题面前，仍然显得不足，所以还要造更多的工具。于是有了海量的第三方包——不是标准库里面的模块，也不是自己开发的，是别人开发并分享出来的，供任何人使用，称为“第三方包”（Python packages）。在 Python 生态中，这些第三方包通常被放在 pypi.org 网站（见图 7-4-1）上。

要想在自己的计算机中使用第三方包，就要把它安装到本地。推荐的方式是使用“pip”安装。

首先，确认本地是否安装了 pip。一般情况下，pip 会随 Python 默认安装上。如果本地没有安装，可以同通过下列方式安装。

图 7-4-1　pypi.org 首页

```
curl https://bootstrap.pypa.io/get-pip.py -o get-pip.py          #①
python get-pip.py                                                  #②
```

上述操作中的①下载 get-pip.py 程序文件，②执行程序，完成 pip 安装（注意，在安装过程中要保证网络畅通）。

下面以安装 requests 为例说明第三方包的安装方法。

```
$ pip install requests
```

注意，不是在 Python 交互模式下。

输入上述指令后，一切就交给计算机了，直到安装成功。安装完毕，这个第三方包就已经在本地了，它的使用方式与前面使用标准库里面的模块一样（如果以前在交互模式中，退出之后再次进入才能生效）。

```
>>> import requests
>>>
```

在交互模式下引入 requests，没有报错。说明安装成功。接下来就可以放心使用它了。

requests 是一个专用于 HTTP 的包，其官方网站是 http://docs.python-requests.org/en/master/。使用它，可以在 Python 中非常容易地实现各种 HTTP 访问，正如其宣传语那样，Requests: HTTP for Humans。

```
>>> r = requests.get("http://www.itdiffer.com")                   #③
>>> r.status_code
200
>>> r.headers['content-type']
'text/html; charset=UTF-8'
>>> r.encoding
'UTF-8'
>>> r.text
'<!DOCTYPE html>\n<!--[if lt IE 7]>        ……（后面的内容省略）
```

用 requests 包中的 get 函数访问指定网站（如③所示），得到了返回对象，后面是利用对象的属性得到相应的值。如果读者使用 Python 作为“网络爬虫”工具，通常会用到 requests。

另一种安装第三方包的方式是通过源码安装。

获得源码的途径很多，如从官方网站下载。github.com 是目前世界上最大的源码托管网站，可以从上面下载源码，然后安装到本地。

下面以 https://github.com/bcicen/wikitables 为例，说明如何下载源码安装第三方包。

（1）将源码下载到本地（以下使用的是 git 命令，读者可以通过阅读有关资料了解 git。）

```
$ git clone https://github.com/bcicen/wikitables.git
Cloning into 'wikitables'...
remote: Counting objects: 303, done.
remote: Total 303 (delta 0), reused 0 (delta 0), pack-reused 303
Receiving objects: 100% (303/303), 43.38 KiB | 195.00 KiB/s, done.
Resolving deltas: 100% (173/173), done.
```

（2）进入到目录 wikitables 中，可以看到里面包含了这个包的所有相关文件，特别注意，有 setup.py 文件。

```
Chees-MBP:Downloads qiwsir$ cd wikitables/
Chees-MBP:wikitables qiwsir$ ls
LICENSE         README.md    docs-requirements.txtrequirements.txt wikitables
MANIFEST.in     docs         mkdocs.yml    setup.py
```

（3）用 Python 指令执行 setup.py，进行安装。

```
$ python3 setup.py install
```

然后就是系统自动执行安装过程了。

安装完毕，进入到交互模式中（如果以前在交互模式中，退出之后再次进入才能生效）。

```
>>> from wikitables import import_tables
>>>
```

没有报错，说明已经安装成功了。至于 wikitables 的具体使用方法，读者可以参阅 github 上的相关文档。

7.5 发布包

自己写的程序，如果能够被更多人使用，是一件非常爽的事情。如何让别人使用自己编写的程序呢？放到 github.com 上是一种方式。在 Python 生态环境中，还有一个非常重要的途径，就是放到 pypi.org 上，让它成为每个开发者可以通过 pip 安装的第三方包——这就更爽了。

在本地硬盘创建一个目录，基本结构如下：

```
Chees-MBP:laoqiproject qiwsir$ tree
    .
    ├──README.md
    ├── __init__.py
    ├── javaspeak
    │   ├── __init__.py
    │   └── javaspeak.py
    ├── pythonspeak
    │   ├── __init__.py
    │   └── pythonspeak.py
    ├── rustspeak
    │   ├── __init__.py
    │   └── rustspeak.py
    ├── langspeak.py
    └── setup.py
```

```
3 directories, 8 files
```

以下是这个目录中各文件的代码：

```
#coding:utf-8
'''
    filename: langspeak.py
'''
class LangSpeak:
    def speak(self):
        return "Everyone should learn programming language."
```

```
#coding:utf-8
'''
    filename: javaspeak.py
'''
class JavaSpeak:
    def speak(self):
        return "Java! Java!"
```

```
#coding:utf-8
'''
    filename: pythonspeak.py
'''
class PythonSpeak:
    def speak(self):
        return "Life is short. You need Python."
```

```
#coding:utf-8
'''
    filename: rustspeak.py
'''
class RustSpeak:
    def speak(self):
        return "You don't know me."
```

完成以上文件代码后，重点是setup.py文件的编写：

```
import setuptools
import os
os.chdir(os.path.normpath(os.path.join(os.path.abspath(__file__), os.pardir))) #①

with open("README.md", "r") as fh:                                              #②
    long_description = fh.read()

setuptools.setup(
    name="laoqiproject",
    version="0.0.1",
    author="qiwsir",
    author_email="qiwsir@qq.com",
    description="You can listen to the speaking of programming language.",
    long_description=long_description,
    long_description_content_type="text/markdown",
    url="",
```

```
    py_modules = ['langspeak',],
    packages=setuptools.find_packages(),
    classifiers=("Programming Language :: Python :: 3",
                 "License :: OSI Approved :: MIT License",
                 "Operating System :: OS Independent",
    ),
)
```

上述代码中的②打开 README.md 文件（这种打开文件的方式在后续内容中会详细讲述），这个文件不是必须的，但通常要有，对此包的功能进行了必要说明。“.md”表示文件是 Markdown 文件。

对于 setuptools.setup()的各项参数的配置，是这个“包”能不能成功的关键。以下是几个关键点。

- ❖ name：将来发布到 PyPI 上之后显示的名称。注意，不是安装这个包后引入的名称，也不一定与表示本包的顶级目录名称相同。
- ❖ py_modules：在上述目录结构中，langspeak.py 与 setup.py 在同一级目录中，这一级的“.py”文件就是模块。这个包安装成功之后，可以使用 import langspeak 的方式直接引入这个模块。py_modules 的值就是声明包中的模块。
- ❖ packages：用于声明包里面的“子包”。在上述目录结构中可以看到，javaspeak、pythonspeak、rustspeak 都是子目录，也都是“子包”，它们都需要在这里进行声明。如果子包数量较少，声明方式可以使用 packages = ["pythonspeak", "rustspeak"]的模式。如果数量多，可以使用 packages = setuptools.find_packages()方式，同时辅之以①。

setup.py 文件配置好后，可以先在本地尝试，能不能作为包来安装。进入到 laoqiproject 目录，执行利用源码安装第三方包的命令：

```
laoqiproject qiwsir$ python3 setup.py install
```

安装好之后，重新进入到交互模式，检验安装效果。

```
>>> import langspeak
>>> dir(langspeak)
['LangSpeak', '__builtins__', '__cached__', '__doc__', '__file__',
'__loader__', '__name__', '__package__', '__spec__']
>>> lang = langspeak.LangSpeak()
>>> lang.speak()
'Everyone should learn programming language.'

>>> from javaspeak import javaspeak
>>> dir(javaspeak)
['JavaSpeak', '__builtins__', '__cached__', '__doc__', '__file__',
'__loader__', '__name__', '__package__', '__spec__']
>>> java = javaspeak.JavaSpeak()
>>> java.speak()
'Java! Java!'

>>> from pythonspeak import pythonspeak
>>> from pythonspeak.pythonspeak import PythonSpeak
>>> python = PythonSpeak()
>>> python.speak()
```

```
'Life is short. You need Python.'
```

本地安装和使用这个包都没有问题，下面把它发到 PyPI 上，供大家分享。

先分享源码，通常上传到 Github 的仓库上，上传后，还可以将 setup.py 中的 url 值补充完整。

再为所编写的包增加许可（license）。其实，在 setup.py 的配置中已经设定了包的许可，即 classifiers 的值中所定义的“license”。此外，在与 setup.py 同一级的目录中创建一个名为“LICENSE”的文件名，并且可以从网站 https://choosealicense.com/中将 MIT License 的内容复制过来，放到此文件中。https://choosealicense.com/是专门提供各种开源许可的网站，如果读者使用其他许可，可以到这里来查找。

以上都是准备工作。接下来生成所发布包的文档，具体操作如下。

确认本地已经安装的 setuptools 和 wheel 是最新版本，如果不是（或者搞不清楚），就执行下面的命令：

```
$ python3 -m pip install --user --upgrade setuptools wheel
```

在 laoqiproject 目录中（即 setup.py 所在的目录层级）执行如下命令：

```
laoqiproject qiwsir$ python3 setup.py sdist bdist_wheel
```

执行此命令后，会自动做一些事情，最终在./dist 目录中会看到“.whl”和“.gz”文件。

终于要发布了。不过，还要装一个专门用来发布包的工具——twine。从 https://pypi.org/project/twine/可以知道安装方法和源码（如果用 pip 安装不成功，可以下载源码安装）。

作为练习项目，建议读者到 https://test.pypi.org/注册账号，后面的演示中也是使用这个网站。它区别于正式的 PyPI 网站 https://pypi.org 的账号，以后读者如果想向 PyPI 正式发布包，可以到其网站再次注册。

确认当前所在位置，注意观察如下操作：

```
Chees-MBP:laoqiproject qiwsir$ pwd
/Users/qiwsir/Documents/Codes/PythonCourse/first/chapter07/laoqiproject
Chees-MBP:laoqiproject qiwsir$ twine upload --repository-url
https://test.pypi.org/legacy/ ./dist/*
```

注意，不能更改地址 https://test.pypi.org/legacy/，并且与后面的“./dist/*”之间有空格分割。

执行上述指令之后，就要输入在 https://test.pypi.org/网站注册的用户名和密码，然后自动上传。

上传完毕，登录网站，进入到个人的项目区，可以看到刚刚发布的包（见图 7-5-1）。

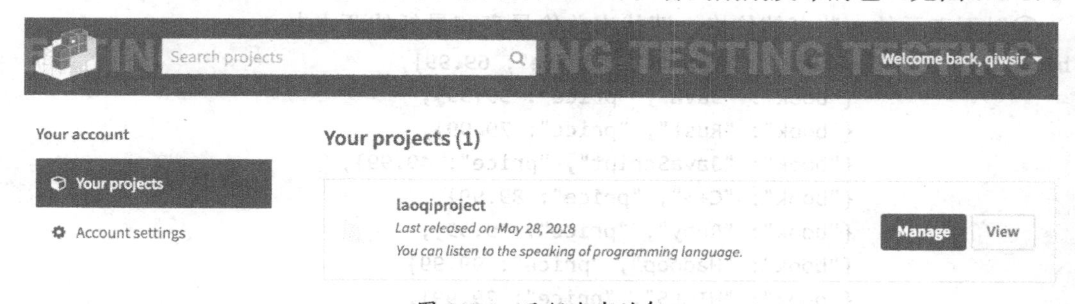

图 7-5-1 已经发布的包

如此，自己开发的第三方包已经发布，其他人就可以下载使用了。

练习和编程 7

1．有这样一个问题：一个列表，如[1, 2, 3]，在最右边增加一个数字。显然使用列表的append方法追加元素。

```
>>> lst = [1, 2, 3]
>>> lst.append(4)
>>> lst
[1, 2, 3, 4]
```

进一步，能不能在最左边增加一个数字呢？比如在列表的左边增加整数7，或许下面的是一种方法：

```
>>> nl = [7]
>>> nl.extend(lst)
>>> nl
[7, 1, 2, 3, 4]
```

除了这种方法，Python标准库collections中提供了一个名为deque的模块。

```
>>> from collections import deque
```

请根据已经学习过的知识技能，研究deque（翻译为“双端队列”）的使用方法。

然后使用deque解决下述问题。

（1）自定义一个固定尺寸的缓存对象，当它被填满的时候，新加入一个元素后，第一元素（就是最老的那个元素）要被删除。

（2）ScriPy是一个非常好的用于做“爬虫”的第三方包，请访问其官方网站，并在本地计算机上安装，然后自己选定网站，用ScriPy做爬虫，获取选定网站的有关内容。

（3）datetime和calendar都是Python标准库中跟时间、日期相关的模块。请使用它们，计算上一个周五的日期，并以特定格式在控制台打印出来。

（4）heapq 模块是 Python 标准库的一员，实现了“堆”队列的各种算法，官方文档是https://docs.python.org/3/library/heapq.html。请认真阅读文档，并结合其他有关资料，学习heapq模块中各种函数的使用方法。然后解决如下问题：

①从列表[38, 45, 19, 9, -12, 3, 97, 79, 199, 20, -49]中分别获得最大和最小的3个元素。

②将两个已经排好序的列表[1, 3, 5, 7, 9]和[2, 4, 6, 8]合并。要求：合并后的对象也是按照从小到大排序的。

③以下表示的一些书的价格，请找出单价最高和最低的两本书。

```
books_price = [ {"book": "Python", "price": 69.99},
                {"book": "Java", "price": 59.99},
                {"book": "Rust", "price": 79.99},
                {"book": "JavaScript", "price": 49.99},
                {"book": "C++", "price": 89.99},
                {"book": "Ruby", "price": 39.99},
                {"book": "Hadoop", "price": 99.99},
                {"book": "HTML5", "price": 29.99},
              ]
```

5．对于第3章的35题中的字符串，统计出现频率最高的3个单词。

6．第3章的24题曾经比较了列表的方法sort和内置函数sorted，对于内置函数sorted中的参数 key，可以传入一个回调函数。该函数对每个传入的对象返回一个值，该值会被函数 sorted 用于排序的关键词，更详细的内容请参阅帮助文档。

（1）对第 4 题中的 book_price 按照“book”的值进行排序。（提示，可以使用 operator 模块中的 itemgetter 函数作为回调函数。）

（2）有如下类型的对象：

```
class User:
    def __init__(self, user_id):
        self.user_id = user_id
    def __repr__(self):
        return 'User({0})'.format(self.user_id)

users = [User(2), User(11), User(3), User(9)]
```

对 users 按照 user_id 进行排序。

第 8 章　异常处理

到目前为止，读者应该已经写过很多行代码了，在调试程序的时候，也遇到过很多次“错误”。当程序遇到“错误”的时候，就会停止运行。而“错误”常常防不胜防。如果不对它们进行处理，程序未免太不“健壮”了。为了增强程序的稳健性，必须对它们进行处理。

知识技能导图

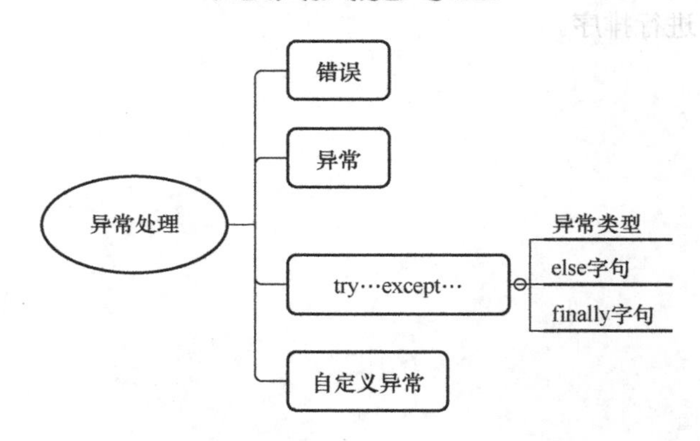

8.1　错误

概括来讲，Python 中的“错误”可以分为两种：语法错误（syntax error）、异常（exception）。

语法错误通常是因为语句不符合 Python 语法要求，解释器在解析的时候就会报错。比如：

```
>>> for i in range(10)
  File "<stdin>", line 1
    for i in range(10)
                     ^
SyntaxError: invalid syntax
```

上面那句话因为缺少“:”，导致解释器无法解释，于是报错。这个报错行为是由 Python 的语法分析器完成的，并且检测到了错误所在文件和行号（File "<stdin>", line 1），还以“^”标识错误位置（后面缺少“:”），最后显示错误类型。

在程序中还会出现逻辑错误。逻辑错误可能是由于不完整或者不合法的输入导致的，也可能是无法生成、计算等，或者其他逻辑问题。逻辑错误不是由 Python 来检查的，所以此处所谈的错误不包括逻辑错误。

对于初学者而言，细节的错误常常令人烦恼，如代码块的缩进、丢掉冒号、单词拼写错误等。所以，在遇到错误的时候要先对细节部分进行检查，排除“低级错误”。

8.2 异常

有的语句在语法上虽然没有问题，但是也“报错”，这类错误称为异常。例如：

```
>>> 1 / 0
Traceback (most recent call last):
  File "<stdin>", line 1, in <module>
ZeroDivisionError: division by zero
>>> a + b
Traceback (most recent call last):
  File "<stdin>", line 1, in <module>
NameError: name 'a' is not defined
>>> import laoqiproject
Traceback (most recent call last):
  File "<stdin>", line 1, in <module>
ModuleNotFoundError: No module named 'laoqiproject'
```

当 Python 抛出异常的时候，首先有“跟踪记录（Traceback）”，更优雅的说法是“回溯”，并显示异常的详细信息（如表 5-2-1 所示），包括异常所在位置（文件、行、在某个模块）。最后一行是异常类型及相关说明。下面列举几个异常，并对其出现条件和结果给予说明。

表 5-2-1　常见的异常和错误类型

异　常	描　述
NameError	尝试访问一个没有申明的变量
ZeroDivisionError	除数为 0
SyntaxError	语法错误
IndexError	索引超出序列范围
KeyError	请求一个不存在的字典关键字
IOError	输入/输出错误（如要读的文件不存在）
AttributeError	尝试访问未知的对象属性

1. NameError

```
>>> bar
Traceback (most recent call last):
  File "<stdin>", line 1, in <module>
NameError: name 'bar' is not defined
```

在 Python 中虽然不需要在使用变量之前先声明类型，但需要对变量进行赋值，然后才能使用。不被赋值的变量不能在 Python 中存在，因为变量相当于一个标签，要把它贴到对象上才有意义。

2. IndexError 和 KeyError

```
>>> a = [1,2,3]
>>> a[4]
Traceback (most recent call last):
  File "<stdin>", line 1, in <module>
IndexError: list index out of range
>>> d = {"python":"itdiffer.com"}
>>> d["java"]
Traceback (most recent call last):
  File "<stdin>", line 1, in <module>
KeyError: 'java'
```

这两个都属于“鸡蛋里面挑骨头”的类型，一定得抛出异常。不过在编程实践中，特别是循环的时候，常常由于循环条件设置不合理而出现这种异常。

3. IOError

```
>>> f = open("foo")
Traceback (most recent call last):
  File "<stdin>", line 1, in <module>
IOError: [Errno 2] No such file or directory: 'foo'
```

open()的作用是打开文件（详见9.1节）。如果找不到相应的文件，就会出现上述异常。

这些都是Python的内置异常（或者说是默认的异常类型），当然不局限于这几个，比如：

```
>>> range("aaa")
Traceback (most recent call last):
  File "<stdin>", line 1, in <module>
TypeError: 'str' object cannot be interpreted as an integer
```

总之，当读者在调试程序的时候，出现了异常不要慌张，这是好事情，是Python在帮助修改和优化程序。只要认真阅读异常信息，再用dir()、help()或官方网站文档、Google等来协助，就一定能解决问题。

8.3 异常处理

如果在程序运行过程中抛出异常，程序就会中止运行。这样的程序是不稳健的（robust，计算机行业中翻译为“鲁棒性”——又一个拙劣的翻译，本书作者认可“稳健性”译法），稳健性强的程序应该是不为各种异常所击倒，所以要在程序中对异常进行处理。

try…except…是常用的异常处理语句。

```
>>> while True:
...     try:
...         n = int(input("Please enter integer:"))    #①
...         print(n)
...         break
...     except:
...         print("Oo! Try again.")
...
Please enter integer:a
Oo! Try again.
Please enter integer:2
2
```

这段代码先执行try分支下的代码块(注意缩进4个空格)。如果用户输入的不是整数(如上述操作中输入了“a”)，则在①处发生了异常，就不再执行后面的语句，转而执行except分支下的语句（如上述操作，执行print()，显示“Oo! Try again.”）。因为上述代码是无限循环，所以再次执行了try分支，用户输入了2，没有发生异常，继续执行后面的语句，遇到break中止循环。

通过此例，读者应该明确，对于try…except…语句，try分支下是要执行的语句，except则是异常处理语句。上面示例没有规定except所处理的异常类型，再看下面的代码示例，在except后面可以申明异常类型。

```
# coding: utf-8
class Calculator:
    is_raise = False
    def calc(self, express):
        try:
            return eval(express)                     #②
        except ZeroDivisionError:                    #③
            if self.is_raise:
                return "zero can not be division."   #④
            else:
                raise                                #⑤
if __name__ == "__main__":
    c = Calculator()
    print(c.calc("8/0"))
```

程序执行结果如下：

```
$ python3 handingex.py
Traceback (most recent call last):
  File "handingex.py", line 20, in <module>
    print(c.calc("8/0"))
  File "handingex.py", line 11, in calc
    return eval(express)
  File "<string>", line 1, in <module>
ZeroDivisionError: division by zero
```

在上述代码示例中，②应用了一个函数 eval，它能实现对字符串形式的表达式进行计算。比如：

```
>>> eval("3 + 5")
8
```

这样，在调用方法 calc 的时候，给参数 express 提供的可以是一个字符串形式的表达式，由②完成最终运算。

③的 except 分支明确了要处理（或者说捕获）的异常类型，其他异常类型这里就不处理了。在编程实践中，不提倡 except 后面不声明异常类型的做法，不要在一个处理异常的分支中包含太多异常处理，因为这样会让开发者一头雾水，不明真相，不知所措。

④则是当 self.is_raise 为真的时候，返回此处的异常信息。但是，这个类中已经规定了 self.is_raise = False，所以默认状态下不会执行这个条件分支，而是执行 else 分支，即⑤。

⑤中以 raise 作为单独的一个语句，其含义是将异常信息抛出。再对照程序执行结果，所显示的错误信息就是 raise 执行结果。

如果将 is_raise 的值改为 True，如下所示：

```
if __name__ == "__main__":
    c = Calculator()
    c.is_raise = True
    print(c.calc("8/0"))
```

运行结果如下：

```
$ python3 handingex.py
zero can not be division.
```

没有执行 raise 语句，是按照条件判断，执行了④，这样可以控制显示异常处理中的提示信息内容。

try…except…是处理异常的基本方式。在此基础上还可有扩展，能够处理多个异常。

处理多个异常并不是因为同时报出多个异常。程序在运行中，只要遇到一个异常就会有反应，所以每次捕获到的异常一定是一个。所谓处理多个异常，即捕获不同的异常，并由不同的 except 子句处理。

```
# coding: utf-8
'''
    handling multiple exceptions.
    filename: mulexceptions.py
'''

while True:
    try:
        a = float(input("first number: "))
        b = float(input("second number: "))
        r = a / b
        print("{0} / {1} = {2}".format(a, b, r))
        break
    except ZeroDivisionError:
        print("The second numbers can not be zero. Try again.")
    except ValueError:
        print("Please enter number. Try again.")
    except:
        break
```

程序执行结果如下：

```
$ python3 mulexceptions.py
first number: 6
second number: 0
The second numbers can not be zero. Try again.
first number: 6
second number: a
Please enter number. Try again.
first number: 6
second number: 4
6.0 / 4.0 = 1.5
```

请读者将执行过程和结果与示例中的代码进行比较，体会 except 对不同类型异常的捕获和处理。

except 后面不仅可以放一个异常类型的名称，还可以放多个。比如上面的示例程序，可以将其修改为：

```
# coding: utf-8
'''
    handling multiple exceptions.
    filename: mulexceptions.py
'''
while True:
```

```
    try:
        a = float(input("first number: "))
        b = float(input("second number: "))
        r = a / b
        print("{0} / {1} = {2}".format(a, b, r))
        break
    except (ZeroDivisionError, ValueError):
        print("Try again.")                          #⑥
    # except ZeroDivisionError:
    #     print("The second numbers can not be zero. Try again.")
    # except ValueError:
    #     print("Please enter number. Try again.")
    except:
        break
```

执行程序，结果如下：

```
$ python3 mulexceptions.py
first number: 6
second number: 0
Try again.
first number: 6
second number: a
Try again.
first number: 6
second number: 4
6.0 / 4.0 = 1.5
```

请把此处的执行过程和结果与前述进行对比，理解 except 后面多个参数的作用。注意 except 后面的多个参数，一定要用圆括号包括起来。注意，本书作者再次明确个人的态度，虽然可以在 except 后面写多个异常名称，或者什么都不写（意味着处理所有异常），但是不提倡这种做法。

当 except 处理异常的时候，⑥即为显示信息。如果觉得这种显示信息不友好，还可以继续修改 except 子句，将异常中原有的提示信息打印出来。

```
# coding: utf-8
'''
    handling multiple exceptions.
    filename: mulexceptions.py
'''

while True:
    try:
        a = float(input("first number: "))
        b = float(input("second number: "))
        r = a / b
        print("{0} / {1} = {2}".format(a, b, r))
        break
    except (ZeroDivisionError, ValueError) as e:    #⑦
        print(e)
        print("Try again.")
```

```
    except:
        break
```

程序运行结果如下：

```
$ python3 mulexceptions.py
first number: 6
second number: 0
float division by zero
Try again.
first number: 6
second number: a
could not convert string to float: 'a'
Try again.
first number: 6
second number: 4
6.0 / 4.0 = 1.5
```

⑦中的 e 就引用了每次异常时的默认提示信息。

try…except…还可以有一个可选的 else 分支，通常放在所有 except 的后面，当没有异常的时候，执行该分支下的语句块。

```
>>> try:
...     print("I am in try.")
... except:
...     print("I am in except.")
... else:
...     print("I am in else.")
...
I am in try.
I am in else.
```

在这段代码中，except 没有捕获异常，执行的是 try 和 else 两个分支，再对比如下示例：

```
>>> try:
...     print(1/0)
... except:
...     print("I am in except.")
... else:
...     print("I am in else.")
...
I am in except.
```

在这段代码中有异常需要 except 处理，这时 else 分支就不被执行了。

理解了 else 的执行特点，就可以写这样一段程序。还是类似前面的计算，只是如果输入的有误，就不断要求重新输入，直到输入正确并得到了结果，才不再要求输入内容，然后程序结束。

下面使用 else 语句对⑦所在的程序进行优化。

```
# coding: utf-8
'''
   handling multiple exceptions.
   filename: mulexceptions.py
'''
```

```
while True:
    try:
        a = float(input("first number: "))
        b = float(input("second number: "))
        r = a / b
        print("{0} / {1} = {2}".format(a, b, r))
        #break                                              #⑧
    except (ZeroDivisionError, ValueError) as e:
        print(e)
        print("Try again.")
    else:
        break
```

程序运行结果如下：

```
$ python3 mulexceptions.py
first number: 6
second number: 0
float division by zero
Try again.
first number: 6
second number: a
could not convert string to float: 'a'
Try again.
first number: 6
second number: 4
6.0 / 4.0 = 1.5
```

虽然将⑧处的 break 注释了，但是因为增加了 else 语句，程序没有陷入“死循环”。

如果说 else 是 try 的跟随者，那么另一个名为 finally 的分支就是“终结者”了。它的作用是不管前面执行哪个分支，最后都要执行它。例如：

```
>>> try:
...     print("I am in try.")
... except:
...     print("I am in except.")
... else:
...     print("I am in else.")
... finally:
...     print("I am in finally.")
...
I am in try.
I am in else.
I am in finally.
>>> try:
...     print(1/0)
... except:
...     print("I am in except.")
... else:
...     print("I am in else.")
```

```
... finally:
...     print("I am in finally.")
...
I am in except.
I am in finally.
```

在程序中，除了使用 try…except…处理异常，有时需要主动抛出异常。raise 语句就是完成这个工作的，如前述程序中的⑤所示。在下面的代码示例中，raise 语句抛出了某种指定类型的异常，以及相应的提示语句，较⑤的内容更丰富了。

```
'''
   judge the number of age is even or odd.
   filename: assertage.py
'''

def enterage(age):
    if age < 0:
        raise ValueError("Only positive integers are allowed")     #⑨

    if age % 2 == 0:
        print("age is even")
    else:
        print("age is odd")

try:
    num = int(input("Enter your age: "))
    enterage(num)
except ValueError:
    print("Only integers are allowed")
except:
    print("something is wrong")
```

程序执行结果如下：

```
$ python3 assertage.py
Enter your age: python                                             #⑩
Only integers are allowed
$ python3 assertage.py
Enter your age: 11
age is odd
$ python3 assertage.py
Enter your age: 12
age is even
$ python3 assertage.py
Enter your age: -22                                                #⑪
Only integers are allowed
```

调试程序的时候，如果输入了字符串（如⑩），这个异常会被 except ValueError 捕获；如果输入了负数（如⑪），则⑨会主动对此抛出异常。

⑨抛出异常，是以前面的条件语句为基础。而对于这种情况，Python 中还有另一种处理方式，使用 assert 语句。比如：

```
>>> def year(x):
```

```
...     assert x > 0                                    #⑫
...     return str(x) + " year"
...
>>> year(2018)
'2018 year'
>>> year(-2018)
Traceback (most recent call last):
  File "<stdin>", line 1, in <module>
  File "<stdin>", line 2, in year
AssertionError
```

在函数 year 的⑫使用了关键字 assert 发起的语句。中文将 assert 译为“断言”，它发起的语句等价于条件判断，发生异常就意味着表达式为假。

8.4 自定义异常类型

各种异常其实也是对象，所以可以使用第 6 章的知识来自定义异常类型。

```
'''
   judge the number of age is even or odd.
   filename: customexception.py
'''
class NegativeAgeException(RuntimeError):
    def __init__(self, age):
        super().__init__()
        self.age = age

def enterage(age):
    if age < 0:
        raise NegativeAgeException("Only positive integers are allowed")

    if age % 2 == 0:
        print("age is even")
    else:
        print("age is odd")

try:
    num = int(input("Enter your age: "))
    enterage(num)
except NegativeAgeException:
    print("Only integers are allowed")
except:
    print("something is wrong")
```

这里自定义了异常类型 NegativeAgeException（其实就是“类”），并且在下面的程序中使用这个异常类型。

最后，引用“维基百科”中对“异常处理”词条的说明，作为对“错误和异常”部分的总结（有所删改）：

异常处理，是编程语言或计算机硬件里的一种机制，用于处理软件或信息系统中出现的异常状况（即超出程序正常执行流程的某些特殊条件）。

通过异常处理，可以对用户在程序中的非法输入进行控制和提示，以防程序崩溃。

练习和编程 8

1．某程序中 except 分支捕获异常，要求再次抛出异常信息。请写出相关代码。

2．有一个文件，其内容为每行一个数字，但是有的行可能是其他内容，如空行或者注释等。样式如下：

```
#以下每行一个数字，但是有空行
1


2
5


9
```

请编写程序，将所有数字取出。

3．重新审视以前各章中的程序，检查哪些程序需要使用异常处理，请进行优化。

第 9 章　读写文件

文件，不论在日常社会生活还是计算机系统中，都占有重要位置，也经常被提及。用 Python 如何对文件进行读写？本章除了介绍一般的读写方法，还针对特定的文件讲述专门的读写工具。

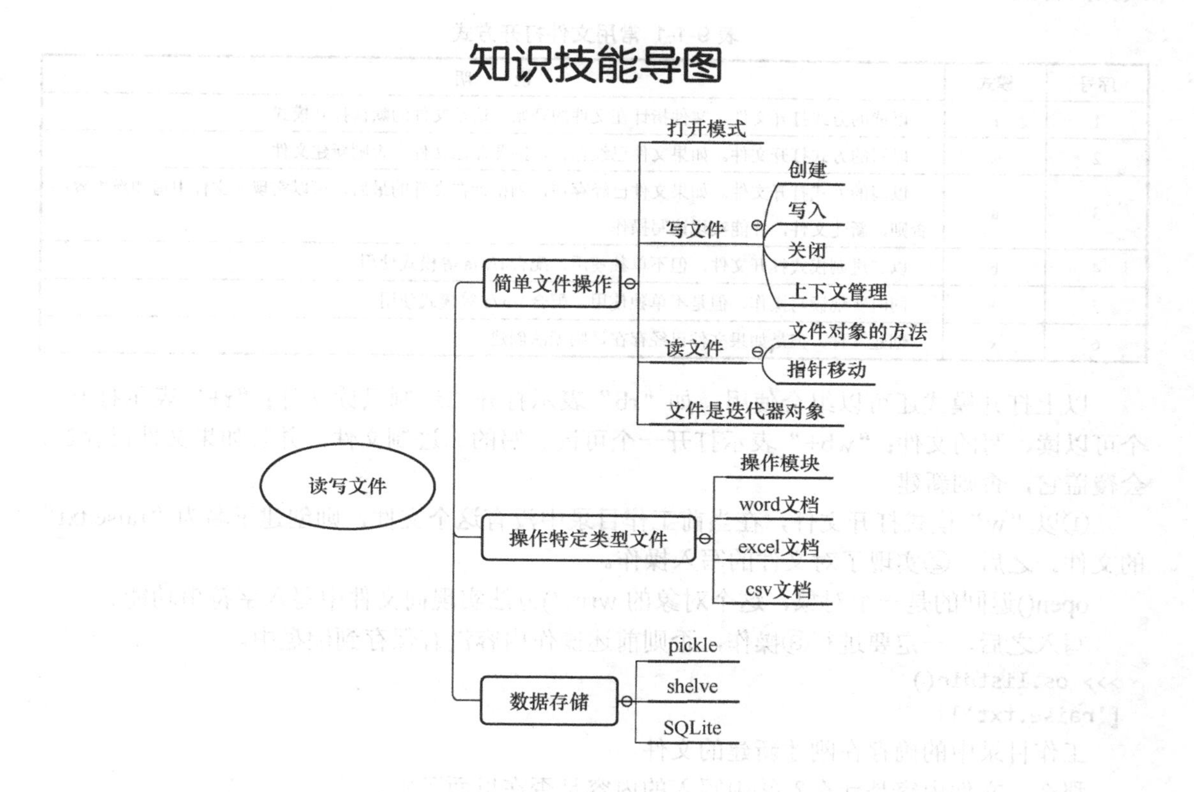

9.1　简单文件操作

9.1.1　新建文件

要操作文件，必须有文件，如果没有，就创建。

```
>>> import os
>>> os.getcwd()
'/Users/qiwsir/Documents/Codes/PythonCourse/first/chapter09'
```

进入到交互模式中，先明确当前的工作目录。然后按照下面的操作，在当前的工作目录中创建一个新的文件，并写入内容。

```
>>> f = open("raise.txt", "w")            #①
>>> f.write("You raise me up.")           #②
```

```
16
>>> f.close()                                 #③
```

创建、写入和关闭文件的三个步骤如下。

第一步：使用 open()打开（新建）文件。open()是内置函数，可以用 help()查看帮助文档，其完整格式是：

```
open(file, mode='r', buffering=-1, encoding=None, errors=None, newline=None, closefd=True, opener=None)
```

参数 file 是文件名，在①中没有写路径，表示是在当前工作目录创建了该文件。

参数 mode 表示打开方式，①中的打开方式是“w”。表 9-1-1 列出了常用的文件打开方式及其含义。

表 9-1-1 常用文件打开方式

序号	模式	说　明
1	r	以读的方式打开文件。文件指针在文件的开始。这是文件的默认打开模式
2	w	以写的方式打开文件。如果文件已经存在，则覆盖原文件；否则新建文件
3	a	以写的方式打开文件。如果文件已经存在，则指针在文件的最后，可以实现向文件中追加新内容；否则，新建文件，并能实现读写操作
4	b	以二进制模式打开文件，但不单独使用，配合 r/w/a 等模式使用
5	+	同时实现读写操作，但是不单独使用，配合 r/w/a 等模式使用
6	x	创建文件，但是如果文件已经存在，则无法创建

以上打开模式还可以组合使用，如“rb”表示打开二进制只读文件；“r+”表示打开一个可以读、写的文件；“wb+”表示打开一个可读、写的二进制文件，并且如果文件已存在，会覆盖它，否则新建。

①以“w”模式打开文件，在当前工作目录中没有这个文件，则创建了名为“raise.txt”的文件。之后，②实现了对文件的写入操作。

open()返回的是一个对象，这个对象的 write()方法实现向文件中写入字符串功能。

写入之后，一定要进行③操作，否则前述操作内容没有保存到硬盘中。

```
>>> os.listdir()
['raise.txt']
```

工作目录中的确存在刚才新建的文件。

那么，文件内容是什么？②中写入的内容是否在里面了？

9.1.2 读文件

要想读文件，也要利用 open 函数，只不过所采用的打开模式与①不同。

```
>>> f = open("raise.txt")                     #④
>>> f.read()
'You raise me up.'
```

在④所示的语句中，没有为 open 函数提供打开模式，使用了默认的模式“r”，也可以写成 open("raise.txt", "r")。

利用所得到的对象的read方法，可以读出文件中的所有内容。结果显示，这个文件已经保存了②所写入的内容。

这就是读文件的最简单方式。

不管是①还是④，open 函数返回的对象是什么类型？有什么特点？

```
>>> type(f)
<class '_io.TextIOWrapper'>
```

显然，f 是某个类的实例，只不过这个类的名称长了一些。为了理解它，先要从 I/O 说起。所谓“I/O”，就是“Input/Output”。其实以往使用的 print 函数也属于 I/O，只不过是输出在控制台界面罢了。文件是另一种形式的 I/O。

Python 的标准库中有针对 I/O 的模块，即 io（https://docs.python.org/3/library/ io.html）。对于 I/O 而言，所有的输入、输出内容都可以看作数据流（stream，简称“流”）。如果读者浏览 io 模块的官方网页，会看到这样一句话：Core tools for working with streams。它概括了 io 的基本作用。

```
>>> import io
>>> help(io)
```

在打开的帮助文档中，读者可以看到如下描述：

> The io module provides the Python interfaces to stream handling. The builtin open function is defined in this module.

打开文件所用的内置函数 open 也是 io 模块来定义的。

而“_io”是“io”的 C 语言表达，在 Python 中会对某些模块用 C 语言重写，以进一步提高其运行速度。相应的模块名称就由“modulename”变为了“_modulename”形式。

```
>>> import _io
>>> io
<module 'io' from'/Library/Frameworks/Python.framework/Versions/3.6/lib/python3.6/io.py'>
>>> _io
<module 'io' (built-in)>
```

综上所述，就明确了④得到的对象（由变量 f 引用），是 io 模块的 TextIOWrapper 类的实例对象——可称之为“文件对象”。

再来看这个对象的属性和方法：

```
>>> dir(f)
['_CHUNK_SIZE', '__class__', '__del__', '__delattr__', '__dict__', '__dir__', \
'__doc__', '__enter__', '__eq__', '__exit__', '__format__', '__ge__', \
'__getattribute__', '__getstate__', '__gt__', '__hash__', '__init__', \
'__init_subclass__', '__iter__', '__le__', '__lt__', '__ne__', '__new__', \
'__next__', '__reduce__', '__reduce_ex__', '__repr__', '__setattr__', \
'__sizeof__', '__str__', '__subclasshook__', '_checkClosed', \
'_checkReadable', '_checkSeekable', '_checkWritable', '_finalizing', \
'buffer', 'close', 'closed', 'detach', 'encoding', 'errors', 'fileno', \
'flush', 'isatty', 'line_buffering', 'mode', 'name', 'newlines', 'read', \
'readable', 'readline', 'readlines', 'seek', 'seekable', 'tell', 'truncate', \
'writable', 'write', 'writelines']
```

请认真地读一读上述返回结果，会发现其中包括了“__iter__”“__next__”这些有特殊含义的方法，说明文件对象是一个迭代器。既然如此，就可以针对它使用 for 循环了。

为了明显地看到循环效果，再向文件中增加几行内容。

```
>>> with open("raise.txt", 'a') as f:          #⑤
...     f.write(" so I can stand on mountains.\nYou raise me up to walk on stormy
```

```
seas.\nI am strong when I am on your shoulders.\nYou raise me up to more than
I can be.")
...
149
```

再次向已有文件中增加内容，使用的是⑤，这种以 with 开头的语句称为“上下文管理器”（context manager 或 contextor）。其任务是在代码执行之前做好准备——打开文件，代码执行之后收拾残局——关闭文件，等效于③的作用。

```
>>> f = open("raise.txt")
>>> for line in f:
...     print(line, end='')
...
You raise me up. so I can stand on mountains.
You raise me up to walk on stormy seas.
I am strong when I am on your shoulders.
You raise me up to more than I can be.>>>
```

既然文件是迭代器（详见 6.10 节），那么，在 for 循环的过程中，“指针”也随着向下移动。当循环结束，指针移到了文件的最后。如果试图再次读取内容，返回的就是空了。

```
>>> f.read()
''
```

在文件对象的方法中提供了移动指针的方法 seek，能够将指针移动到文件的指定位置。

用 help 函数查看其文档（help(f.seek)），可知其基本调用方式是：

```
seek(cookie, whence=0, /)
```

其中，whence 用于定义指针移动的“参照物”，默认为 0，表示相对文件的开始，移动量应该是非负整数；1 表示相对当前位置移动，移动量可以是负整数；2 表示相对文件的末端移动，移动量通常是负整数。

```
>>> f.seek(0)
0
```

这表示指针已经移动到了文件的最开始，返回值表示当前指针相对文件开始的绝对位置。

```
>>> f.read(3)
'You'
```

如果在 read 方法中指定了参数，则意味着只读取指定个数的字符。

```
>>> f.readline()
' raise me up. so I can stand on mountains.\n'
```

方法 readline 的作用是从指针所在位置开始，读到本行结束，返回字符串。

```
>>> f.readlines()
['You raise me up to walk on stormy seas.\n', 'I am strong when I am on your
shoulders.\n', 'You raise me up to more than I can be.']
```

方法 readlines 会从指针所在位置开始，逐行读取，并返回列表，每行作为列表中的一个元素。

文件对象还有很多其他方法。读者使用本书中反复提及的方法——dir 和 help 函数——能够容易地知道如何使用，此处不再赘述。

【例题 9-1-1】 用 print 函数将要打印的内容输出到一个文件中。

解题思路

通常，print 函数用于把内容输出在控制台界面。如果读者用 help(print)查看其帮助文档，会看到 print 函数中有一个参数 file = sys.stdout。默认值 sys.stdout 意味着输出到当前的控制台。这里可以提供一个文件对象，作为内容的输出对象。

代码示例

```
>>> with open("printfile.txt", "wt") as pf:
...     print("You need Pyton.", file = pf)
...
>>> open('printfile.txt').read()
'You need Pyton.\n'
```

这里实现的就是输出重定向。注意，所输出的文件必须以文本模式打开，不能用二进制模式。

9.2 读写特定类型文件

9.1 节讲述了通常的文件读写操作，Python 对某些常用的或者特定类型的文件还提供专门的读、写操作支持。

9.2.1 Word 文档

就通常办公而言，Office 文档是被非常广泛使用的，如 Microsoft Office 中的 Word、Excel 和 PowerPoint 文件。在 Python 的生态环境中，Microsoft Office 中的每种文档都有相应的第三方包解决读写问题。

这里介绍名为 python-docx（官方网站：https://python-docx.readthedocs.io/en/latest/index.html）的第三方包，用它操作 Word 文档。

首先安装它。

```
$ pip install python-docx
```

安装完毕，用它来创建一个 Word 文件，操作如下：

```
>>> from docx import Document    #①
>>> d = Document()    #②
>>> d.add_paragraph("Lisfe is short, You need Python.")        #③
<docx.text.paragraph.Paragraph object at 0x10815c748>
>>> d.save("python.docx")                                      #④
```

以上操作是创建和保存 Word 文档的基本步骤。

<1> 从 docx 包中引入 Document 类。

<2> 实例化该类，即创建文档对象。

<3> 应用文档对象 d 的方法 add_paragraph 向文档中增加一个段落，同时增加该段落的内容。

<4> 将文档对象保存为 Word 文件，存储到硬盘中。

注意，④没有注明路径，意味着保存到了当前交互模式的工作目录中。

```
>>> os.getcwd()
'/Users/qiwsir/Documents/Codes/PythonCourse/first/chapter09'
>>> os.listdir()
```

```
['printfile.txt', 'python.docx', 'raise.txt']
```

虽然这里看到了文件名，还是要到硬盘中找到它，用Office工具打开它，看看用程序写的Word文档到底什么样？如图9-2-1所示，与通常直接写入的无异。

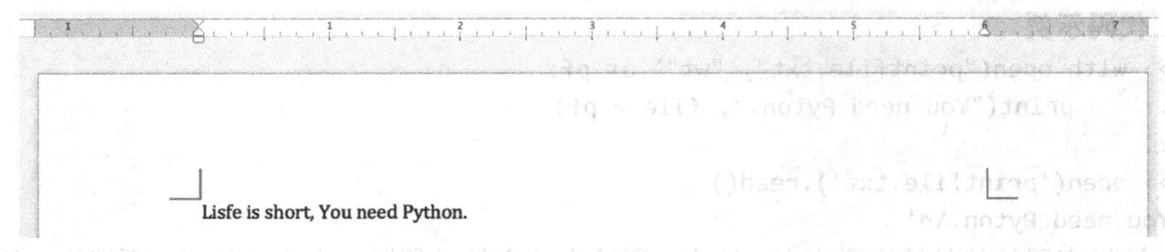

图9-2-1 Word文档截图（局部）

在进行上面的操作时，注意观察③的结果。这里利用文档对象增加了一个新的段落，同时有返回值，返回值是一个段落对象——段落也是对象。

```
>>> para = d.add_paragraph("Amazing Grace, How sweet the sound.")
>>> before_para = para.insert_paragraph_before("You raise me up. so I can stand on mountains.") #⑤
>>> d.save("python.docx")
```

以上完成两段内容的插入，第一段是执行了文件对象d的add_paragraph方法，在文件对象d的已有内容后面增加了一段内容“Amazing Grace, How sweet the sound.”。并且这段内容以对象形式返回，用变量para引用它。

⑤则是在para所引用的段落对象之前插入一个段落，其内容是⑤中参数所示内容。最后保存文件。

再次查看操作效果（重新打开该Word文件），如图9-2-2所示。

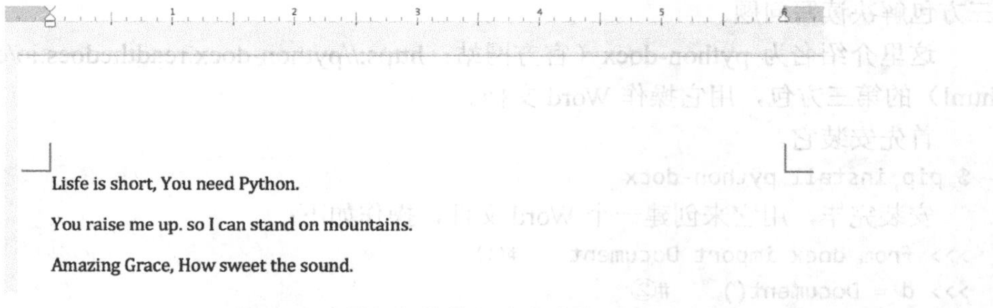

图9-2-2 增加新段落之后的效果

Word文档通常包含图，文档对象也提供了增加图的方法。

```
>>> d.add_picture("python-book1.png")
<docx.shape.InlineShape object at 0x10815c748>
>>> d.save("python.docx")
```

不过，上述操作中所添加的图片没有做宽度和高度的设置，如果有必要，可以在add_picture方法中增加width和height参数（详细内容请查看帮助文档）。

增加图片之后的效果如图9-2-3所示。

除了可以实现图文输入，python-docx还能创建表格。不过，本书在这里不再详细介绍，有这方面需要的读者可以阅读官方文档或者使用dir和help函数查看帮助文档。

图 9-2-3 增加图片之后的效果

9.2.2 Excel 文档

如果读者遇到了跟“数据”有关的业务，通常 Excel 文档是不可缺少的。注意，不是“大数据”。Excel 是一个有着悠久历史的工具软件，貌似操作简单，却内涵深刻。下面根据“维基百科”中有关词条内容，整理几条与“电子表格”软件有关的要点，供读者参考。

- ❖ 1982 年，Microsoft 推出第一款电子表格软件——Multiplan。同年，Lotus 公司推出的电子表格软件 Lotus 1-2-3。两款软件的竞争结果是 Multiplan 完败。
- ❖ Microsoft 开始研制 Excel，目的是与 Lotus1-2-3 竞争，不仅要做 Lotus1-2-3 能做到的，还要做得更好。1985 年，第一款 Excel 诞生，当时它只能运行在 Mac 系统上。1987 年，运行在 Windows 系统的 Excel 也诞生了。但 Lotus1-2-3 迟迟没有发布适用于 Windows 系统的版本，结果到 1988 年，Excel 销量超过了 Lotus1-2-3。
- ❖ Excel 提供 GUI 操作功能，同时保留了 VisiCalc 的特点。VisiCalc 是世界上第一款电子表格软件。

在 Python 中有很多操作 Excel 的第三方包，此处仅以 OpenPyXL 为例，其官方网站：https://openpyxl.readthedocs.io/en/stable/index.html

安装 OpenPyXL 包的方式还是使用 pip：

```
$ pip install openpyxl
```

安装成功之后，就可以在交互模式中应用包中的模块了。

```
>>> from openpyxl import Workbook
>>> wb = Workbook()                          #⑥
```

使用⑥实现了在内存中创建“工作簿”对象。Excel 的组成部分包括“工作簿”“工作表”和“单元格”，工作簿中包含若干工作表，工作表中包含若干单元格（由行列组成）。

每个工作簿中至少有一个工作表，可以用下面的方式获得当前工作表。

```
>>> ws = wb.active
>>> ws.title
'Sheet'
```

此时，这个工作表的名称为默认名称“Sheet”，可以修改工作表名称：

```
>>> ws.title = "python"
>>> ws.title
'python'
```

还可以继续增加工作表。

```
>>> ws1 = wb.create_sheet("Rust")            #⑦
>>> ws2 = wb.create_sheet("BASIC", 0)        #⑧
```

⑦在已有工作表 ws 后面追加了一个工作表，⑧则是在 ws 工作表前面插入了一个工作表，并且⑦和⑧对两个工作表都做了新的命名。工作表是工作簿中的元素，类似列表中的元素，也是从 0 开始索引的。

这样，在工作簿 wb 中已经有了 3 个工作表，并且 3 个工作表的名称和次序依次为 BASIC、Python、Rust。

```
>>> wb.sheetnames
['BASIC', 'Python', 'Rust']
```

工作簿的属性 sheetnames 返回的结果显示了该工作簿下的所有工作表名称和顺序。

```
>>> for s in wb:
...     print(s)
...
<Worksheet "BASIC">
<Worksheet "Python">
<Worksheet "Rust">
```

其实，工作簿是一个可迭代对象。

```
>>> ws3 = wb['Python']                        #⑨
```

工作表名称可以作为工作簿的键，从而得到该工作表。

```
>>> ws
<Worksheet "Python">
>>> ws3
<Worksheet "Python">
>>> ws is ws3
True
```

在 Excel 的工作表中，由行列组成了单元格，行的索引是从 1 开始，到 65536；列的索引是从 A 开始，到 IV。每个单元格用列和行的索引标识，如图 9-2-4 所示，如 A3、B2 等，都可以看成相应单元格的名称。

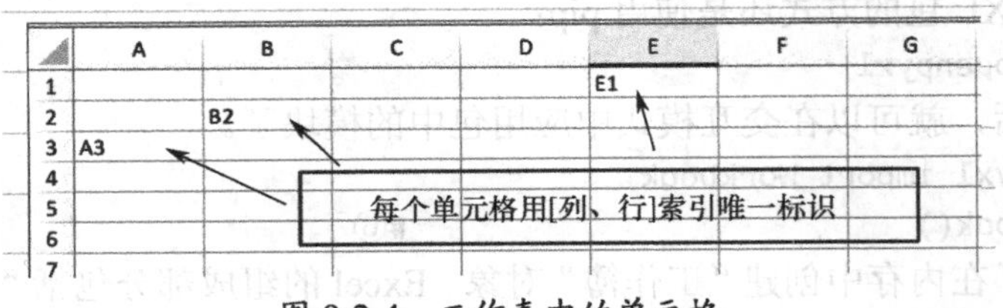

图 9-2-4　工作表中的单元格

通过工作表对象，以单元格名称为键，可以得到该单元格对象——类似⑨的操作那样。

```
>>> ws['E1'] = 123
```

在单元格 E1 中填入数字 123。此外，工作表对象的 cell 方法提供了按照函数形式写入数据的方法。

```
>>> ws.cell(row = 2, column = 2, value = 111)
<Cell 'python'.B2>
```

从返回值可以看出，数据 111 写入了工作表 python 中的 B2 单元格。

做过上述操作，如果要看看最终效果，就要将所有内容保存到 Excel 文件中。

```
>>> wb.save("example.xlsx")
```

到当前交互模式的工作目录就可以看到这个文件了。并且用 Microsoft Excel 软件打开，效果如图 9-2-5 所示。

	A	B	C	D	E	F
1					123	
2		111				
3						
4						

图 9-2-5　写入数据的工作表 python

在某种情况下，可能准备了比较多的数据，要写入到 Excel 表格中，使用循环语句是一种方法，比如：

```
>>> for r in range(4):
...     for c in range(5):
...         ws.cell(row = r, column = c, value=3.14)
...
Traceback (most recent call last):
  File "<stdin>", line 3, in <module>
  File "/Library/Frameworks/Python.framework/Versions/3.6/lib/python3.6/
                site-packages/openpyxl/worksheet/worksheet.py", line 295, in cell
  raise ValueError("Row or column values must be at least 1")
ValueError: Row or column values must be at least 1
```

这个报错信息非常重要，在 Python 中已经习惯了从 0 开始计数，但是在 Excel 的工作表中，是从 1 开始计数的。

```
>>> for r in range(1, 4):
...     for c in range(1, 5):
...         ws.cell(row=r, column=c, value=3.14)
...
<Cell 'python'.A1>
<Cell 'python'.B1>
<Cell 'python'.C1>
<Cell 'python'.D1>
<Cell 'python'.A2>
<Cell 'python'.B2>
<Cell 'python'.C2>
<Cell 'python'.D2>
<Cell 'python'.A3>
<Cell 'python'.B3>
<Cell 'python'.C3>
<Cell 'python'.D3>
>>> wb.save("example.xlsx")
```

循环语句操作的返回结果，显示了所使用的工作表和写入数据的单元格。保存文件之后，通过图 9-2-6 可以看到最终效果。

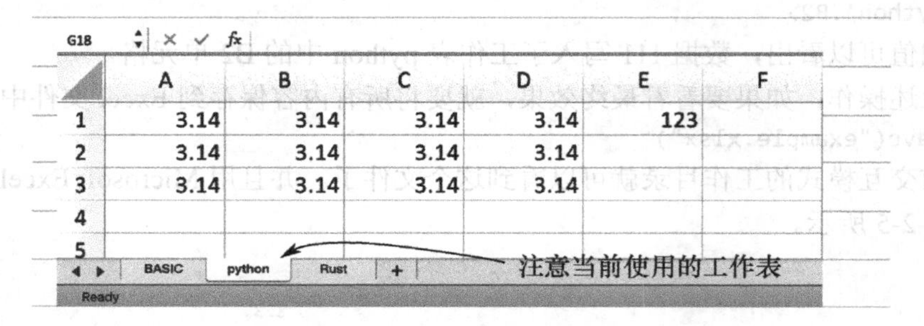

图 9-2-6 批量写入数据的效果

除了上述方法，还可以利用工作表的 append 方法实现多行数据的写入。

```
>>> from openpyxl import compat
>>> for row in range(1, 9):
...     basic.append(compat.range(100))
...
```

工作表的 append 方法能够实现在当前工作表的最后以行为单位追加数据。如果要在 Excel 文件中查看效果，务必执行保存文件指令。

除了直接操作 Excel 文档，OpenPyXL 还能够与数据分析的著名工具 NumPy 和 Pandas 联合使用，这是令人兴奋的。当然，这部分内容不是本书要阐述的，读者以后学习数据分析相关内容的时候，请不要忘记曾经有这段话，供届时参考。

这里仅对 OpenPyXL 的使用做初步介绍，更多复杂操作请自行查阅官方文档。

前面提到了操作 Excel 文档的第三方库比较多，此处再列举几个，供参考使用。

- XlsxWriter：https://github.com/jmcnamara/XlsxWriter
- xlwt：https://pypi.org/project/xlwt/
- xkrd：https://pypi.org/project/xlrd/

9.2.3 CSV 文档

CSV，即 Comma-Separated Values，中文译为“逗号分隔值”，其文件以纯文本形式存储表格数据。通常，在 Excel 中可以将当前文件保存为“.csv”格式。所有的 CSV 文件也可以用电子表格软件打开。但是 CSV 文档与 Excel 文档有很多不同之处，比如：CSV 文档中的值没有类型，所有值都是字符串；不能进行图文编辑等，因为它是一个纯文本文件。

在 Python 的标准库中有专门操作 CSV 文档的模块。

```
>>> import csv
>>> datas = [ ['name', 'number'], ['python', 111], ['java', 222], ['c++', 333] ]
>>> with open("csvfile.csv", 'w') as f:         #⑩
...     writer = csv.writer(f)                   #⑪
...     writer.writerows(datas)                  #⑫
...
```

上述操作实现了 CSV 文档的创建和内容的写入操作。⑩与 9.1 节中所学习过的创建文件方式相同。⑪利用文件对象 f 创建 CSV 文档的写入对象，然后通过 writer 的方法 writerows 实现多行写入操作（即⑫）。

在文件的存储目录中（当前交互模式的工作目录，使用 os.getcwd 可以查看）可以看到上述操作所创建的文件，此文件能够用 Excel 软件打开，也可以用文本编辑工具软件打开。

在 Python 中读取 CSV 文件的内容，可以按照如下演示操作：

```
>>> f = open("csvfile.csv")
>>> reader = csv.reader(f)                              #⑬
>>> for row in reader:
...     print(row)
...
['name', 'number']
['python', '111']
['java', '222']
['c++', '333']
```

利用 csv.reader 方法将文件对象转化为 CSV 可迭代对象（如⑬），然后通过 for 循环完成对每行数据的读取。

以上实现了 CSV 文档的读写操作。另外，在标准库 csv 中还有 DictReader 和 DictWriter 两个对象，它们的作用是将 CSV 文档转换为类字典对象，通过类字典的操作实现数据读写。

9.3 将数据存入文件

在某种情况下，将数据保存到一般的文件（如文本文件）或者某种特定类型的文件，如 9.2 节中列出的文件，这种操作能够满足需求。但是，这些操作中保存数据的文件不具有特定的格式，不利于读取和优化存储。本节将展示几种专门保存数据的方式，都具有将对象序列化存储的特点。

9.3.1 pickle

pickle 是 Python 标准库中的一个模块，能够实现简单的数据保存。

```
>>> import pickle
>>> integers = [1, 2, 3, 4, 5]
>>> with open('pickledata.data', 'wb') as f:        #①
...     pickle.dump(integers, f)                     #②
...
```

用 with 语句新建一个名为“pickledata.data”的文件，注意文件的打开模式是“wb”，不是“w”（如①）。然后使用 pickle.dump(integers, f)将数据 integers 保存到了此文件中。pickledata.data 文件中保存的不是通常的文本，因为②将数据进行了序列化，即为二进制字节码的形式。

以上完成了数据写入，即序列化过程；它的反过程就是读取，即反序列化。

```
>>> d = pickle.load(open("pickledata.data", "rb"))
>>> d
[1, 2, 3, 4, 5]
```

这就是 pickle 的基本应用。如果读者有意继续深入了解，可以阅读帮助文档（官网文档地址：https://docs.python.org/3/library/pickle.html）。

9.3.2 shelve

shelve 也是 Python 标准库中的一员，相对于 pickle，它能够完成结构再复杂一些的数据读、写操作。

```
>>> s = shelve.open('shelvedata.db')                    #③
>>> s['name'] = 'laoqi'
>>> s['lang'] = 'python'
>>> s['pages'] = 314
>>> s['index'] = {'chapter1': "About programming language", "chapter2": "About
Python"}
>>> s.close()
```

以上完成了数据写入的过程，注意③的操作，利用 shelve.open 方法打开（创建）文件，与使用 open 方法不同，在③中不需要说明打开模式。上述的操作流程中，③得到的数据库文件对象类似字典一样。

同样，可以用类字典方式从此文件中读取数据。

```
>>> s = shelve.open('shelvedata.db')
>>> s['name']
'laoqi'
>>> for k in s:
...     print(k, ":", s[k])
...
lang : python
pages : 314
index : {'chapter1': 'About programming language', 'chapter2': 'About Python'}
name : laoqi
```

像这样类似字典的对象被称为“类字典”对象，本质上是以“键/值对”的形式建立映射关系。

要注意一个问题：

```
>>> s = shelve.open('shelvedata.db')
>>> s['lang'] = ['python']                              #④
>>> list(s.items())
[('pages', 314), ('index', {'chapter1': 'About programming language',
'chapter2': 'About Python'}), ('lang', ['python']), ('name', 'laoqi')]
```

在④中修改了 shelve 文件对象中的一条数据。因为['python']是可变对象，所以打算利用列表的方法修改此数据。

```
>>> s['lang'].append("java")                            #⑤
>>> list(s.items())
[('pages', 314), ('index', {'chapter1': 'About programming language',
'chapter2': 'About Python'}), ('lang', ['python']), ('name', 'laoqi')]
```

返回结果显示，⑤并没有修改相应的数据。

如果读者查看 shelve.open 的帮助文档，会看到一个参数 writeback = False，要让⑤的操作有效，必须设置参数 writebac k= True。

```
>>> s = shelve.open('shelvedata.db', writeback=True)     #⑥
>>> s['lang'].append("java")
>>> list(s.items())
[('pages', 314), ('index', {'chapter1': 'About programming language',
'chapter2': 'About Python'}), ('lang', ['python', 'java']), ('name', 'laoqi')]
>>> s.close()
```

但是，如⑥那样，会占用更多的内存，并且读写速度降低，所以要根据实际情况权衡是否使用。

不论 pickle 还是 shelve，都能实现数据的存储和读取，但是它们毕竟不是数据库，通常不支持大量数据的存储和频繁的读取。

9.3.3 SQLite 数据库

SQLite 是一个小型的关系型数据库，最大的特点在于不需要单独的服务、零配置。Python 已经将相应的驱动模块作为了标准库的一部分，可以像操作文件那样来操作 SQLite 数据库文件。另外，SQLite 源代码不受版权限制。

```
>>> import sqlite3
>>> conn = sqlite3.connect("lite.db")                    #⑦
```

这样就得到了连接对象，操作⑦中，如果数据库文件已经存在，就连接上它；如果不存在，会自动新建。注意，在参数中可以指定任意路径，这里依然使用的是当前交互模式所在的工作目录。

对于数据库而言，建立了数据库连接后（此“连接”也是一个对象），还要建立游标对象，通过游标对象实现对数据库的增、删、改、查等操作。

```
>>> cur = conn.cursor()
```

变量 cur 引用的就是游标对象，接下来对数据库内容的操作都是用游标对象方法来实现。

操作关系型数据库离不开 SQL 指令。SQL 是专门用于管理关系型数据库的程序语言。本书的主要目标不是介绍数据库相关知识，读者欲学习有关 SQL 知识，可以阅读专业资料。但是，为了操作 SQLite 数据，在下面的操作中不得不用到 SQL 指令，当然都是比较简单的。

每个数据库中包含多张“表”，每张“表”中包含多条“记录”，一条记录是一行，每列是记录的字段。其实，这种结构类似 Excel 中工作表的结构。

表 9-3-1 Excel 和关系型数据库比较

Excel	关系型数据库	Excel	关系型数据库
工作簿	数据库	行	记录
工作表	数据表	列	字段

所以，首先为⑦所创建的数据库建表。

```
>>> create_table = "create table books (title text, author text,lang text)"    #⑧
>>> cur.execute(create_table)                                                    #⑨
<sqlite3.Cursor object at 0x106ea3ab0>
```

⑧以字符串的形式写了一条创建表的 SQL 语句，意思是创建名为 books 的表。其字段名称（即列）分别为 title、author、lang，并且规定了字段的类型（text），即每条记录中相应

字段下只能保存与字段类型吻合的数据。

⑨使用游标对象的 execute 方法，这个方法的参数就是⑧，用这个方法可以执行任何 SQL 语句。

这样就在数据库 lite.db 中建立了一个表 books。

对这个表增加数据，即添加记录。

```
>>> cur.execute('insert into books values ("Learn Python", "laoqi", "python")')
<sqlite3.Cursor object at 0x106ea3ab0>
```

注意 SQL 语句的书写方式。仅此操作，该记录还没有真正保存到数据库，必须紧接着完成 commit()操作。

```
>>> conn.commit()
```

假设至此完成了对数据的操作，如同操作文件一样，在退出之前要分别将游标对象和连接对象关闭。

```
>>> cur.close()
>>> conn.close()
```

查看 SQLite 数据的工具软件也比较多，如使用一款免费的工具软件 SQLite Studio，打开当前已经创建的数据和表，会看到如图 9-3-1 和图 9-3-2 所示的效果。

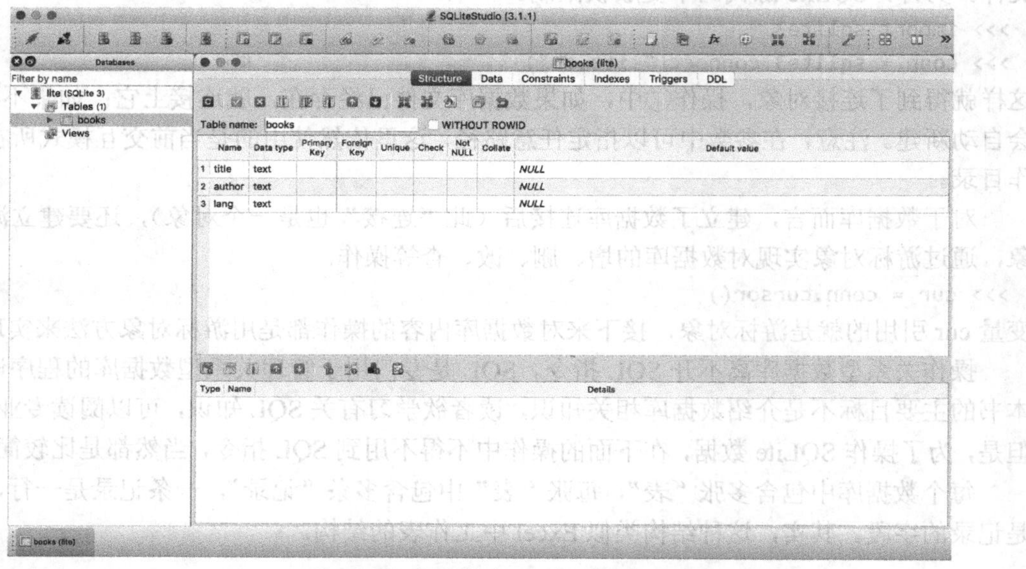

图 9-3-1　数据库表 books 的结构

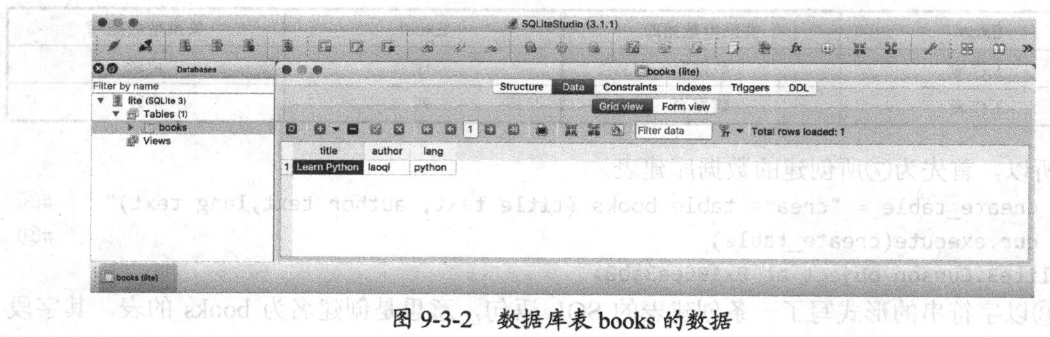

图 9-3-2　数据库表 books 的数据

仅在上述工具软件中查询，还不能将查询结果用在程序中。要在程序中实现查询必须运行 SQL 指令。

```
>>> conn = sqlite3.connect("lite.db")
>>> cur = conn.cursor()
>>> cur.execute("select * from books")                    #⑩
<sqlite3.Cursor object at 0x106ea3c00>
>>> cur.fetchall()                                         #⑪
[('Learn Python', 'laoqi', 'python')]
```

⑩实现从数据库表 books 中查询所有的记录，⑪中的游标方法 fetchall 返回所有的查询结果。因为目前只有一条记录，所以在返回结果的列表中只有一个元素，该元素中包含了这条记录的所有内容。

还可以增加记录，如一次性增加多条记录。

```
>>> books = [("first book","first","c"), ("second book","second","c"), ("thirdbook","second","python")]
>>> cur.executemany('insert into books values (?,?,?)', books)
<sqlite3.Cursor object at 0x106ea3c00>
>>> conn.commit()
```

还使用⑩的方式，将所有记录都读出来。

```
>>> cur.execute("select * from books")
<sqlite3.Cursor object at 0x106ea3c00>
>>> cur.fetchall()
[('Learn Python', 'laoqi', 'python'), ('first book', 'first', 'c'),
('second book', 'second', 'c'), ('third book', 'second', 'python')]
```

使用 cur.execute 方法和 SQL 指令，还可以实现对记录的更新（修改）。

```
>>> cur.execute("update books set title='PHYSICS' where author='first'")
<sqlite3.Cursor object at 0x106ea3c00>
>>> conn.commit()
```

按照条件查找刚才更改的记录：

```
>>> cur.execute("select * from books where author='first'")
<sqlite3.Cursor object at 0x106ea3c00>
>>> cur.fetchone()
('PHYSICS', 'first', 'c')
```

如果确认只有一条返回结果，或者只要第一条返回结果，可以使用 cur.fetchone 方法实现。

最后，要操作的是对数据库记录的删除，这也是 SQL 操作中常用到的。

```
>>> cur.execute("delete from books where author='second'")     #⑫
<sqlite3.Cursor object at 0x106ea3c00>
>>> conn.commit()
>>> cur.execute("select * from books")
<sqlite3.Cursor object at 0x106ea3c00>
>>> cur.fetchall()
[('Learn Python', 'laoqi', 'python'), ('PHYSICS', 'first', 'c')]
```

⑫实现根据条件删除记录的操作（删除 author = 'second'的记录，共 2 条）。注意，操作之后，要想把操作结果写入数据库，必须执行 commit()方法。然后查询该数据库表，结果显示删除成功。

当数据库操作结束，最后不要忘记，一定要“关门”才能走人。

```
>>> cur.close()
>>> conn.close()
```

SQLite 是一个小巧的数据库，特别是在与终端应用配合上，用途广泛。建议读者可以结合官方网站（https://docs.python.org/3.5/library/sqlite3.html），了解更多关于此数据库的知识。

在开发实践中所用到的数据库，特别是网站开发中，一般比 SQLite 更复杂，如 PostgreSQL、MySQL 等。除了关系型数据库，还有非关系型数据库，如 MongoDB 等。

练习和编程 9

1．用 w 模式打开文件，如果文件已经存在，会将原文件覆盖，新建一个新的同名文件。要求新建文件，但是如果文件已经存在，则不再新建，提示修改文件名称。

2．写一段程序，实现读写压缩文档。在 Python 中提供了一些模块，如 gzip、bz2、zipfile、tarfile 等，专门用于操作压缩文档。

3．在本地创建一个 Excel 文档（要有数据），读取文档内容，并转存到另一个 CSV 文档中。

4．比较 CSV 文件和 Excel 文件的异同。

5．通过阅读有关资料，学习数据库的基本知识和基本的 SQL 语句。然后在本地创建 SQLite 数据库及相应的表（如创建本班各科考试成绩的数据库）。

6．编写 Python 程序，实现用户输入考试科目、姓名和成绩，数据被保存到第 5 题所创建的数据库中。